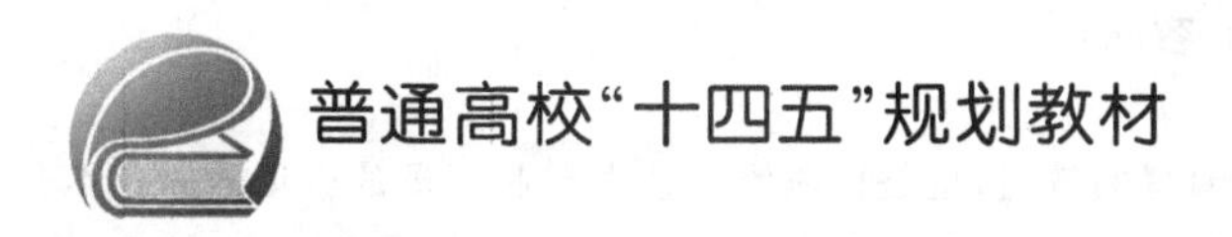

航空蓄电瓶原理和维护

周洁敏　编著

北京航空航天大学出版社

内容简介

本书是专门为民用航空专业的大学本科学生编写的教材，也是民航维修技术专业人员的必读教材。本书系统地介绍了航空蓄电瓶的基础理论知识和维护方法，包括航空蓄电瓶概述、航空酸性铅蓄电瓶、航空碱性镍镉蓄电瓶、航空锂离子蓄电瓶、航空电瓶的维护和测试等。书中收集了空客A380、波音B787等多电飞机的装机蓄电瓶的资料，以引导读者继续进行专业学习和研究。

本书可供民航和军航航空机务、飞行技术、飞机电气设备制造与维修的工程技术人员和工程管理人员阅读和参考。也可作为高等院校电子科学与技术、光电信息科学与工程、测控技术与仪器、通信工程、控制科学与工程和应用物理学等专业的高年级本科生及研究生的教材或教学参考书，也可作为其他专业学生及相关专业科技人员的参考用书。

图书在版编目(CIP)数据

航空蓄电瓶原理和维护 / 周洁敏编著. -- 北京 : 北京航空航天大学出版社，2020.12

ISBN 978-7-5124-3211-6

Ⅰ. ①航… Ⅱ. ①周… Ⅲ. ①飞机电池－蓄电池－高等学校－教材 Ⅳ. ①TM91

中国版本图书馆CIP数据核字(2020)第000686号

航空蓄电瓶原理和维护

周洁敏　编著

责任编辑　张军香

*

北京航空航天大学出版社出版发行

北京市海淀区学院路37号(邮编100191)　http://www.buaapress.com.cn

发行部电话:(010)82317024　传真:(010)82328026

读者信箱: goodtextbook@126.com　邮购电话:(010)82316936

北京建宏印刷有限公司印装　各地书店经销

*

开本:787×1 092　1/16　印张:11　字数:282千字

2021年1月第1版　2021年1月第1次印刷　印数:1 000册

ISBN 978-7-5124-3211-6　定价:39.00元

若本书有倒页、脱页、缺页等印装质量问题，请与本社发行部联系调换。联系电话:(010)82317024

前　　言

由于电能具有清洁、安静、容易实现自动控制等特点，飞机上完成飞行任务的各个系统几乎都想用电能作为工作能源，因此飞机供电系统应能在各种工作和环境条件下向飞机飞行系统提供电能。航空蓄电瓶作为应急电源，其作用十分关键。

飞机在高空飞行中，航空蓄电瓶是应急电源，当发动机停车、主发电机失效、辅助动力装置失效等几乎全部电能失效时，航空蓄电瓶需向飞机提供从巡航高度迫降和着陆所需的最低电能。要完成迫降的飞机，必须给无线电通信设备、应急飞行仪表、应急电动机、应急照明（疏散通道照明）等供电，另外机载计算机必须不间断供电，必须由各自的蓄电瓶为永久性存储信息的设备提供电能。

飞机地面供电通常有两种情况，一种是由地面固定的供电装置供电，另一种是由流动的电源车供电。电源车上通常配有地面蓄电瓶，用于飞机检查、维护或启动发动机等。

航空蓄电瓶是时控件，必须离机检查维护。储存在车间的蓄电瓶作为备件也需要维护。航空蓄电瓶受环境影响很大，特别是低温时无法放出电能，高温时过热；有的碱性航空蓄电瓶容易发生热失控而造成火灾。因此掌握航空蓄电瓶的结构、工艺、原理和维护使用方法等就显得十分重要，其已经成为机务工作人员的必修课。

航空蓄电瓶有铅酸蓄电瓶、银锌蓄电瓶、镍镉蓄电瓶，大型运输机采用镍镉蓄电瓶，近年来锂离子蓄电瓶已经在多电飞机 B787 上得到应用。鲜有书籍系统地介绍这些蓄电瓶的基本原理、结构和使用维护知识。本书作为教学用书以讲解航空蓄电瓶的基本原理、组成结构和维护方法为主，使学习者掌握基本原理，并着力培养举一反三和融会贯通及触类旁通的能力。

书中所选的内容符合飞机电气工程专业本科生的专业学位课时数的要求，书中涉及的一些电气和电子方面的名词术语、计量单位力求与国际计量委员会、国家技术监督局、民航总局机务工程部所颁发的文件相符。

考虑到目前大学生除已具备工科的数理基础外，还已具备化学、电路分析基础等基础和专业知识，因此，书中只对物理概念作简略讲述，并以实验教学为重。在编著体系和叙述方法上除考虑教学要求外，还顾及到自学的需要，便于读者掌握和运用所讲述的内容。

本书可作为高等学校民航机务工程、民航电子电气工程及民航维修技术专业的教材，也可供研究生及相关科技人员参考。

本书由南京航空航天大学周洁敏教授编著，部分内容是作者科研工作的总结。在编著过程中，南京航空航天大学民航学院的同事郑罡博士提供了国外电气专业的教材。中国民航大学任仁良教授提供了各方面的帮助。最新型飞机的资料大都是来自各专家学者在杂志上公开发表的论文、各种相关的博士和硕士学位论文并对这些论文进行了整理和总结。在编著过程中,东南大学陶思钰为本书做英文翻译和校对工作,作者的研究生蒋婧文、陈群、赵乐笛、王佩、李涛、朱紫涵、吴中豪、王林玉等进行了详细的文字校对与编排,作者的同事宫淑丽为索取航空公司的资料提供了帮助。在编著过程中,南京航空航天大学严仰光教授给予了不断的鼓励和支持,并为全书审稿,在审稿过程中提出了非常宝贵的建设性意见。东南大学路小波教授为本书审稿,提出了很多合理化建议。北京航空航天大学出版社赵延永、董瑞老师为教材的编写出谋划策。本书的编著还得到南京航空航天大学民航学院领导的关心和帮助,作者在此一并向他们表示衷心感谢。

本书适用于学时数为40～48的专业课教学,安排在专业教学的第3或第4学年开设,最好开设相应的航空蓄电瓶维护实验,以缩小书本理论学习与工程应用实践方面的差距。

由于经验和水平的局限,书中难免有不足或错误之处,恳请读者批评指正。

周洁敏

2020年10月

于南京航空航天大学

目　录

第1章 航空蓄电瓶的基础知识

1.1 航空蓄电瓶的功用

蓄电瓶是一种化学电源，是化学能和电能互相转换的装置。放电时，它把化学能转化为电能，向用电设备供电；充电时，它又把电能转化为化学能储存起来。

航空蓄电瓶按用途分为航空蓄电瓶和地面蓄电瓶两种，大型飞机大多采用碱性蓄电瓶，例如镍镉蓄电瓶。锂离子电池在飞机上得到应用，如B787飞机。而小型飞机主要采用酸性蓄电瓶。

航空蓄电瓶是直流电源系统的应急电源，其主要用途是：当主发电机不能供电时，向维持飞行所必需的用电设备应急供电，例如应急照明（由专用电池供电）、无线电通信、应急仪表、应急电动机；计算机由各自的电池为永久性存储信息提供电力等，在紧急情况下，作为启动发动机的电源。主电池为基本服务提供规定时间的电力，是一项适航性要求。适航规定，在应急情况下，蓄电瓶至少能维持30分钟供电，机务工程技术人员应对航空蓄电瓶引起足够的重视。飞机主电池的应用可由飞行员或自动手段控制，维护人员应知道电池的类型和维护要求，以确保电池随时可用和安全可靠。地面蓄电瓶主要用来作为地面检查用电设备和启动发动机的电源。

航空蓄电瓶是时控件，装机一定时间后必须离位，在地面安排维修车间进行检查、充电、容量检测和维护，例如镍镉蓄电瓶固有的记忆必须消除，恢复到应有的容量，当达不到额定容量的85%时，就不能装机使用。电瓶离位检查的时间间隔与其型号及所安装飞机的机型有关，如表1.1.1所列是不同航空蓄电瓶离位检查的时间间隔。

表1.1.1 不同航空蓄电瓶离位检查的时间间隔

序号	机型	时间间隔/FH或DAYS	序号	机型	时间间隔/FH或DAYS
1	EBM145	600 FH	5	B757	2 000 FH
2	B737CL	750 FH	6	B777	400 DAYS
3	B737NG	1 000 FH	7	A319/320/321	1 000 FH
4	B747	1 800 FH	8	A330	365 DAYS

注：FH：飞行小时，DAYS：天。

1.2 航空蓄电瓶的分类和命名

1.2.1 航空蓄电瓶的分类

航空蓄电瓶的分类方法较多，可按电解液、活性物质的存在方式、电池特点、工作性质及储

存方式等方法进行分类。

航空蓄电瓶按电解质的性质不同，分为酸性蓄电瓶和碱性蓄电瓶。酸性蓄电瓶有铅蓄电瓶，其电解液是硫酸。碱性蓄电瓶有镍镉蓄电瓶和银锌蓄电瓶，其电解质都是氢氧化钾或氢氧化钠。碱性蓄电瓶还有近年来在航空领域使用的锂离子蓄电瓶，其电解液通常是有机溶剂。

按活性物质的存在方式可分为非再生电池和再生电池，通常的航空蓄电瓶是再生式蓄电瓶，有时也称为二次电池，即蓄电瓶放电后使活性物质复原以后再放电，且充放电反复多次循环使用，所以这类电瓶就是电化学能量的储存装置。

1.2.2 蓄电瓶的命名

我国蓄电瓶的型号采用汉语拼音字母和阿拉伯数字表示。如图 1.2.1 所示是蓄电瓶的命名方法，型号前面的数字表示单体电池串联的个数，后面的数字表示类型、特征和容量。中间的拼音字母有两种表示方法：铅蓄电瓶表示航空用；碱性蓄电瓶则依次表示负极材料、正极材料、放电性能。例如 7HK－182 蓄电瓶的命名方法，如图 1.2.2(a)所示，其中第一位数字表示 7 节蓄电瓶串联，HK 表示航空用，182 表示蓄电瓶的容量为 182 A·h。再例如图 1.2.3 和图 1.2.4 所示是碱性镍镉蓄电瓶命名实例，其中 20 表示 20 节蓄电瓶串联，GNC 中的 G 表示负极材料是镉，N 表示正极材料含有镍，C 表示超高倍率，最后的 25 表示容量为 25 A·h。

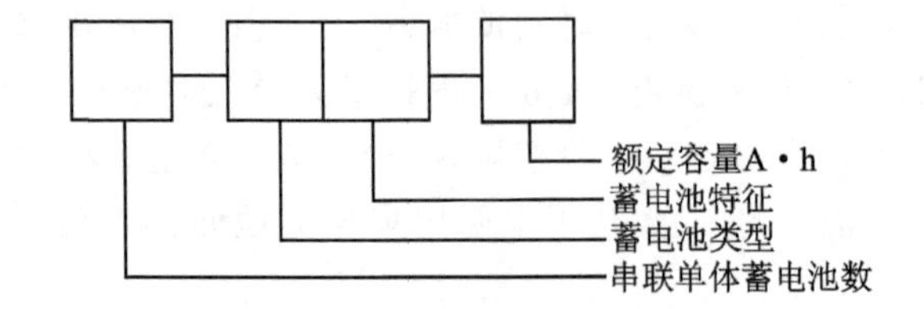

图 1.2.1 蓄电瓶命名方法

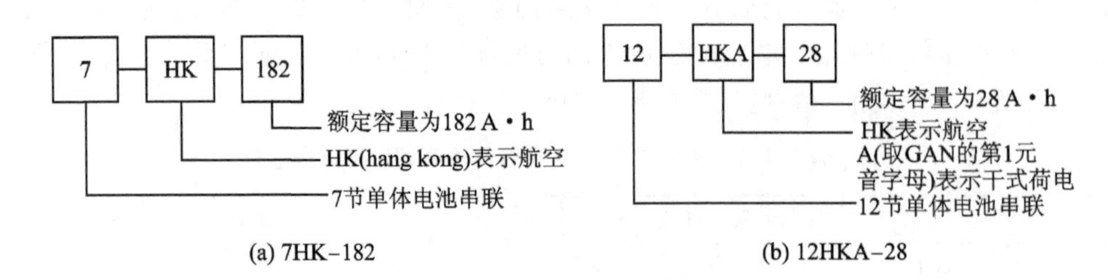

图 1.2.2 酸性蓄电瓶命名实例

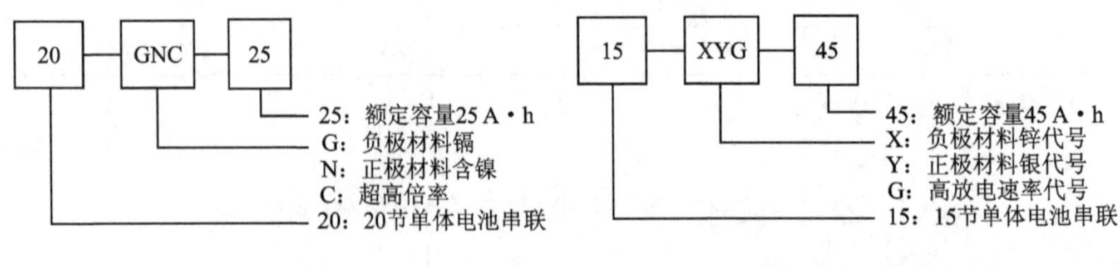

图 1.2.3 碱性蓄电瓶命名实例

锂电池单体型号命名一般由化学元素符号、形状代号和阿拉伯数字组成,其基本形式由如下四部分组成,如图 1.2.4 所示。

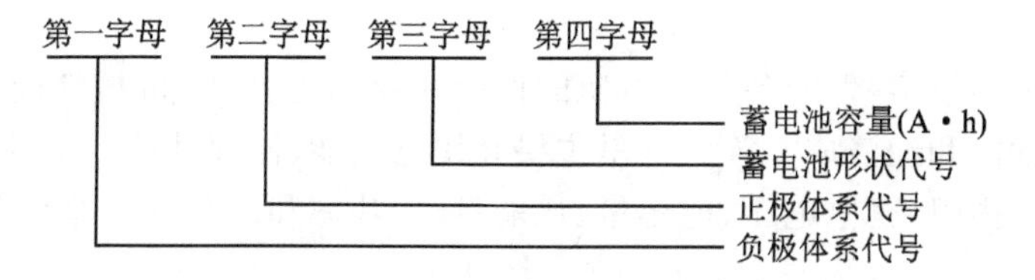

图 1.2.4　锂电池单体型号命名方法

① 第一字母表示采用的是负极体系,通常负极体系有 2 种,I 表示采用具有嵌入特性负极的锂电池体系;L 表示金属锂负极体系或锂合金负极体系。

② 第二字母表示电极活性物质中占有最大质量比例的正极体系。如表 1.2.1 所列为正极材料的代号及其意义。

表 1.2.1　正极材料的代号及其意义

序　号	代　号	正极材料名称	序　号	代　号	正极材料名称
1	C	钴基正极	3	M	锰基正极
2	N	镍基正极	4	F	铁基正极

③ 第三字母表示蓄电池形状,P 表示方形蓄电池,R 表示圆形蓄电池。

④ 第四字母为数字,表示单体蓄电池额定容量数值的整数部分,额定容量以安时 A・h 为单位,但代号中不反映出“A・h”。

【例 1.2.1】ICP10 表示以钴基材料为正极,采用具有嵌入特性负极的方形锂电池单体,该蓄电池的额定容量为 10 A・h。

锂电池单体如出现同系列、同容量,而壳体材料、结构、形状等不同的蓄电池单体,则应在以上各电池单体命名后加入设计改进序号“-(1)、-(2)、…”,以此类推。

【例 1.2.2】ICP30 -(2)表示 ICP30 锂电池单体第二次改进型号的命名。

表示蓄电池串联组合时,只需要在单体电池前加入组合的数量。

【例 1.2.3】7ICP10 表示由 7 节以钴基材料为正极材料,采用嵌入特性负极的方形、容量为 10 A・h 的锂电池单体串联而成的锂电池组。

当蓄电池并联组合时,在单体蓄电池前加入并联的蓄电池单体个数,并在数字下加短划线“_”。

【例 1.2.4】$\underline{4}$ICP10 表示由 4 个 ICP10 的锂电池单体并联而成的蓄电池组。

当蓄电池并、串联组合时(即先并联,再串联),在单体电池前加入并联单体电池个数和串联并联模块个数,在两个数量之间加“-”连接,并在表示并联单体蓄电池数量下加“_”。

【例 1.2.5】$\underline{4}$ -7ICP10 表示由 28 个 ICP10 的锂电池单体先 4 个单体并联,再把 7 个并联模块串联组成的蓄电池组。

锂电池组如出现同系列、同容量、串并只数相同而结构、形状不同的蓄电池组,则应在以上各蓄电池组命名后加入设计或改进序号,设计改进序号常用英文大写字母 A、B、C、…表示(锂电池组型号首次命名时不填写改进序号)。

【例 1.2.6】$\underline{4}$ -7ICP10B 表示 $\underline{4}$ -7ICP10 蓄电池组第二次改进型号的命名。

1.3 航空蓄电瓶的主要性能

航空蓄电瓶种类较多,性能各异。电瓶的性能主要指电性能、机械性能和储存性能,有时还包括使用维护性能和经济成本等。这里主要介绍电性能、储存性能。电性能包括电动势、开路电压、工作电压、内阻、充电电压、电容量、比能量、比功率和寿命等。储存性能则主要取决于蓄电瓶的自放电大小。

1.3.1 电动势

电池的电动势,又称电池的标准电压或理论电压,为电池断路、没有电流流过外电路时的正负两极之间的电位差。

$$E = \varphi_{+} - \varphi_{-} \tag{1.3.1}$$

式中,E 为电池电动势,φ_{+} 为处于热力学平衡状态时正极的电极电位;φ_{-} 为处于热力学平衡状态时负极的电极电位。

电池的电动势可以从电池体系热力学函数自由能的变化计算而得。航空蓄电瓶主要的电动势如表 1.3.1 所列。

表 1.3.1 航空蓄电瓶电动势和理论容量

电池类型	负 极	正 极	反应机理	电动势/V	理论容量*	
					$A \cdot h \cdot kg^{-1}$	$g \cdot (A \cdot h)^{-1}$
铅蓄电瓶	Pb	PbO2	$Pb+PbO_2+H_2SO_4 \underset{charge}{\overset{discharge}{\rightleftharpoons}} 2PbSO_2+2H_2O$	2.1	8.32	120
镍镉电池	Cd	NiOOH	$Cd+2NiOOH+2H_2O \underset{charge}{\overset{discharge}{\rightleftharpoons}} 2Ni(OH)_2+Cd(OH)_2$	1.35	5.52	181
银锌电池	Zn	AgO	$Zn+AgO+H_2O \underset{charge}{\overset{discharge}{\rightleftharpoons}} Zn(OH)_2+Ag$	1.85	3.53	283
锂电池	C	$LiCoO_2$	$Li_{1-x}CoO_2+Li_{1-x}C_6 \underset{charge}{\overset{discharge}{\rightleftharpoons}} 6C+LiCoO_2$	3.6	3.65	274

* 仅根据活性物质的量计算,discharge:表示放电;charge:表示充电。

1.3.2 开路电压、放电电压和充电电压

1. 开路电压

开路电压 U_o 是指电池没有负载时正负极两端的电压。开路电压不等于电池的电动势,通常接近于电池的电动势。开路电压总是小于电池电动势。

必须指出,电池的电动势是从热力学函数计算得到的,而电池的开路电压是实际测量获得的。开路电压在实验室里用电位差计精确测量或用高阻抗伏特表测量,关键是测量仪表内不应有电流流过;否则,测得的电压将是端电压,而不是真正的开路电压。

2. 工作电压(放电电压)

电池的工作电压 U 又称放电电压、端电压、负荷电压。当电池处于工作状态时,即电池外

线路中有电流流过，电流对外做功时，电池的工作电压为

$$U = E - IR_i = E - I(R_\Omega + R_f) \tag{1.3.2}$$

式中，U 为工作电压(V)；E 为电动势(V)；I 为工作电流(A)；R_Ω 为欧姆内阻(Ω)；R_f 为极化内阻(Ω)；R_i 为电池全内阻(Ω)，是欧姆内阻和极化内阻之和。

表征电池放电时电压特性的专用术语：

① 额定电压。指电池工作时公认的标准电压，如镍镉电池的额定电压为 1.2 V。

对于航空蓄电瓶，其额定电压是指蓄电瓶以 2 小时率 0.5 C 放电，并放出 80%的电量时，电瓶所能维持的电压。如航空蓄电瓶的额定电压为 24 V，指的是充满电后，用 2 小时率放电，当放出 80%的电量时，蓄电瓶应能维持在 24 V，通常实际电压充满后能达到 28 V 以上。

② 工作电压。指某电池负载下实际的放电电压，通常指一个电压范围。

③ 中点电压。指电池放电器件的平均电压或中心电压。

④ 终止电压。指电池充电或放电时，所规定的最高充电电压或最低放电电压。

终止电压的设定与电池材料的组成有关。例如：铅蓄电瓶的开路电压为 2.1 V，额定电压为 2.0 V，工作电压为 1.8～2.0 V，中、小放电电流时的终止电压为 1.75 V；大电流放电时的终止电压为 1.5 V(充电电压为 2.3～2.8 V)；再例如 C/$LiFePO_4$ 锂电池的工作电压在 3.4 V 左右，其充电和放电终止电压一般定为 4 V 和 2.7 V。而 C/$LiMn_2O_4$ 电池的工作电压一般在 4 V 左右，其充电和放电终止电压一般定为 4.3 V 和 3.3 V。航空蓄电瓶电动势和理论容量如表 1.3.2 所列。

表 1.3.2　航空蓄电瓶电动势和理论容量

电池类型	负　极	正　极	典型工作电压/V	质量比能量/(W·h·kg^{-1})	体积比能量/(W·h·dm^{-3})
铅蓄电瓶	Pb	PbO2	2.0	35	80
镍镉电池	Cd	NiOOH	1.2	35	80
银锌电池	Zn	AgO	1.5	90	180
锂电池	C	$LiCoO_2$	3.6	—	—

对于航空蓄电瓶，放电终止电压是指蓄电瓶以一定电流在 25 ℃环境温度下放电至能反复充电使用的最低电压。一般单体酸性蓄电瓶终止电压为 1.8 V，12HK－28 的终止电压为 21.6 V。单体碱性镍镉电池的放电终止电压为 1 V，碱性镍镉蓄电瓶由 19 节或 20 节单体电池组成，因此放电终了电压为 19 V 或 20 V。

在电池的放电试验中，应测量电池的开路电压、工作电压、终止电压和放电时间等参数。用工作电压做纵坐标，放电时间做横坐标，描绘出一条工作电压随放电时间发生变化的曲线称为放电曲线。从放电曲线可以计算出电池的电容量、电能量、电功率；知道了电池的质量和体积后，可以计算出电池的质量比能量和体积比能量。

放电曲线的形状随电池的电化学体系、结构特性和放电条件而变化。典型的放电曲线如图 1.3.1 所示。平滑放电曲线表示终止前反应物的变化影响最小，如曲线 1 所示；坪阶段放电曲线表示放电分两步进行，反应机理和坪阶段电位有变化，如曲线 2 所示；倾斜放电曲线表示放电期间反应物和生成物、内阻等变化的影响很大，如曲线 3 所示。

放电曲线反映了电池放电过程中电池工作电压的真实情况，所以放电曲线是电池电性能优劣的重要标志，一般总是希望曲线越平坦越好。

电池的放电方法视负荷的不同模式，可分为恒电阻、恒电流和恒功率（放电电流随电池放电电压的下降而增大，保持输出功率恒定），典型的放电曲线如图 1.3.2 所示。间歇放电时，电池在大电流放电时下降的电压在间歇停止之后会上升，使电池性能有所恢复，出现锯齿形放电曲线。

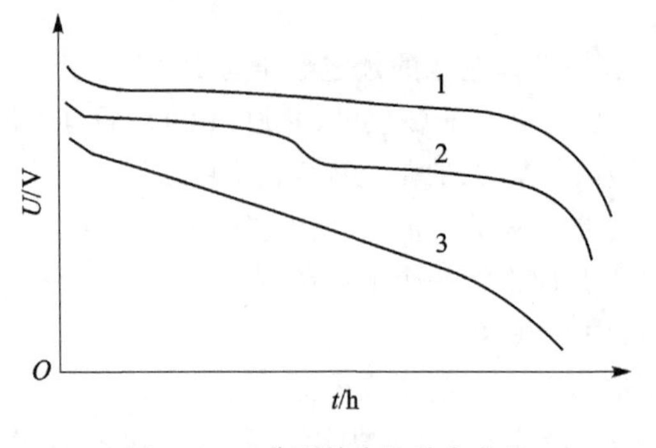

图 1.3.1　典型的电池放电曲线

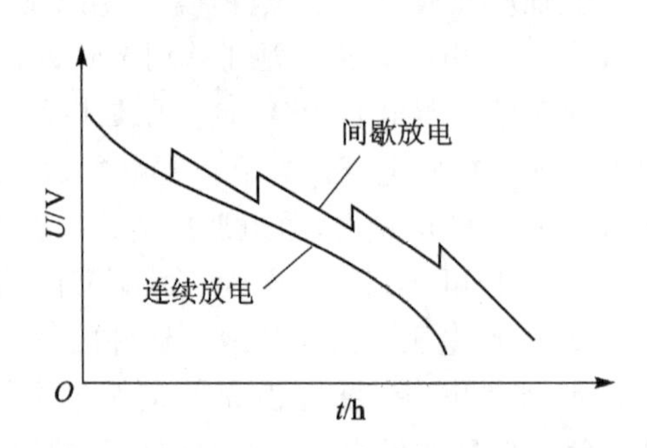

图 1.3.2　典型连续放电和间歇放电曲线

3. 充电电压

电池的充电有恒流和恒压两种充电方式。恒流充电时，充电电压随充电时间的延长逐渐增高。在恒压充电场合，充电电流随着时间的延长很快减小。典型的电池充电曲线如图 1.3.3 所示。

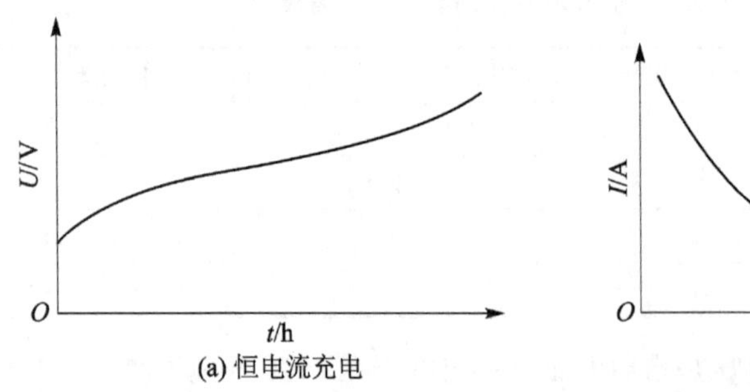

图 1.3.3　典型的电池充电曲线

1.3.3　内　阻

蓄电瓶的内阻 R_i(internal resistance)使电流通过电池内部时受到阻力，使蓄电瓶的输出电压降低。其主要由欧姆内阻 R_Ω 和极化内阻 R_f 组成。

1. 欧姆内阻

欧姆内阻 R_Ω 包括电解液的欧姆内阻、电极上的固相欧姆电阻和隔膜的电阻。电解液的欧姆电阻主要与电解液的组成、浓度、温度有关，电解液的密度太高或太低都会导致内阻增大，因此在维护过程中，电解液的密度必须依据制造厂家给出的参数确定。

电极上的固相欧姆电阻包括活性物质颗粒间电阻、活性物质与骨架间接触电阻及极耳、极柱的电阻总和。隔膜的欧姆电阻与电解质的种类、隔膜的材料、孔率、孔径等因素有关。此外，R_Ω 还与电池的电化学体系、尺寸大小、结构和成型工艺有关。装配越紧凑、电极间越靠近，欧

姆内阻就越小。

2. 极化内阻

极化内阻 R_f 是指电池工作时与正极和负极的极化引起的阻力所相当的欧姆阻抗。极化包括电化学极化和浓差极化两部分的总和。在不同场合各种极化所起的作用不同,因而所占的比例也不同,这主要与电极材料特性、电极的结构和制作工艺及使用条件等有关。

电瓶在充放电过程中,正、负极板进行电化学反应时极板极化引起内阻变化;极化电阻主要与电池的工作条件有关,放电电流和温度对其影响很大。在大电流放电时,电化学极化和浓差极化(极板附近的电解液浓度与相对远离极板的电解液浓度不同)均增加,使极化电阻增大。温度降低对离子的扩散有不利的影响,使化学反应速度变慢,故在低温条件下,蓄电瓶的极化电阻将增加。

在电池工作时,内阻要消耗电池的能量。放电电流越大,消耗的能量越多。因此内阻是表征电池性能的重要指标之一。内阻越小越好,一般飞机上常用的酸性电瓶的内阻为 30 mΩ 左右,而碱性电瓶内阻只有 10 mΩ 左右。

1.3.4　电池容量及其影响因素

1. 电池容量

充满电的蓄电瓶在一定放电条件下所能放出的电量称为容量(capacity)。容量的单位常用库仑(C)或安培小时,简称安时(A·h)或毫安时(mA·h)表示。一个安时(A·h)是指电瓶用 1 A 电流向负载放电,可以持续放电 1 h。表征电池容量特性的专用术语有以下三个,即理论容量与理论比容量、额定容量和实际容量。

1) 理论容量与理论比容量

(1) 理论容量

理论容量 C_0 是指蓄电瓶极板上的活性物质的质量按法拉第电解定律计算而得到的最高理论值,实际电池放出的容量只是理论容量的一部分。

法拉第定律指出,电极上参加反应的物质的量与通过的电量成正比,即 1 mol 的活性物质参加电池的成流反应,所释放出的电量为 $F=96\ 500\ \text{C}\cdot\text{mol}^{-1}$ 或 $F=26.8\ \text{A}\cdot\text{h}\cdot\text{mol}^{-1}$。因此活性材料的理论容量计算公式如下:

$$C_0=\frac{m}{M}\times n_e\times 26.8\ \text{A}\cdot\text{h}=\frac{m}{K}C \qquad (1.3.3)$$

式中,m 为活性物质完全反应时的质量;M 为活性物质的摩尔质量;n_e 为电极反应时的得失电子数;K 为活性物质的电化当量。对于 1 mol 的 $LiCoO_2$、$LiMn_2O_4$、$LiFePO_4$,其理论容量都为 $26.8\ \text{A}\cdot\text{h}\cdot\text{mol}^{-3}$。

(2) 理论比容量 C_{t0}

为了比较不同系列电池理论容量上的差异,常用"理论比容量"的概念,即单位质量或单位体积电池所能给出的容量,分别为质量比容量和体积比容量,用符号 C_{t0} 表示,单位为 $\text{A}\cdot\text{h}\cdot\text{kg}^{-1}$ 或 $\text{A}\cdot\text{h}\cdot\text{m}^{-3}$。

【例题 1.3.1】计算 $LiCoO_2$ 材料理论比容量 C_{t0}。

【解】根据公式(1.3.3)$C_0=\frac{m}{M}\times n_e\times 26.8\ \text{A}\cdot\text{h}$ 式中,$n_e=1$;活性物质 $LiCoO_2$ 的摩尔质

量 $M_{LiCoO_2}=98\ g\cdot mol^{-1}$；$m=1\ 000\ g$；则 $C_{t0}=\frac{1\ 000}{98}\times1\times26.8\ A\cdot h\cdot kg^{-1}=274\ A\cdot h\cdot kg^{-1}=274\ mA\cdot h\cdot g^{-1}$。

例如，常用的酸性电瓶的比容量为 $0.79\ A\cdot h\cdot kg^{-1}$，而碱性电瓶可达到 $1.11\ A\cdot h\cdot kg^{-1}$。可见，碱性电瓶的比容量高于酸性电瓶，这表明在相同容量下，碱性电瓶的体积质量更小。这也是现代飞机上大都采用碱性电瓶的原因之一。

2) 额定容量

额定容量 C_{ra}(rated capacity)也叫保证容量，是按照国家或有关部门颁布的标准，保证电池在一定放电电流和温度下放电到终止电压时应达到的容量，电瓶容量一般指额定容量。

从理论上讲，1 个 100 A·h 的电瓶用 100 A 放电时应能持续 1 h，50 A 可以放电 2 h，20 A 可以放电 5 h。但实际情况并非如此。对碱性电瓶来说，上述结论基本正确(碱性电瓶内阻很小)。而对于酸性电瓶，大电流放电时由于极板迅速被硫酸铅覆盖，使电瓶内阻增加，电瓶容量迅速下降，这也是酸性电瓶的主要缺点之一。例如，一个 25 A·h 的酸性电瓶用 5 A 放电能放 5 h，用 48 A 放电则只能维持 20 min，其实际容量仅为 16 A·h，如用 140 A 放电仅用 5 min 就放完了，电瓶的实际容量下降到了 11.7 A·h。

额定容量是指设计和制造电池时，规定或保证电池在一定的放电条件下放出的最低限度的电量。额定容量是制造厂标明的安时容量，作为验收电池质量的重要技术指标的依据。不同的电池系列所规定的额定容量技术标准也有所不同，是根据电池的性能和用途来规定的。通常情况下，实际的容量比厂家保证的容量高出 5%～15%。

3) 实际容量

实际容量 C_r 是指在一定的放电条件(如 0.2 C)下，电池实际放出的电量。电池在不同放电速率下输出的电量不同，未标明放电速率的电池实际容量通常用标称容量来表示。标称容量是实际容量的一种近似表示方法。电池的放电电流、温度和终止电压，组成电池的放电条件。放电条件不同，容量不同。计算方法如下：

恒电流放电：
$$C_r=\int_0^t I\,dt=It \tag{1.3.4}$$

变电流放电：
$$C_r=\int_0^t i(t)\,dt \tag{1.3.5}$$

恒电阻放电：
$$C_r=\int_0^t i(t)\,dt=\frac{1}{R}\int_0^t U(t)\,dt \tag{1.3.6}$$

近似计算公式为
$$C_r=\frac{U_A}{R}t \tag{1.3.7}$$

式中，I 为恒流放电电流，单位 A。i 为电流变化时的放电电流瞬时值，单位 A。R 为放电电阻，单位 Ω。t 为放电至终止电压的时间，单位 h。U_A 为电池放电的平均放电电压，单位 V。

电池容量的大小，与正、负极上的活性物质的数量和活性有关，与电池的结构和制造工艺有关，与电池的放电条件(放电电流和放电温度)也有密切关系。

2. 影响电池容量的因素

1) 使用条件考察方法

影响电池容量的因素有多个，主要从组成结构、活性物质的利用率、使用条件等几个方面

进行讨论。

从电瓶结构和使用条件考察，影响电瓶容量的因素主要有下列几个方面：

① 极板面积的大小：增大极板面积，容量增加，反之减少；

② 极板活性物质的多少：活性物质增加，容量增加，反之减少；

③ 电解液的密度：电解液的密度与电瓶容量的关系也不是单调的，密度太大或太小都会导致电瓶容量下降，只有在规定密度值下，电瓶的容量才能达到最大值；

④ 放电时的温度：放电温度对容量的影响最大。

2）活性物质的利用率

活性物质的利用率 η 是影响电池容量的综合指标；换言之，活性物质利用得越充分，电池给出的容量也就越高。

活性物质利用率 η 定义为电池的实际容量 C_r 与理论容量 C_t 的百分比，即

$$\eta = \frac{C_r}{C_t} \times 100\% \tag{1.3.8}$$

或者是活性物质的理论用量 Q_0 与实际用量 Q_r 的百分比，即

$$\eta = \frac{Q_0}{Q_r} \times 100\% \tag{1.3.9}$$

活性物质的利用率永远小于100%，下面分析影响电池容量的因素，对电池的使用和维护极其重要。

3）影响容量的因素

（1）活性物质的数量和活性

在电池中活性物质数量要适宜，太少会影响额定容量，太多会浪费。这是因为：就制成粉状电极中的活性物质而言，电解液在小孔中扩散比较困难；在活性物质表面形成的放电产物覆盖了粉状电极内部的活性物质，使其很难充分反应。为保证电池给出足够高的容量，正负极活性物质的实际用量比理论用量要高些。有时为了考虑电池的长寿命，如镍镉电池，设计者有意识地提高负极理论容量，相比于正极的比例通常是(1.5～2)∶1。因此不同用途的电池，活性物质用量差别很大。活性物质的活性直接影响电池的容量，其活性与晶型、制造方法、杂质成分和存放状态都有关。

（2）电池的结构和制造工艺

电池的结构包括极板厚度、电极表观面积、极板间距等，都直接影响到电池的容量。在活性物质数量相同的条件下，极板越薄，越有利于电解液的渗透，活性物质可充分作用。极板的表面积大些可降低真实电流密度，减少电化学极化，对提高电池的容量有利。

电池的形状、尺寸和电池组的结构对电池容量也有影响。如高而窄的圆柱形电池的内阻一般比相同结构的矮而宽的电池要低。因此，按它的体积比例，前者优越于矮宽电池。电池组的结构(外壳材料、散热和保温措施等)影响到单体电池的环境温度，对电池容量也有影响。如电池组的保温性能较好，对低温下工作的单体电池容量有利。

电池的制造工艺，对电池容量的影响也很大，制备活性物质的配方和操作步骤、电解液的浓度和用量，都是影响电池容量的重要因素。

（3）电池的放电条件

电池的容量与电池的放电条件有极大的关系。放电条件主要是指放电电流强度(放电倍

率)、放电形式、放电终压和放电温度。

① 放电倍率

为了方便,电池放电电流的大小常用放电倍率表示,简称放电率,用 1C 表示额定容量与 1 小时放电完毕的放电电流 I_{1h} 的比值,即

$$1C = \frac{C_{ra}}{I_{1h}} \tag{1.3.10}$$

换言之,电池的放电倍率以放电时间来表示。或者说,以一定的放电电流放完额定容量所需的小时数来衡量。例如,某电池的额定容量为 20 A·h,若用 4 A 电流放电,则放完 20 A·h 额定容量需要 5 h,也就是说以 5 h 倍率放电,用符号 $C/5$ 或 0.2C 表示;若以 0.5 h 倍率放完,就是用 40 A 电流放电,用 $C/0.5$ 或 2C 表示。由此可见,放电倍率表示放电时间越短,即放电倍率越高,则放电电流越大。

放电倍率对电池放电容量的影响很大。放电倍率越大,即放电电流越大,电化学极化和浓差极化急剧增加,使电池放电电压急剧下降,电极活性物质来不及充分反应,电池容量会减少很多。根据放电倍率大小,可分低倍率、中倍率、高倍率和超高倍率 4 类,如表 1.3.3 所列。

表 1.3.3 放电倍率

放电率	低倍率	中倍率	高倍率	超高倍率
等级	<0.5	0.5～3.5	3.5～7	>7

实践表明,在同等条件下,放电速率越大,容量失去越快,放出电量越少。例如,一个由 20 个单体电池串联组成的某镍镉电瓶,其放电终止电压为 20 V,当用 1C 放电时,其容量约为 42 A·h,10C 放电时容量大约只有 25 A·h,而用 20C 放电,则电压马上低于 20 V,如图 1.3.4 所示是容量与放电率的关系曲线。

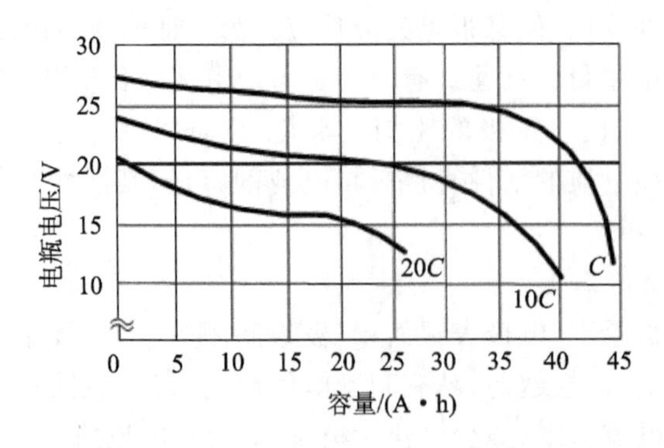

图 1.3.4 容量与放电率的关系曲线

② 放电形式

放电形式对电池的容量也有影响,从图 1.3.2 可知间歇放电的放电曲线呈锯齿形,其放电容量较连续放电大。同时恒电阻、恒电流、恒功率放电模式对电池容量的影响也不相同,如图 1.3.5 所示。从图 1.3.5(a)可知,若起始电流相同,由于恒电阻放电平均电流最低,该模式工作时间最长。假定平均电流相同,这三种放电模式的比较如图 1.3.5(b)所示。这时,工作时间相同,但恒电阻放电时电压稳定性最好;恒功率放电时很实用,具有向负载提供功率恒定的优点,可使电池能量得到最有效的利用。

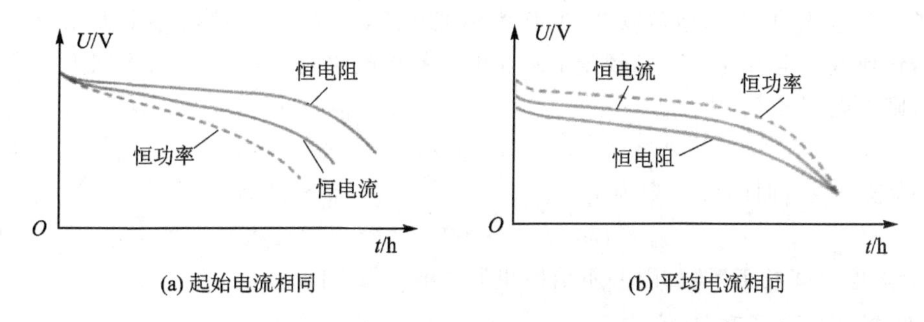

图 1.3.5 电池在不同放电模式下的放电曲线

③ 放电终压

放电终了电压与电池的容量有直接关系。如果使用电池供电的设备的最低输入电压允许电池的放电终了电压有所降低,则可导致电池放出更大容量。

④ 放电温度

电池内部的温度对放电容量的影响很大,主要体现在:

- 温度高些,可以加快两个电极的电化学反应速率;
- 电解液电导增加,黏度下降,有利于离子的迁移,提高了电解液的扩散速度;
- 可降低化学反应产物过饱和,防止产生致密层,有利于活性物质充分反应;
- 可防止或推迟某些电极的钝化。

这些因素的综合表现是减轻了电极的极化,有利于提高电池的容量。

如图 1.3.6 所示为放电温度对电池电压的影响,电池温度从 T_4 到 T_1 逐渐降低。放电温度的下降会导致容量减小及放电曲线斜率增大。造成低温下电池放电容量降低的主要原因有:活性物质的活性减弱,电化学极化急剧增加;电解液导电能力下降,黏度增加;电解液在多孔电极小孔中扩散困难;电池的欧姆内阻增加;负极可能发生阳极钝化。

虽然不同系列、结构的电池放电特性不一样,但通常在 20~40 ℃可获得最好的特性。如果温度过高,放电时化学成分变质很快,足以造成容量损耗增大。

以某铅蓄电池为例,10 ℃时,一个充满电的酸性电瓶以一定的电流可以放电 5 h;而−18 ℃时,以同样电流放电只能放电 1 h,因为当温度下降时,化学反应的速度变慢。镍镉碱性电瓶对放电温度的敏感度较低,但随着温度的降低,放电容量也会减小。如图 1.3.7 所示是某电瓶容量与温度的关系曲线。

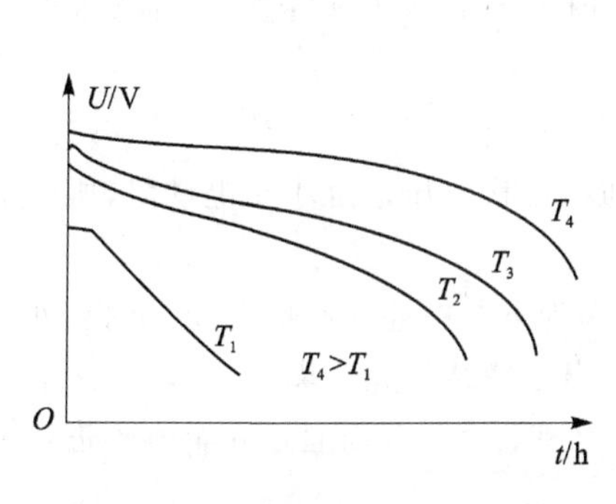

图 1.3.6 放电温度对电池电压的影响

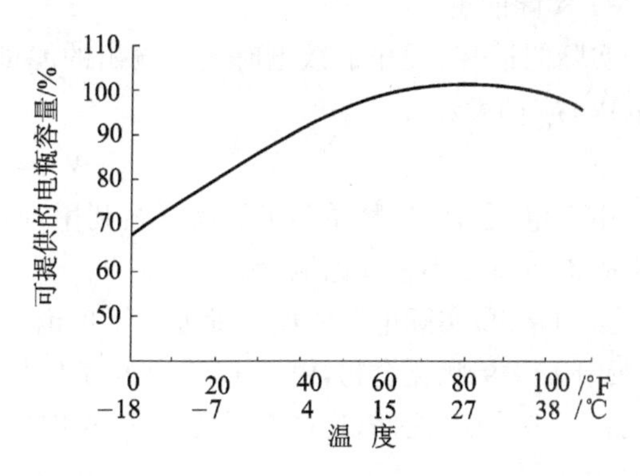

图 1.3.7 某电瓶容量与温度的关系曲线

为了比较电瓶的容量，通常以 25 ℃作为标准状态，即某些电瓶容量测试应在 25±5 ℃下进行。若恒流放电电流为 I(A)，规定的终止电压的放电时间为 t(h)，放电终止时电解液的温度为 T_e，则放电容量 C_d 为

$$C_d = I \cdot t_C \tag{1.3.11}$$

式中，t_C 为校正放电时间(h)，即为

$$t_C = t\,[1 - k(T_e - 25)] \tag{1.3.12}$$

式中，k 为放电时间校正系数，因电瓶结构和类别不同而不同。

3. 能量、比能量和比功率

电瓶的能量是指电池在一定放电条件下对外做功所输出的电能，其单位通常用瓦时(W·h)表示。

1）理论能量

电瓶在放电过程中始终处于平衡状态，其放电电压保持电动势($E^{\odot}$)的数值，而且活性物质的利用率为 100%，即放电容量为理论容量，电瓶所输出的能量为理论能量 W_0，即

$$W_0 = C_0 E^{\odot} \tag{1.3.13}$$

其中，C_0 为理论容量，$E^{\odot}$ 为理论电压。

也就是可逆电瓶在恒温恒压下所做的最大功为

$$W_0 = -\Delta G^{\odot} = nFE^{\odot} \tag{1.3.14}$$

式中：n 为电极反应中转移电子的物质的量，F 为法拉第常数，$F = 96\ 500\ \mathrm{C \cdot mol^{-1}}$ 或者 $F = 26.8\ \mathrm{A \cdot h \cdot mol^{-1}}$。

2）理论比能量

理论比能量是指单位质量或单位体积的电瓶所给出的能量，也称为能量密度，常用 $\mathrm{W \cdot h \cdot kg^{-1}}$ 或 $\mathrm{W \cdot h \cdot dm^{-3}}$ 表示。比能量也分理论比能量和实际比能量。

电瓶的理论质量比能量可以根据正、负极两种活性物质的理论质量比容量和电池的电动势计算出来。如果电解质参加电瓶的成流反应，还需要加上电解质的理论用量。设正负极活性物质的电化当量分别为 K_+、K_-（单位：$\mathrm{kg \cdot A^{-1} \cdot h^{-1}}$），电瓶的电动势为 $E^{\odot}$，则电瓶的理论质量比能量 W'_{t0}（单位：$\mathrm{kW \cdot h \cdot kg^{-1}}$）为

$$W'_{t0} = E^{\odot} / (K_+ + K_-) \tag{1.3.15}$$

3）实际能量

实际能量 W_r 是电瓶放电时实际输出的能量，其数值等于电瓶实际容量 C 与电瓶平均工作电压 U_A 的乘积：

$$W_r = CU_A \tag{1.3.16}$$

由于电瓶的活性物质不可能完全被利用，而且电瓶的工作电压永远小于电动势，所以电瓶的实际能量总是小于理论能量。

必须指出，实际电瓶的比能量远低于理论比能量，因为电瓶中还含有电解质、隔膜、外包装等，另外对于层状化合物，由于 Li 全部从正极材料中脱出会使结构完全塌陷，所以得失电子数只能在 0.5～0.7 之间，这样实际比容量和比能量都低于理论值。下面通过几个例子进行演算和比较。

【例题 1.3.2】请计算 $LiMn_2O_4$ 电瓶的理论比容量和理论比能量。

【解】摩尔质量 $M_{LiMn_2O_4}=181\ g\cdot mol^{-1}$；计算质量为 $m=1\ 000\ g$。

1 000 g 的理论容量为：$C_{1\ 000}=26.8\ A\cdot h\cdot mol^{-1}\times 1\times 1\ 000\ g/(181\ g\cdot mol^{-1})=148\ A\cdot h$

$LiMn_2O_4$ 的理论比容量为 148 $mA\cdot h\cdot g^{-1}$，要产生每安时电量，需要 6.76 g 的活性材料 $LiMn_2O_4$。

【例题 1.3.3】请计算 $LiCoO_2$ 电瓶的理论比容量。

【解】摩尔质量 $M_{LiCoO_2}=98\ g\cdot mol^{-1}$；计算质量为 $m=1\ 000\ g$。

1 000 g 的理论容量为：$C_{1\ 000}=26.8\ A\cdot h\cdot mol^{-1}\times 1\times 1\ 000\ g/(98\ g\cdot mol^{-1})=274\ A\cdot h$

$LiCoO_2$ 的理论质量比容量为 274 $mA\cdot h\cdot g^{-1}$，要产生每安时电量，需要 3.65 g 的活性材料$LiCoO_2$。

【例题 1.3.4】请计算[Li]C_6 电瓶的理论比容量。

【解】摩尔质量[Li]C_6 $M_{[Li]C_6}=72\ g\cdot mol^{-1}$

1 000 g 的理论容量为：$C_{1\ 000}=26.8\ A\cdot h\cdot mol^{-1}\times 1\times 1\ 000\ g/(72\ g\cdot mol^{-1})=372\ A\cdot h$

[Li]C_6 的理论质量比容量为 372 $mA\cdot h\cdot g^{-1}$，要产生每安时电量，需要 2.69 g 的活性材料[Li]C_6。

【例题 1.3.5】根据上面的计算，请计算和比较锂电瓶 $C_6/LiMn_2O_4$、$C_6/LiCoO_2$ 理论比容量和理论比能量。（$C_6/LiMn_2O_4$ 的工作电压为 4 V，$C_6/LiCoO_2$ 的工作电压为 3.8 V。）

【解】对于 $C_6/LiMn_2O_4$：每产生 1 A·h 电量需要正、负极的活性物质为(6.76+2.69) g=9.45 g。

对于 $C_6/LiCoO_2$：每产生 1 A·h 电量需要正、负极的活性物质为(3.65+2.69) g=6.34 g。

对于 $C_6/LiMn_2O_4$：比容量为 $C=0.106\ A\cdot h\cdot g^{-1}$。

对于 $C_6/LiCoO_2$：比容量为 $C=0.159\ A\cdot h\cdot g^{-1}$。

电池的理论比能量：

对于 $C_6/LiMn_2O_4$：$W=CU_A=0.106\ A\cdot h\cdot g^{-1}\times 1\ kg\times 4.0\ V=424\ W\cdot h$，即电池的理论质量比能量为 424 $W\cdot h\cdot kg^{-1}$。

对于 $C_6/LiCoO_2$：$W=CU_A=0.159\ A\cdot h\cdot g^{-1}\times 1\ kg\times 3.8\ V=604\ W\cdot h$，即电池的理论质量比能量为 604 $W\cdot h\cdot kg^{-1}$。

比能量的物理意义是电瓶为单位质量或单位体积时所具有的有效电能量。它是比较电瓶性能优劣的重要指标。如表 1.3.4 所列是几种蓄电瓶的比能量，在传统的水系电解液电瓶系列中，银锌电瓶的比能量比较高，而锂离子电瓶的比能量最高。

表 1.3.4　几种蓄电瓶的比能量

序　号	电瓶种类	质量比能量/($W\cdot h\cdot kg^{-1}$)	体积比能量/($W\cdot h\cdot dm^{-3}$)
1	铅酸蓄电瓶	30～50	90～120
2	镍镉蓄电瓶	25～35	40～60
3	银锌蓄电瓶	100～120	180～220
4	锂离子电瓶	120～140	260～340

实际放出容量、额定容量和理论容量很少相等，如图 1.3.8 所示是几种主要航空蓄电瓶在

20 ℃时单位质量放出的容量(比能量)比较示意图。

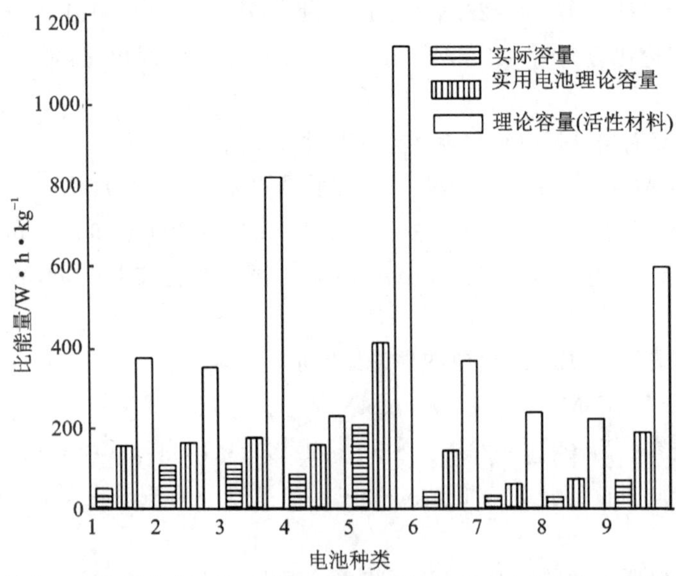

1—锰锌干电池;2—碱二氧化锰电池;3—镁二氧化锰电池;4—锌氧化汞电池;5—锂二氧化硫电池;

6—镁绿化亚铜电池;7—铅酸电池;8—镍镉电池;9—锌氧化银电池

图 1.3.8 几种主要电池的理论和实际容量

4) 理论功率和理论比功率

电瓶的理论功率是指在一定放电条件下,电瓶在单位时间内所能输出的能量,单位是瓦(W)或千瓦(kW)。电瓶的单位质量或体积的理论功率 P_0 称为电瓶的理论比功率,用 P_{t0} 表示,单位是 $W \cdot kg^{-1}$ 或 $W \cdot h \cdot dm^{-3}$。

电瓶的理论功率 P_0 可以表示为

$$P_0 = \frac{W_0}{t} = \frac{C_0 E^{\odot}}{t} = \frac{ItE^{\odot}}{t} = IE^{\odot} \tag{1.3.17}$$

式中,t 为放电时间,单位为 s;C_0 为电瓶的理论容量,单位为 C;I 为恒定的电流,单位为 A;$E^{\odot}$ 为电动势,单位为 V。而电瓶的实际功率为

$$P = IU = I(E_{\odot} - IR_i) = IE_{\odot} - I^2 R_i \tag{1.3.18}$$

式中,I^2R_i 是消耗在电瓶内部全内阻上的功率,这部分功率对负载是无用的。

如果一个电瓶的比功率较大,则表示在单位时间内,单位质量或单位体积中给出的能量较多,即表示此电瓶能用较大的电流放电。因此电瓶的比功率也是评价电瓶性能的重要指标之一。比功率是衡量电瓶性能的另外一项主要指标,在某些要求短时间、大电流工作的场合,决定电瓶体积和质量大小的,往往是电瓶的比功率特性。高的比功率适合用于导弹武器、运载火箭等。

1.3.5 充放电速率

充放电速率一般用小时率或倍率表示。小时率是指电瓶以一定的电流放完其额定容量所需要的小时数。而倍率是指在规定时间放出其额定容量时所需要的电流值。倍率通常以字母 C 表示,如 0.2 倍率也叫 $0.2C$。小时率和倍率互为倒数,即 $C=1/h$。

【例题 1.3.6】对于额定容量为 5 A·h 的电瓶，以 0.1C 放电，则 10 h 可以放完 5 A·h 的额定容量，因此也叫 10 小时率放电。对于额定容量为 5 A·h 的电瓶，以 0.5 A 电流放电，则放电倍率是 0.1C。

但在材料的测试过程中，如何规定倍率并不十分统一。有人以材料的理论比容量为基准，例如，对于 $LiCoO_2$ 的理论比容量是 274 mA·h·g^{-1}，那么，1C 倍率放电的电流就是 274 mA·g^{-1}。但也有根据材料实际释放的比容量进行计算的，例如 $LiCoO_2$ 的 1C 倍率放电的电流可能是 135 mA·g^{-1}，电流的设定上不很统一。所以在写出倍率后，一定要给出实际的充放电电流值。

(1) 放电深度

放电深度常用 DOD(Depth Of Discharge)表示，是放电程度的一种度量，它体现参与反应的活性材料所占的比例。

(2) 库仑效率

在一定的充放电条件下，放电释放出来的电荷与充电时充入的电荷的百分比称为库仑效率，也叫充放电效率。影响库仑效率的因素很多，如电解质的分解，电极界面的钝化，电极活性材料的结构、形态、导电性能的变化都会影响库仑效率。

1.3.6　储存性能、自放电和寿命

(1) 储存性能

电瓶储存有两种形式，即带电解液的储存称为湿储存，不带电解液的储存称为干储存。储存一段时间后，其容量会自行降低，这个现象称为自放电。储存性能是指电瓶开路时在一定条件下(如温度、湿度等)储存一定时间后自放电的大小。

电瓶在储存期间，虽然没有放出电能量，但是在电瓶内部总是存在着自放电现象。即使是干储存，也会由于密封不严进入水分、空气及二氧化碳等物质，使处于热力学不稳定状态的部分正极和负极活性物质自行发生氧化还原反应而消耗掉。如果是湿储存，则更是如此。长期浸在电解液中的活性物质也是不稳定的。负极活性物质大多数是活泼金属，都要发生阳极自溶。酸性溶液中，负极金属是不稳定的，在碱性及中性溶液中也不是十分稳定的。

(2) 自放电

电瓶自放电(self discharge)的大小一般用单位时间内容量减少的百分数来表示，即自放电系数 k_{sd} 为

$$k_{sd}=\frac{C_0-C_t}{C_0}\times 100\% \tag{1.3.19}$$

式中，C_0 为储存前的容量；C_t 为储存后的容量。储存时间常用天、周、月或年表示。

自放电的大小，可用电瓶储存至某规定容量时的天数表示，并称为储存寿命。储存寿命有两种，干储存寿命和湿储存寿命。对于在使用时才加入电解液的电瓶的储存寿命，习惯上称为干储存寿命，干储存寿命可以很长。对于出厂前已加入电解液的电瓶储存寿命，习惯上称为湿储存寿命。湿储存时，自放电较严重，寿命较短。如银锌电瓶的干储存寿命可为 5～8 年，但它的湿储存寿命只有几个月。

降低电瓶中自放电的措施，一般是采用纯度较高的原材料，或将原材料预先处理，除去有害杂质，有的在电极或溶液中加入缓蚀剂，有的在负极材料中加入电位较高的金属，如 Cd、

Ag、Pb 等。目的都是抑制氢的析出，减少自放电反应的发生。

(3) 寿　命

在讨论电瓶的储存性能时，引入了干储存寿命和湿储存寿命的概念。必须指出，这两个概念仅是针对电瓶自放电大小而言的，并非电瓶的实际使用期限。这里介绍的是指实际使用时间的长短。对于蓄电瓶来说，电瓶寿命包括循环寿命和搁置寿命。

例如，对于二次锂电瓶来说，电瓶寿命包括循环寿命和搁置寿命。循环寿命是指电瓶在某一定条件下(如某一电压范围、充放电倍率、环境温度)进行充放电，当放电比容量达到一个规定值(如初始值的 80%)时的循环次数。

搁置寿命是指在某一特定环境下，空载时电瓶放置后达到所规定指标所需的时间。搁置寿命常用来评价一次电瓶，对于二次电瓶，常测试其在高温条件下的存储性能。在电瓶开路状态，某一温度和湿度条件下存放一定时间后的电瓶性能，主要测其容量保持率和容量恢复率，检测气涨情况等。储存时发生的容量下降的现象称电瓶的自放电。自放电速率是单位时间内容量降低的百分数。

* 充放电循环寿命

充放电循环寿命是衡量电瓶性能的一个重要参数，经受一次充电和放电，称为一次循环(或一个周期)。在一定的放电条件下，电瓶的容量降至某一规定值之前，电瓶能耐受多次充电与放电，称为电瓶的充放电循环寿命。充放电循环寿命越长，电瓶的性能越好。

在目前常用的电瓶中，镍镉电瓶的充放电循环寿命最长，大于 500 个周期，铅蓄电瓶次之，为 200～250 周期，而银锌电瓶要短得多，约 100 周期。

电瓶的充放电循环寿命与放电的深度、温度、充放电条件等有关，放电深度是指电瓶放出的容量占额定容量的百分数。减少放电深度，电瓶的充放电循环寿命可以大大增加。因此对具体蓄电瓶而言，充放电循环寿命用在某一定条件下(如某一电压范围、充放电倍率、环境温度)进行充放电，当放电比容量达到一个规定值(如初始值的 80%)时的循环次数来确定。

* 湿搁置使用寿命

湿搁置使用寿命是衡量蓄电瓶性能的重要参数之一。它是指电瓶加入电解液后开始进行充放电循环寿命终止的时间，包括充放电循环过程中电瓶进行放电态湿搁置时间。湿搁置时间越长，电瓶的性能越好。铅酸电瓶的湿搁置使用寿命最长，为 3～8 年；镍镉电瓶次之，为 3～5 年；而银锌电瓶要短得多，为 1 年左右。

1.4　维护安全教育

进行实验时必须戴有胶皮手套、防护眼镜等防护用品。随身穿戴的首饰，如戒指、项链等必须全部取下。工作场所必须通风，以避免有害物质、易燃易爆物质等聚集。

1.4.1　防止酸性电解液腐蚀

1. 防止人身伤害

硫酸浓度：30%的硫酸，70%的脱矿水(蒸馏水)，具有强氧化性和强腐蚀性。配制电解液时，应把硫酸缓慢倒入蒸馏水中。

2. 防止设备受损

① 不能让硫酸与碱性物质反应。一切碱性物质不应带入酸性电瓶实验室。

② 硫酸废液应倒在规定的容器中，不能随意处置，以免造成对环境的损害。

1.4.2　防止碱性电解液腐蚀

1. 防止人身伤害

① 碱性电解液为强碱 KOH，放完电的电解液浓度高，腐蚀性强。

② 维护蓄电瓶时用专用针筒注射脱矿水，补水维护。

2. 防止设备受损

① 铅蓄电瓶用过的所有物具，绝不能带入碱性蓄电瓶室。一切酸性物质不应带入碱性电瓶实验室。

② 废液应倒在规定的容器中，不能随意处置，以防造成对环境的损害。

1.4.3　危险化学品安全

在充电过程中，特别是过充电情况下，蓄电瓶的正极或负极容易产生如氧气或氢气等气体，或即使蓄电瓶不再使用时，也有可能某些气体散发到空气中，因此实验室必须通风良好，防止雾气聚集。另外必须配备适量的灭火器，无论灭火器是否已使用，如达到规定的使用期限，必须送交维修单位进行水压试验检查。

1.5　本章小结

航空蓄电瓶是飞机上的应急电源，任何飞机都必须安装应急直流电源，当主发电机不能供电时，应向维持飞行所必需的用电设备应急供电。

航空蓄电瓶是时控件，装机一定时间后必须离位，在地面安排维修车间进行检查、充电、容量检测和维护。例如镍镉蓄电瓶固有的记忆问题必须消除，恢复到应有的容量。

航空蓄电瓶的分类方法较多，按电解液、活性物质的存在方式、电瓶特点、工作性质及储存方式等进行分类。因此航空蓄电瓶分为酸性电瓶和碱性电瓶两大类。我国蓄电瓶的型号采用汉语拼音字母和阿拉伯数字表示。

蓄电瓶的性能主要指电性能、机械性能和储存性能，有时还包括使用维护性能和经济成本等。电性能包括电动势、开路电压、工作电压、内阻、充电电压、电容量、比能量、比功率和寿命等。储存性能则主要取决于蓄电瓶的自放电大小。

蓄电瓶的电解液通常是强酸或强碱，具有腐蚀作用。

蓄电瓶充电过程中，特别是过充电情况下，蓄电瓶的正极或负极容易产生如氧气或氢气等气体，或即使蓄电瓶不再使用时，也有可能某些气体散发到空气中，因此实验室必须通风良好，防止雾气聚集。

另外必须配备适量的灭火器，无论灭火器是否已使用，如达到规定的使用期限，必须送交维修单位进行水压试验检查。

选择题

1. 电瓶的蓄能容量是由下列哪个因素决定的？(　　)

A. 接线端电压　　B. 电解液密度　　C. 化学反应可用材料的量

2. 电瓶的容量是用什么单位度量的？(　　)

A. V　　B. A　　C. A·h

3. 航空蓄电瓶的使用维护描述正确的是(　　)。

A. 航空蓄电瓶是时控件，装机一段时间后，容量会丢失，必须离位检查和维护

B. 在内场进行检查、充电、容量检测和维护的目的是恢复其额定容量

C. 航空蓄电瓶离位时间间隔是统一制定的，与蓄电瓶的类型无关

D. 离位后的安装航空蓄电瓶的舱位不必彻底清洁

4. 航空蓄电瓶的充放电速率描述不正确的是(　　)。

A. 定义是单位时间内充入或放出的电量

B. 充放电速率的单位是安培

C. 充放电速率的单位是安培小时

D. 充放电速率取决于蓄电瓶的化学反应中电子得失的快慢

5. 适航规定对应急直流电源描述不正确的是(　　)。

A. 主电源或其他辅助电源失效时必须由航空蓄电瓶提供应急直流电源

B. 应急情况下，航空蓄电瓶至少提供1个半小时的供电能力

C. 应急情况下，航空蓄电瓶提供飞机应急着陆的电能

D. 所有飞机必须配备应急直流电源

6. 航空蓄电瓶的重金属污染情况描述正确的是(　　)。(多选)

A. 锂离子蓄电瓶没有污染

B. 镍镉蓄电瓶有污染

C. 铅酸蓄电瓶有污染

D. 所有蓄电瓶都有污染

7. 航空蓄电瓶的充电方法描述正确的是(　　)。(多选)

A. 充电技术和充电方式对蓄电瓶的维护十分重要

B. 为了解决自放电问题，飞机上常采用小电流的浮充电方式

C. 恒流充电适合酸性蓄电瓶

D. 恒压充电适合碱性蓄电瓶

8. 航空蓄电瓶恒压充电方法描述不正确的是(　　)。

A. 充电初期对蓄电瓶冲击大

B. 充电后期对蓄电瓶冲击大

C. 充电设备制作简单，充电先期速度快

D. 电解液水分丢失多

9. 航空蓄电瓶容量的描述正确的是(　　)。

A. 充满电的蓄电瓶在一定放电条件下所能放出的电量称为容量，单位常用库仑表示

B. 理论容量是指蓄电瓶极板上活性物质的质量按法拉第电解定律计算而得到的最高理论值

C. 实际容量应该比理论容量大

D. 航空蓄电瓶维护的目的归结为提升电瓶的实际容量

10. 航空蓄电瓶比容量描述正确的是(　　)。(多选)

A. 单位体积或单位质量的蓄电瓶能放出的理论电量

B. 单位体积或单位质量的蓄电瓶能放出的实际电量

C. 碱性镍镉蓄电瓶的比容量比酸性蓄电瓶的高

D. 碱性镍镉蓄电瓶的比容量比酸性蓄电瓶的低

第2章　航空酸性铅蓄电瓶

2.1　概　述

按电解液的性质分，通常有酸性蓄电瓶和碱性蓄电瓶。航空上，特别是中小型飞机一度采用航空酸性铅蓄电瓶(以下简称“铅蓄电瓶”)。

国产铅蓄电瓶的典型型号为7HK－182、12HK－28等，其中12HK－28一度在中小型飞机、直升机等使用。如图2.1.1所示是12HK－28铅蓄电瓶实物图。

(a) 12HK-28（国产）

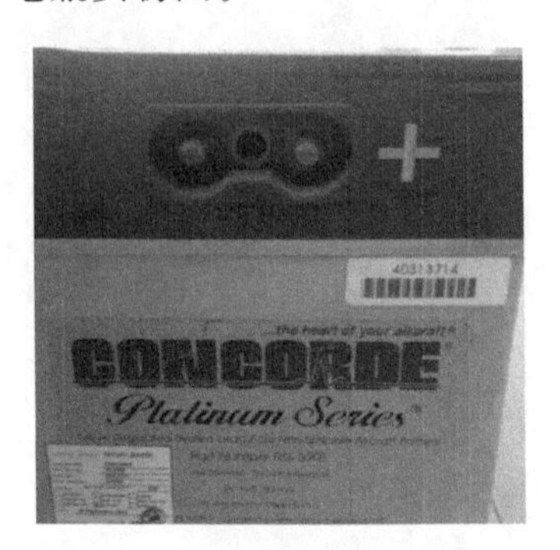

(b) 铅蓄电瓶（协和）

图2.1.1　航空酸性铅蓄电瓶实物

如图2.1.2所示是铅蓄电瓶的外形图，由于具有电势高、内阻小、能适应高放电率(放电率

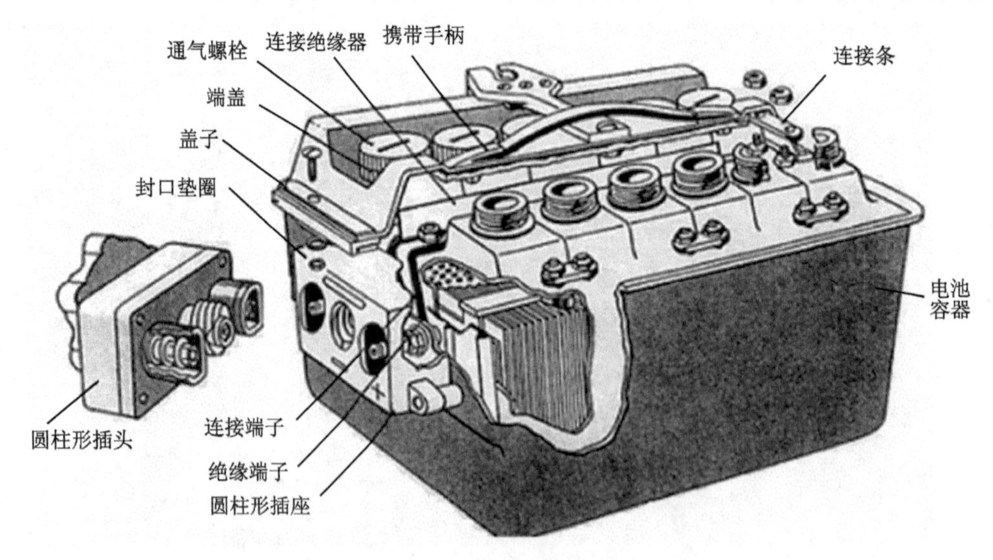

图2.1.2　铅蓄电瓶外形图

即单位时间内放出的电量）放电，以及成本较低等优点，所以应用广泛；其缺点是质量大，自放电大，寿命较短，以及使用维护不够简便等。以 12HK－28 为例，它是把 12 节单体电池组装密封在一起，如图 2.1.3 是 6 节和 12 节单体铅蓄电瓶的组合连接。

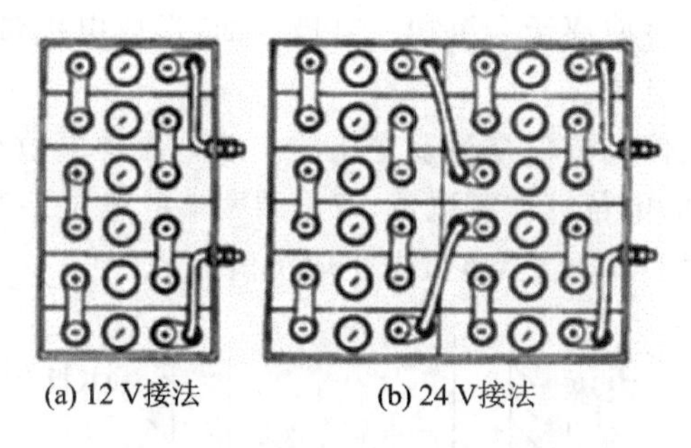

图 2.1.3　铅蓄电瓶单体电池的组合连接

通常铅蓄电瓶由数个 2 V 单体电池串联而成，采用整体硬橡胶槽、涂膏式极板和微孔橡胶（或塑料）隔板。铅蓄电瓶分为干式非荷电蓄电瓶（简称一般蓄电瓶）和干式荷电蓄电瓶。两者在外观和结构尺寸上相同，只是内部极板的状态不同。干式非荷电蓄电瓶初次充电需要的时间较长；而干式荷电蓄电瓶初次使用，在注入电解液后，无需经过长时间初充电，只需稍加补充充电，就能使用。为了防止极板氧化，蓄电瓶在注入电解液前要密封保存。为了增加密封性，在各排气栓下均垫有软橡胶垫圈，有的还有密封垫片或化学胶帽等。

2.2　铅蓄电瓶的原理、结构和特性

铅蓄电瓶主要由正、负极板和电解液组成。正极板的活性物质（参加化学反应的物质）是二氧化铅（PbO_2），负极板上的活性物质是铅（Pb），电解液是硫酸（H_2SO_4，占 30%）加蒸馏水（H_2O，占 70%）配置而成的稀硫酸。

当正、负极板浸入电解液后，两极板之间即产生电动势。下面介绍电极电位。

2.2.1　双电层和电极电位

当金属电极与电解液接触时，两者之间要发生电荷的定向转移，使金属电极和电解液分别带有等量而异性的电荷，形成电位差，这个电位差叫做电极电位。

电解液是电解质和水的混合液，电解质的分子在水中能电离成正、负离子，并在溶液中做不规则的运动。正、负离子分别带有等量而异性的电荷，整个电解液则呈中性。例如硫酸在水中电离成带正电的氢离子（H^+）和带负电的硫酸根离子（SO_4^{2-}）；氢氧化钾在水中电离成带正电的钾离子（K^+）和带负电的氢氧根离子（OH^-）。上述电离过程是可逆的，即在电离的同时，有些正、负离子由于碰撞而重新组成分子。当分子电离的速度与离子组成分子的速度相等时，电离处于动平衡状态。

当金属电极与电解液接触时，由于金属受到水这种极性分子的吸引，金属变成相应的离子溶解到电解液中去，而将电子留在电极上，于是电极带负电，电解液带正电。此时电极对电解液中的正离子有吸引作用，使它紧靠在电极表面，形成双电层，产生电位差。双电层中电位差的出现，一方面阻碍金属离子向电解液中继续转移，另一方面又促使电解液中金属离子逐渐减少，而返回到电极上的速度逐渐增大，最后达到动态平衡，在电极与电解液界面间形成一定的电位差，使电极具有一定的电极电位。

当金属电极和含有该金属离子的电解液接触时，如果金属离子在金属表面的电位能比在电解液里低，则电解液中的金属离子会沉积在电极表面，形成电极带正电、电解液带负电的双电层，使电极也具有一定的电位。

在双电层的范围内，电位的数值是逐渐变化的。双电层中电位分布的情形如图 2.2.1 所示。把双电层以外的溶液的电位算作零电位，双电层两端的电位差 U 就是电极电位。如果电极带正电，电极电位取正值 U_+；反之，电极电位取负值 U_-。

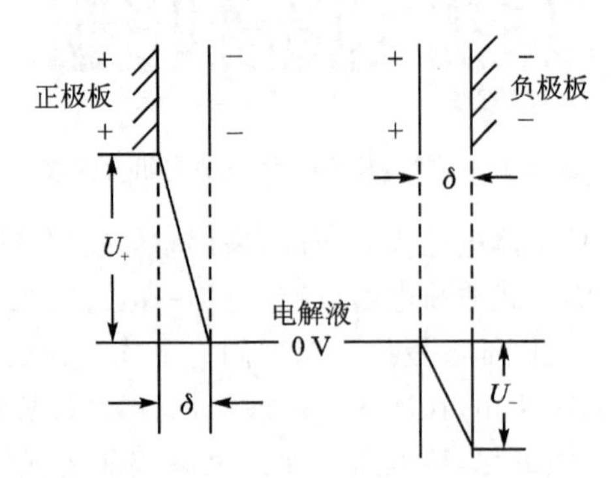

图 2.2.1　双电层和电极电位

开路时，从电池负极板到正极板电位升高的数值，就等于电池的电动势。设开路时，电池的正极电位为 U_+，负极电位为 U_-，则这两个电极电位的差值，就等于电池的电动势，即

$$E = U_+ - U_- \tag{2.2.1}$$

2.2.2　铅蓄电瓶电动势的产生

如图 2.2.2 所示是铅蓄电瓶电动势，当正、负极板与电解液接触后，分别产生电极电位。

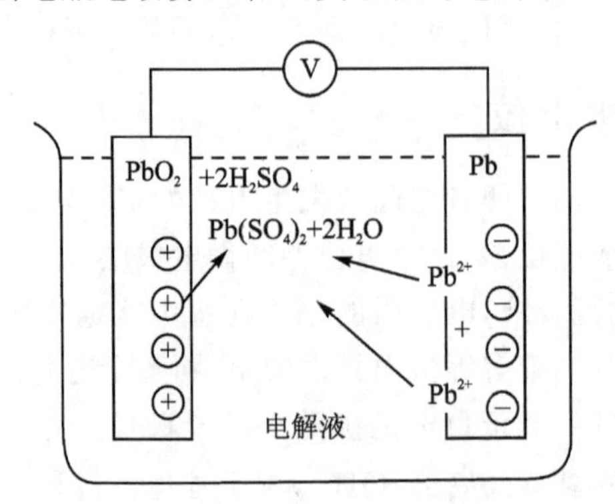

图 2.2.2　铅蓄电瓶电动势

在负极，负极板的活性物质是铅，在水分子的作用下，部分铅的正离子 Pb^{2+} 溶解于电解液，电子则留在极板上，形成双电层：

$$Pb \longrightarrow Pb^{2+} + 2e \tag{2.2.2}$$

于是，电极带负电，电位低于电解液，电极电位取负值，单体电池电压约为 -0.13 V。

在正极，有部分二氧化铅分子溶于电解液，这些二氧化铅分子首先与硫酸作用，生成高价

硫酸铅：

$$PbO_2 + 2H_2SO_4 \longrightarrow Pb(SO_4)_2 + 2H_2O \tag{2.2.3}$$

高价硫酸铅能电离成高价铅正离子和硫酸根负离子：

$$Pb(SO_4)_2 \longrightarrow Pb^{4+} + 2SO_4^{2-} \tag{2.2.4}$$

而后，电解液高价铅正离子就沉积到正极板上，硫酸根负离子则留在电解液中，两者之间形成双电层。于是，电极带正电，电位高于电解液，电极电位取正值，单体电池约为+2 V。

因此，单体电池的电动势约为

$$E = 2 - (-0.13) = 2.13\ \text{V} \tag{2.2.5}$$

2.2.3　铅蓄电瓶放电原理

放电时，电路中就有电流流通。外电路，电子从负极流向正极；电解液中，正离子移向正极，负离子移向负极，形成离子电流。整个放电过程，正、负极同时发生如下化学反应。

在负极，电子流走时，双电层减弱，铅离子与硫酸根离子化合，生成硫酸铅分子，并沉积于极板表面：

$$Pb^{2+} + SO_4^{2-} \longrightarrow PbSO_4 \tag{2.2.6}$$

在正极，高价铅离子得到两个电子时，成为二价铅离子：

$$Pb^{4+} + 2e \longrightarrow Pb^{2+} \tag{2.2.7}$$

于是双电层减弱，二价铅离子 Pb^{2+} 进入电解液，并与硫酸根离子化合，生成硫酸铅分子，沉积于极板表面。

$$Pb^{2+} + SO_4^{2-} \longrightarrow PbSO_4 \tag{2.2.8}$$

在正、负极板双电层减弱的同时，内电场减弱，负极继续有铅离子电离，正极继续有二氧化铅分子溶解、电离。于是，双电层和电动势都处于动平衡状态，放电过程得以持续进行。铅蓄电瓶的放电原理如图 2.2.3 所示。

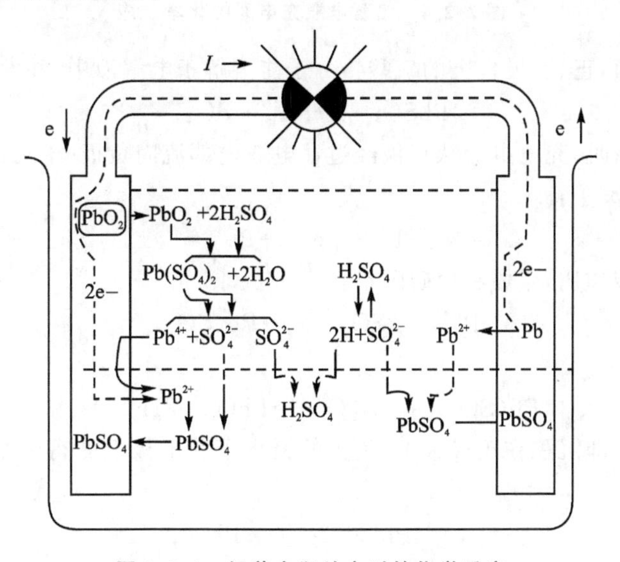

图 2.2.3　铅蓄电瓶放电时的化学反应

放电过程总的化学反应方程式为

$$PbO_2 + Pb + 2H_2SO_4 \longrightarrow 2PbSO_4 + 2H_2O \quad (2.2.9)$$

铅蓄电瓶放电过程的特点是：

① 正极板的二氧化铅和负极板的铅逐渐变成硫酸铅；

② 电解液中的硫酸不断被消耗，水却不断增加，因此电解液的密度不断减小；

③ 电动势逐渐降低。

2.2.4 铅蓄电瓶充电原理

将充电机的正、负极分别接在蓄电瓶正、负极上，即可对蓄电瓶充电，如图 2.2.4 所示。

充电机是一种直流电源，如直流发电机或整流电源，其端电压应能调节，使之略高于蓄电瓶电动势。接充电机时应特别注意极性，防止串联短路，如果极性接反则造成永久性损坏。

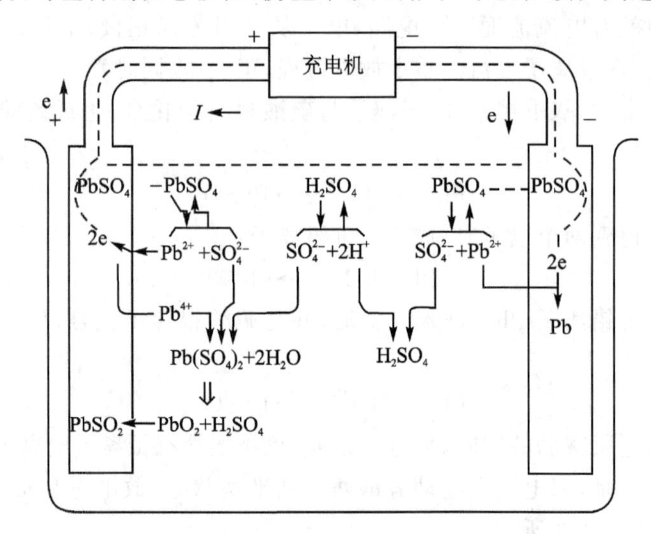

图 2.2.4 铅蓄电瓶充电时的化学反应

放电后的蓄电瓶，正、负极板上的硫酸铅分子能溶解于电解液中，并发生电离：

$$PbSO_4 \longrightarrow Pb^{2+} + SO_4^{2-} \quad (2.2.10)$$

当接通充电机的电路时，充电电流从正极经过蓄电瓶内部流向负极，于是正极的铅离子失去两个电子，成为高价铅离子：

$$Pb^{2+} - 2e \longrightarrow Pb^{4+} \quad (2.2.11)$$

高价铅离子与电解液作用，生成高价硫酸铅：

$$Pb^{4+} + 2SO_4{}^{2-} \longrightarrow Pb(SO_4)_2 \quad (2.2.12)$$

而后

$$Pb(SO_4)_2 + 2H_2O \longrightarrow PbO_2 + 2H_2SO_4 \quad (2.2.13)$$

生成的二氧化铅即沉积在正极板上，负极的铅离子在电极上获得两个电子，还原成铅，并沉积在负极板上：

$$Pb^{2+} + 2e \longrightarrow Pb \quad (2.2.14)$$

充电过程总的化学反应方程式为

$$2PbSO_4 + 2H_2O \longrightarrow PbO_2 + 2H_2SO_4 + Pb \quad (2.2.15)$$

铅蓄电瓶充电过程的特点是：

① 正、负极板上的硫酸铅逐步生成二氧化铅和铅；

② 电解液中的水不断减少，硫酸则不断增加，因此，电解液密度逐渐增大；

③ 电动势逐渐升高。

把铅蓄电瓶放电过程总的化学反应方程式(2.2.9)与充电过程总的化学反应方程式(2.2.15)加以比较，可以看出它们是一对可逆的化学反应方程式。通常将充、放电过程的化学反应方程式写成如下的综合式：

$$PbO_2 + Pb + 2H_2SO_4 \underset{\text{充电}}{\overset{\text{放电}}{\rightleftharpoons}} 2PbSO_4 + 2H_2O + \text{电能} \tag{2.2.16}$$

2.2.5 铅蓄电瓶的构造

各种类型的铅蓄电瓶的构造大体相同，现以 12HK－28 型飞机蓄电瓶为例加以说明。12HK－28 型飞机蓄电瓶由 12 个单体电池串联而成。每个单体电池由极板组、隔板和电解液等主要部分组成，单体电池的结构如图 2.2.5 所示。

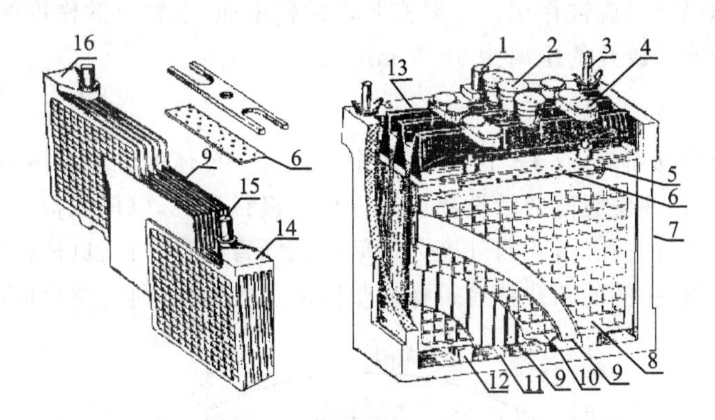

1—接线柱；2—工作螺栓；3—上盖固定螺杆；4—连接条；5—护水盖；6—网状胶片；7—外壳；8—负极板；9—隔板；10—正极板；11—菱形条；12—托架；13—三孔盖；14—负极板组；15—极柱；16—正极板组

图 2.2.5　单体电池的构造

1. 极板组和隔板

(1) 正极板组

正极板组由 5 块棕红色正极板焊在一个极柱上。

(2) 负极板组

负极板组由 6 块灰色负极板焊在另一个极柱上。

(3) 隔　板

多孔性隔板夹在正负极板之间，既防止正负极板相碰短路，又能让离子通过。隔板有槽的一面对着正极板，以保持正极板周围有充足的电解液。这是因为正极板要求有较多的硫酸参加化学反应。极板顶部有网状胶片，用以防止碰坏极板。网状胶片上部有护水盖，既可防止电解液溅出，又便于检查电解液的高度。

正、负极板交错重叠地安放在一起。活性物质涂抹在铅锑合金栅架上，如图 2.2.6 所示。栅架主要用来增加负极板的强度，并可改善其导电性。极板片多而薄，活性物质疏松多孔，增大了极板与电解液接触面积，使更多的活性物质能参加化学反应，以提高最大允许放电电流和容量。图 2.2.7 是铅蓄电瓶的电池单元，一组蓄电瓶是由多个这样的电池单元组成的。

图 2.2.6　铅蓄电瓶的金属栅架

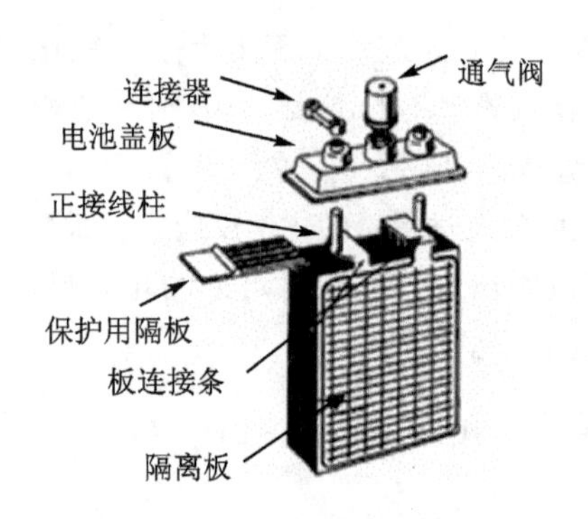

图 2.2.7　铅蓄电瓶的电池单元

2. 电解液

电解液用纯硫酸和蒸馏水配制而成。电解液的密度大小一要考虑电动势的大小，二要考虑电解液对极板和隔板的腐蚀作用。一般充足电的蓄电瓶，电解液的密度为 1.285 $g \cdot cm^{-3}$，电解液液面高度距网状胶片的距离为 6～8 mm。

3. 外　壳

外壳用硬橡胶压制而成，有 12 个小格，每个小格装一单体电池。小格底部有菱形条，它和托架一起支撑极板组，并使脱落的活性物质得以离开极板下沉，以保障蓄电瓶的性能。

单体电池顶部装有三孔盖，它与外壳之间间隙用沥青密封。正、负极板组的极性分别从三孔盖两端的圆孔穿出，中间的圆孔拧有带橡皮垫圈的通气螺栓，通气螺栓如图 2.2.8 所示。

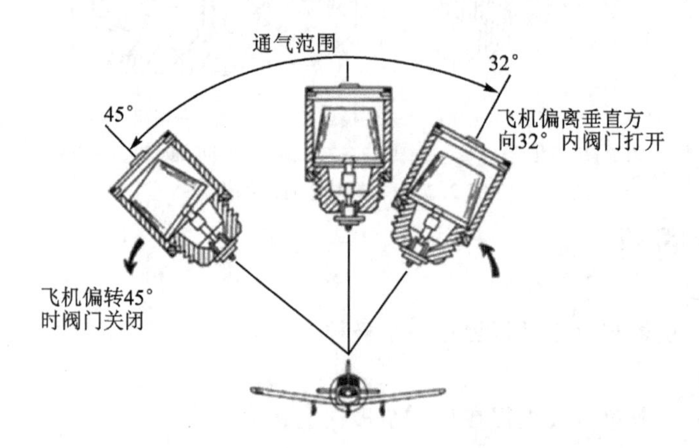

图 2.2.8　通气螺栓与飞行姿态的关系

飞机蓄电瓶必须要有通气螺栓。飞机平飞时，铅陲使活门打开，使蓄电瓶工作过程中产生的气体顺利排出；飞机倾斜或俯仰时，铅陲偏倒，活门堵塞，防止电解液流出。

振动会使蓄电瓶产生泡沫，此外蓄电瓶的化学反应有气体产生，因此必须采用酸池接收泡沫，用单向阀门 NRV 和来自增压舱的压缩空气把化学反应的气体排出，如图 2.2.9 所示。橡胶或其他非腐蚀性导管可用作排气管路，把气体排放到飞机外部(通常到机身蒙皮处)。

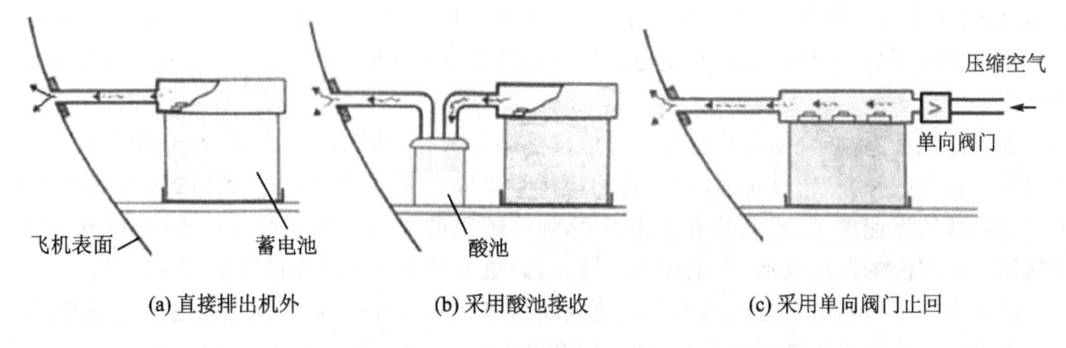

图 2.2.9　机载蓄电瓶排气方法

2.2.6　铅蓄电瓶放电特性

蓄电瓶的放电特性，主要是指放电过程中蓄电瓶的电动势、内电阻、端电压和容量的变化规律。研究蓄电瓶的放电特性对正确使用蓄电瓶至关重要。

1. 放电特性

蓄电瓶的放电特性，是指在一定放电电流时，端电压随时间的变化规律。如图 2.2.10 所示的放电特性是在电解液温度为 20 ℃时，以额定电流（2.8 A）放电时测得的。放电过程分为四个阶段：放电初期、放电中期、放电后期及放电终了。

放电初期（*ab* 段）：极板孔隙内、外的电解液密度差很小，扩散速度慢，孔隙内的硫酸消耗得多，补充得少，密度下降得快，电动势和端电压也就迅速下降。

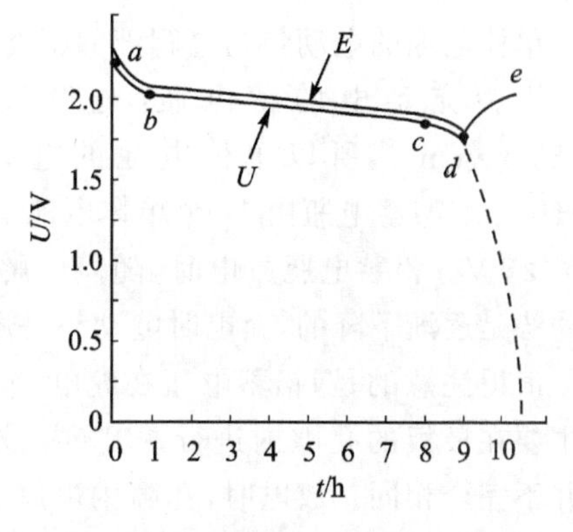

图 2.2.10　单体蓄电瓶的放电特性

放电中期（*bc* 段）：极板孔隙内、外的电解液浓度差已经很大，扩散速度加快，孔隙内硫酸的消耗与补充基本相等，其电解液浓度随整个电瓶中电解液浓度的缓慢减小而减小。因此，电动势和端电压下降很慢。

放电后期（*cd* 段）：化学反应逐渐向极板内部深入，硫酸扩散路程长，同时极板表面沉积的硫酸铅增加，孔隙入口减小使扩散通道变窄，甚至部分孔隙被堵塞。使孔隙里的硫酸得不到相应的补充，浓度迅速减小，电动势下降很快。还由于电解液密度已低于 $1.1\ g \cdot cm^{-3}$，内电阻引起的内压降迅速增大，所以端电压下降更为迅速。

放电到 *d* 点时，如果继续放电，端电压将迅速下降到零，如 *d* 点以后的虚线所示。实际上，*d* 点以后蓄电瓶已失去放电能力，故 *d* 点电压称为放电终了电压。铅蓄电瓶以额定电压放电时，单体电池的放电终了电压为 1.7 V。蓄电瓶放电到了终了电压时，如果继续放电叫过量放电。过量放电会降低蓄电瓶的寿命，故应禁止。

如果放电到了终了电压就停止放电，由于硫酸的扩散作用仍将继续进行，使极板孔隙内电解液浓度又缓慢上升，直到内、外浓度相等，这时电动势也会缓慢上升到 1.99 V 左右。

铅蓄电瓶的放电特性与放电电流及电解液的温度有关。放电电流小，则放电时间长，电池电压高，终了电压也较高。反之，放电电流大，则放电时间短，电池电压低，终了电压也低，这是因为化学反应剧烈，电压降到以额定电流放电的终了电压值时，还有不少活性物质可以参加化学反应。

电解液温度太高，会缩短极板寿命。电解液温度低时，黏度大，扩散困难，极板孔隙里的硫酸得不到相应的补充，密度迅速减小；再加上化学反应主要在容易获得硫酸的极板表面进行，生成的硫酸铅迅速增多，扩散通道迅速变窄，使孔隙里的电解液密度减小得更快，电动势下降得很快。电解液的温度越低，端电压下降越快，到放电终了电压所需的时间越短。

放电方式是指蓄电瓶是连续放电还是间断放电。间断放电时，在两次放电的间歇时间内，硫酸来得及向孔隙里扩散，使电解液密度回升，电动势升高，再次放电时，放电电压就高一些。从整个放电过程来看，放电电流相同时，间断放电比连续放电的电压下降得慢些，放电终了电压的时间长一些。

2. 电动势

铅蓄电瓶电动势的大小，主要取决于电解液的密度，而与极板上的活性物质的多少无关。当电解液的温度为15 ℃、密度在1.05～1.30 g·cm^{-3}范围内变化时，单体电池的电动势与电解液密度成线性关系，如图2.2.11所示，电动势(单位V)的数值还可以由下面的经验公式确定。

$$E = 0.84 + d \tag{2.2.17}$$

式中，d为电解液的密度，单位是g·cm^{-3}。

单体电池的电动势与电解液的密度密切相关，随着电解液密度下降，电动势将下降。

因为充足电的蓄电瓶，电解液的密度一般为1.285 g·cm^{-3}，所以单体电池的电动势约为2.1 V。12HK－28型蓄电瓶由12个单体电池串联而成，其电动势约为25 V。铅蓄电瓶放电时，随着电解液密度的减小，其电动势是逐渐下降的，充电时电动势是逐渐上升的。

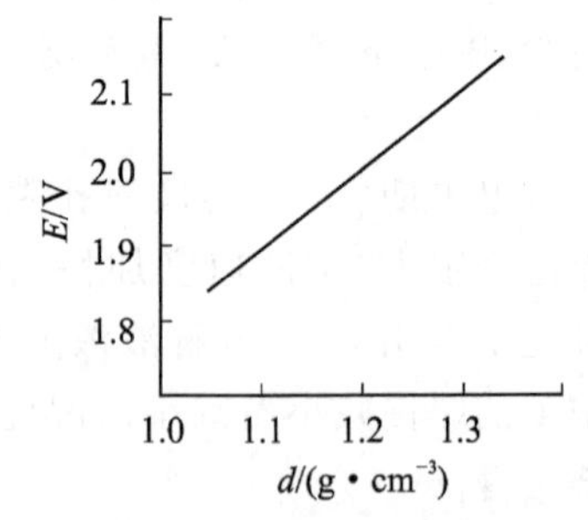

图2.2.11 单体电动势与电解液密度的关系

值得注意的是，铅蓄电瓶在充电、放电过程中，化学反应主要在极板的孔隙内进行，孔隙内、外电解液的密度往往并不完全相同。放电时，孔隙内电解液的密度比外面要小，充电时则相反。决定蓄电瓶电动势数值的应该是孔隙内电解液的密度。只有当充、放电结束，并放置一段时间后再测出的密度，才比较准确。

3. 内电阻

铅蓄电瓶的内电阻由三部分组成，包括极板电阻、电解液电阻以及极板与电解液之间的接触电阻。

(1) 极板电阻

极板电阻在放电开始时很小，在放电过程中随着导电性能很差的硫酸铅的产生，极板电阻逐渐增大；当表面覆盖着大颗粒的硫酸铅时，它的导电性更差，极板电阻大为增加。

(2) 电解液电阻

电解液电阻与温度和密度有关，温度升高，电阻减小；在放电过程中，密度总是逐渐下降，

其电阻随之增大；特别是当密度减小到 1.15 g·cm^{-3} 以下时，电解液的电阻将迅速增大。

(3) 接触电阻

极板与电解液的接触电阻由其接触面积的大小决定。片数多、孔隙多，接触电阻就小。在放电过程中，极板表面逐渐被硫酸铅覆盖，特别是大颗粒结晶出现时，接触电阻明显增加。

由此可见，铅蓄电瓶在放电过程中，接触电阻是逐渐增大的；充电时相反。充足电的单体电池，接触电阻范围为 0.001～0.01 Ω。12HK－28 型蓄电瓶包括连接条在内，接触电阻约为 0.02 Ω。

与其他化学电源相比，铅蓄电瓶的内阻是比较小的，发热损耗就小，效率高，这是铅蓄电瓶的可贵之处。

4. 容　量

蓄电瓶从充足电状态放电到终了电压时输出的总电量叫容量，容量的单位是安培小时(A·h)。如果放电电流恒定，则容量(Q)等于放电电流(I)与放电时间(t)的乘积：

$$Q = It \tag{2.2.18}$$

由蓄电瓶放电原理可知，当一个二氧化铅分子、一个铅分子与两个硫酸分子发生化学反应时，就有两个电子通过外电路。因此，蓄电瓶的容量由参与化学反应活性物质的多少决定。

为了提高蓄电瓶的容量，首先是增加活性物质的数量；其次是增大极板与电解液的接触面积，以增加参与化学反应的活性物质的数量。在活性物质一定的情况下，极板的孔越多，极板组的片数越多，则容量越大，在容积一定的情况下，为了增加极板的片数，极板要做得薄些。但受机械强度的限制，极板也不能太薄。

(1) 放电率对蓄电瓶容量的影响

蓄电瓶的额定容量是制造厂标定的标准容量。不同型号的蓄电瓶，额定容量是不相同的。

蓄电瓶在不同的放电条件下，所能放出的容量差别很大，为了比较蓄电瓶的容量，规定了一个标准的放电条件，铅蓄电瓶标准的放电条件是：电解液温度为 20 ℃，放电电流为额定值，放电方式为连续放电。实有容量是指蓄电瓶充足电后，在标准条件下放电到终了电压所能放出的电量。习惯上蓄电瓶的实有容量用相对值表示，即

$$\text{实有容量(相对值)} = \frac{\text{实有容量}}{\text{额定容量}} \times 100\% \tag{2.2.19}$$

为了使蓄电瓶能够发挥其应有的作用，规定实有容量低于 75% 的飞机蓄电瓶和低于 40% 的地面蓄电瓶，不得继续使用。完全充电后，每个电池在接线端的电势差为 2.5 V；放电后，电势差约为 1.8 V。12 节电池组成的电池组，充足电的电势差为 26.4 V，放完电的电势差为 21.6 V。

铅蓄电瓶在正常使用期间，接线端电压在电瓶寿命内很长时间都会保持大约 2 V，称该电压为标称电压。对于给定的电瓶容量，稳定放电的标称值构成电瓶技术指标的一部分。

例如一个标称值为 $C=20$ A·h 的电瓶，直到电瓶放完电必须提供比较稳定电流 1 A 达 20 h。如果放电电流不同，则放电时间也不同。图 2.2.12 示出了在不同放电电流下，铅蓄电瓶的典型特性。放电电流用一个系数乘以 C 值表示。某容量的蓄电瓶，用 0.1C 可放电约 10 h，而用 1C 则放电时间约 1 h。

(2) 温度对蓄电瓶容量的影响

在一定的范围内，温度越高，放出的电量越多；温度越低，放出的电量越少。这就是为什么对蓄电瓶的低温性能提出要求的原因，放电容量随温度变化的曲线如图 2.2.13 所示。

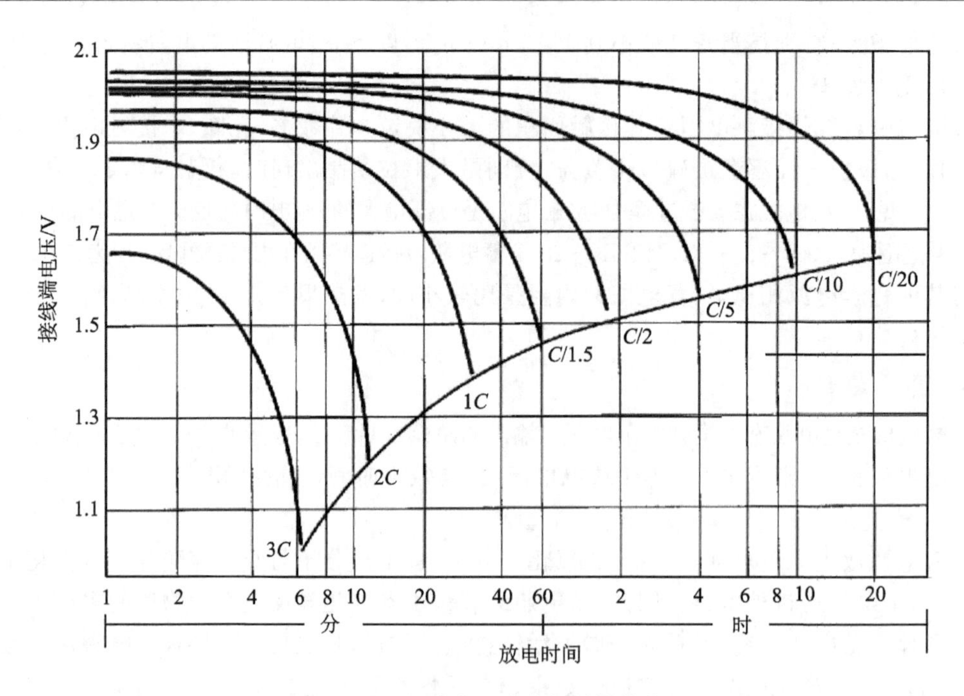

图 2.2.12　铅蓄电瓶放电与时间的关系

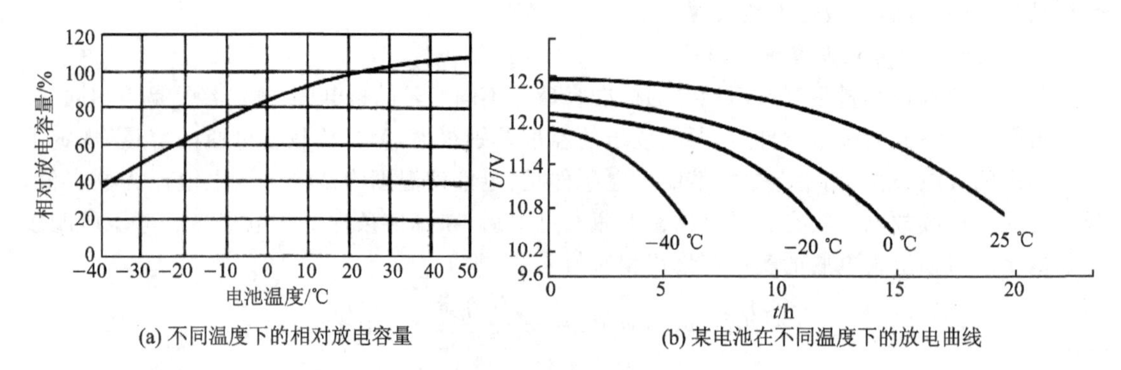

(a) 不同温度下的相对放电容量

(b) 某电池在不同温度下的放电曲线

图 2.2.13　温度对放电性能的影响

在温度范围不大的情况下，温度对容量的影响可由下式计算：

$$C_{25℃}=C_{t}[1-\delta(t-25\ ℃)] \tag{2.2.19}$$

C_t：温度 t 时的容量（A·h）；$C_{25℃}$：25 ℃下的容量（A·h）；t：放电时的温度（℃）；δ：容量的温度系数（在 25 ℃附近，$\delta=0.01$）。

容量与放电条件和维护的好坏有关。在低温、大电流和连续放电的情况下，到终了电压的时间显著缩短，因此容量也减小，反之容量增大。如果维护使用不当，使蓄电瓶过早出现极板硬化、活性物质脱落以及自放电严重等现象，都会造成参加化学反应的活性物质减少，容量相应下降。接近寿命期的蓄电瓶，其容量势必减小。

2.2.7　铅蓄电瓶充电特性

铅蓄电瓶的充电特性主要是指充电电压的变化规律。充电电压（U）等于电动势（E）和内

压降(IR_i)之和,即

$$U = E + IR_i \tag{2.2.20}$$

充电电流恒定时,充电电压的变化主要取决于电动势的变化,即取决于电解液的扩散速度。一个单体电池,在电解液温度为 20 ℃、以恒定电流充电时,电压变化情况如图 2.2.14 中的实线所示。从充电特性曲线可见,充电电压也具有明显的阶段性。

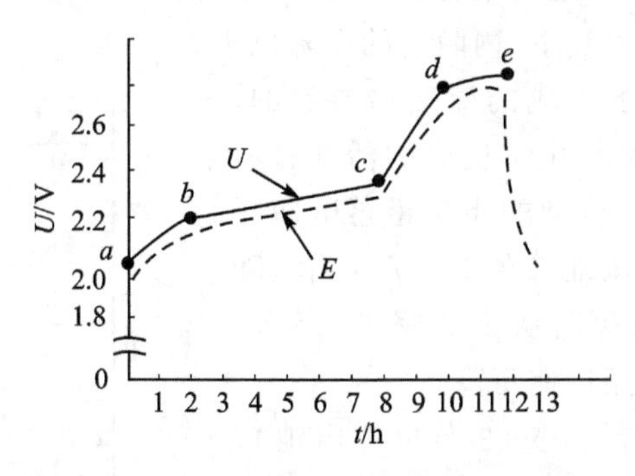

图 2.2.14　单体铅酸电池的充电电压特性

充电初期(ab 段),化学反应首先在极板孔隙内进行,硫酸铅还原为铅、二氧化铅和硫酸,此时电解液扩散速度慢,孔隙内电解液密度增加快,因此电动势和电压上升就快。

充电中期(bc 段),扩散速度加快,孔隙内、外电解液密度缓慢增加,电动势和电压也就缓慢上升。

充电后期(cd 段),剩下的硫酸铅少且通常难以还原,输入的电能逐步用来电解水,正极产生氧气,负极产生氢气,或附着在极板上,或形成气泡逸出。当氢、氧气体附着在极板上时,产生气体电极电位,形成附加电动势,使电压又迅速上升,此后,当电流全部用于电解水时,电动势和电压不再升高,充电过程就结束了。充电完毕,断开充电电路,一方面由于附加电动势消失,另一方面由于硫酸的继续扩散,电动势逐渐下降,最后趋于稳定。

充电终了的特征主要有以下几点:

① 充电电压持续两小时不再上升,单体电池电压为 2.5~2.8 V。

② 电解液密度达到规定值不再增加,一般为 1.285 $g \cdot cm^{-3}$。

③ 电解液大量而连续地冒气泡,类似沸腾。

④ 连续 2 h 电压和密度保持稳定不变。

在充电过程中,蓄电瓶将排出大量氢气和氧气,如室内空气中含有 4%的氧气,遇到明火将引起爆炸。所以充电期间严禁烟火,应有良好的通风设备,并备有规范的灭火瓶等。

2.3　铅蓄电瓶定额

2.3.1　概　述

铅蓄电瓶的定额通常是蓄电瓶的额定电压、额定容量等。由于电压和容量会随充放电条件的改变而变化,通常会逐渐下降。因此分析影响端电压和容量的因素对正确使用蓄电瓶十分重要。

2.3.2 额定电压

充足电的铅蓄电瓶的空载电压接近2.1 V,在额定负载下,铅酸蓄电瓶的额定电压为2 V。但随着负载的增加,例如启动发动机,蓄电瓶的电压会降至1.7 V。

此外内阻对蓄电瓶的额定电压也有影响,充足电的合适的温度下的蓄电瓶内阻要比其他条件下的小,因此相同放电电流下,内阻上的压降也小。

内阻增加是由于极板上生成的硫酸铅导致的,硫酸铅覆盖在极板表面使参与化学反应的活性材料减少了。如图2.3.1所示是典型的飞机铅蓄电瓶的放电特性。放电前,开路电压维持在2.1 V左右。随着放电的进行,负载端电压逐渐从2 V降到1.8 V,当电瓶接近放电终了时,电压迅速下降。

通常电瓶的额定电压有:6 V(3节单体电池)、12 V(6节单体电池)和24 V(12节单体电池)。更换电池时,必须确保所换电池的额定电压正确。

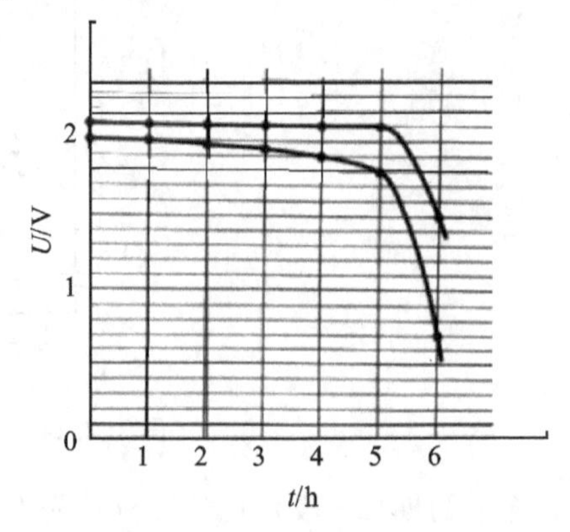

图2.3.1 铅蓄电瓶的放电特性

2.3.3 额定容量

容量是衡量蓄电瓶可用电能的重要指标。小型蓄电瓶的容量通常用毫安小时(mA·h)表示;而大容量蓄电瓶,能够向飞机提供更多电能,常用安培小时(A·h)表示。

蓄电瓶的容量和充放电所需时间与电流有关。例如,如果电瓶以2 A放电2 h,则它的容量为4 A·h,蓄电瓶也可以1 A放电4 h,或者以8 A电流放电0.5 h。对于特定的蓄电瓶,它的安时数通常是由设计生产决定的。

在进行蓄电瓶选型时,额定容量的大小和特性十分重要。蓄电瓶的容量会随着电池允许放电的时间而改变。例如根据蓄电瓶的放电方式,如果采用快速放电,则提供的总功率要比缓慢放电的电瓶少,这是因为蓄电瓶的化学反应需要足够的时间。

蓄电瓶放电时,并非所有的活性物质都能参加反应,因此蓄电瓶的容量也就受到限制。

为了确定电瓶的精确容量,所有机载蓄电瓶在确定容量时必须是在相同的时间内放电,通常采用如5 h的标准放电率,也就是说所有的电瓶在5 h内计算出容量的释放。

由于电瓶中的活性物质的性质、纯度、电瓶的内部结构不同,造成在不同放电率下的容量的差异。显然,快速放电时,每节电池释放的总能量将减少。表2.3.1所列是不同电瓶不同放电率下的参数。

表2.3.1 不同电池不同放电率下的参数

序号	U/V	I/A(5 h)	A·h(5 h)	I/A(20 min)	A·h(20 min)	I/A(5 min)	A·h(5 min)
1	12	5	25	48	76	140	11.7
2	12	7	35	66	22	180	15
3	12	17.6	88	145	48	370	31
4	24	5	25	48	16	140	12
5	24	7.2	36	70	23.3	180	15

根据蓄电瓶的定额，大多数蓄电瓶以 5 h 放电速率而确定安时数。也就是蓄电瓶在 5 h 内放电到最低放电电压值以确定其容量。例如用于单发动机的 12 V 电瓶，其额定容量在 25～35 A・h之间，在确定总功率时，功率是电压和电流的乘积。

在某些特定场合，需要将蓄电瓶并联供电以增加其容量，可以避免因某些蓄电瓶的失效而带来的风险。蓄电瓶的并联连接会使蓄电瓶输出端电压更稳定，输出总容量增加。

另一用于表示蓄电瓶额定容量的方法称为 5 min 放电速率。根据蓄电瓶的最大电流定额，工作温度选在 80°F[26.7 ℃]时放电 5 min，单体电池的最终平均电压为 1.2 V。铅酸蓄电瓶的 5 min 额定值为发动机的正常启动性能提供了一个好的技术指标。

2.3.4　低温造成的容量损失

当一个充足电的蓄电瓶带大负载，并在低温下工作时，其放电时间会很短。例如在寒冷的早晨需要启动发动机。发动机启动一段时间后，启动器会停止工作。这种故障的发生主要原因是大电流作用下极板表面被硫酸铅覆盖，而极板内仍有活性物质但无法参与放电。极板表面的硫酸铅具有较大的电阻，降低了电瓶的输出电压。

在寒冷天气下使用蓄电瓶会使蓄电瓶的容量下降。例如，充电的蓄电瓶在 80°F[26.7 ℃]可启动发动机近 20 次，而在 0°F[－17.8 ℃]时只能启动发动机 3 次。

低温也大大增加了电瓶充电所需的时间。电瓶在 80°F 时可在 1 h 内完成充电，当温度达到 0°F 时，可能需要大约 5 h 的充电时间。影响电瓶容量的主要因素是由于化学反应缓慢甚至停滞造成的。

2.3.5　铅蓄电瓶技术参数举例

蓄电瓶有很多技术参数值得学习，以常用的航空铅蓄电瓶为例说明，通常有单体电池串联个数，额定电压、额定容量、质量和外形尺寸等，具体数据如表 2.3.2 所列。

表 2.3.2　常用航空铅酸蓄电瓶技术数据

<table>
<tr><th rowspan="2">蓄电瓶型号</th><th rowspan="2">串联单体蓄电瓶数</th><th rowspan="2">额定电压/V</th><th colspan="2">额定容量/(A・h)</th><th colspan="2">最大质量/kg</th><th colspan="3">最大外形尺寸/mm</th></tr>
<tr><th>5 h 率</th><th>10 h 率</th><th>不带电解液</th><th>带电解液</th><th>长</th><th>宽</th><th>高</th></tr>
<tr><td>12HK－28
12HKA－28</td><td rowspan="2">12</td><td rowspan="2">24</td><td>28</td><td>—</td><td rowspan="2">23.5</td><td rowspan="2">28.5</td><td rowspan="4">372</td><td rowspan="4">166</td><td rowspan="4">220</td></tr>
<tr><td>12HK－30
12HKA－30</td><td>—</td><td>27</td></tr>
<tr><td>6HK－55</td><td rowspan="2">6</td><td rowspan="2">12</td><td rowspan="2">55</td><td rowspan="2">—</td><td rowspan="2">24</td><td rowspan="2">29</td></tr>
<tr><td>6HKA－55</td></tr>
<tr><td>7HK－182
7HKA－182</td><td>7</td><td>14</td><td>—</td><td>182</td><td>69</td><td>88</td><td>830</td><td>178</td><td>266</td></tr>
</table>

2.3.6　铅蓄电瓶的放电率

航空铅蓄电瓶作为应急电源工作时，它的放电特性尤为重要，通常用放电率表示。放电率是在一定温度条件下的放电能力，主要考察数据有放电电流、单体电池终止电压、总终止电压等,具体数据以 12HK－28 等产品为例说明。表 2.3.3 和表 2.3.4 所列是典型航空铅蓄电瓶在不同温度条件下的放电率。

表 2.3.3 典型航空铅蓄电瓶放电率 1

蓄电瓶型号	放电率 10h 率放电@(25±2)℃ 额定容量/(A·h)	10h 率放电 电流/(A)	10h 率放电 单体电池终止电压/V	10h 率放电 总终止电压/V	5h 率放电@(25±2)℃ 额定容量/(A·h)	5h 率放电 电流/A	5h 率放电 单体电池终止电压/V	5h 率放电 总终止电压/V
12HK－28 12HKA－28	—	—	—	—	28	5.6	1.7	20.4
12HK－30 12HKA－30	27	3	1.7	21	—	—	—	—
6HK－55 6HKA－55	—	—	—	—	55	11	1.7	10.5
7HK－182 7HKA－182	182	18.2	1.7	12	—	—	—	—

表 2.3.4 典型航空铅蓄电瓶放电率 2

蓄电瓶型号	放电率(起动放电能力) (25±2)℃ 电流/A	(25±2)℃ 持续时间/min	(25±2)℃ 单体电池终止电压/V	(25±2)℃ 总终止电压/V	(－40±2)℃ 电流/A	(－40±2)℃ 持续时间/min	(－40±2)℃ 单体电池终止电压/V	(－40±2)℃ 总终止电压/V	(－5±2)℃ 电流/A	(－5±2)℃ 持续时间/min	(－5±2)℃ 单体电池终止电压/V	(－5±2)℃ 总终止电压/V
12HK－28 12HKA－28	170	3.5	1.2	14.4	—	—	—	—	170	2.5	1	12
12HK－30 12HKA－30	107	5.0	1.2	14.4	—	—	—	—	107	3.0	1	12
6HK－55 6HKA－55	350	3.5	1.2	7.2	—	—	—	—	350	2.5	1	6
7HK－182 7HKA－182	600	5.0	1.5	10.5	600	2.5	1	7	—	—	—	—

2.4 铅蓄电瓶的主要故障

蓄电瓶常见的故障有自放电、极板硬化和活性物质脱落等几种,每一个要装机的蓄电瓶必须进行严格的测试,因为蓄电瓶作为应急电源使用,关系到飞机电源系统主电源失效时能否安全着陆和返航。

2.4.1　自放电

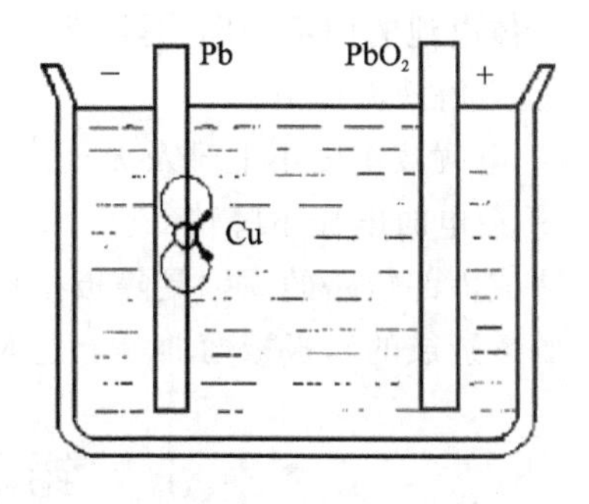

图 2.4.1　杂质形成的微电池

放置不用的蓄电瓶，其容量和电压自动下降的现象叫自放电。引起自放电的主要原因是极板上或电解液中存在杂质。例如，当极板上有铜微粒时，铜和铅在电解液中便形成一个短路状态的微电池，如图 2.4.1 所示。在电解液中，铜的电极电位比铅的电极电位高，因此短路电流由铜流向铅，再经电解液到铜。结果铅与电解液进行化学反应，生成硫酸铅和氢气，活性物质减少，电解液密度下降，使电压降低，容量减小。

蓄电瓶表面有灰尘、水分和电解液存在，正、负极之间形成导电通路，也会造成自放电。极板上和电解液中，总会有一些杂质存在，电池表面也不会绝对干净。因此，自放电是不可避免的。在正常情况下，每昼夜自放电损失的电量为额定容量的 1%左右。如果维护不当，自放电加剧，即形成故障。自放电故障严重的蓄电瓶，可以使容量在几小时内放完。

2.4.2　极板硬化

放电时生成的硫酸铅是小颗粒结晶体，并与活性物质相混杂，在充电时容易还原成相应的活性物质。但是，在一定条件下，这种小颗粒的硫酸铅会变成大颗粒的硫酸铅结晶体，覆盖在极板表面，充电时难以还原，这就叫做极板硬化。

极板硬化程度较轻时，对蓄电瓶的性能和容量影响较小。硬化严重时，极板表面覆盖着大片白色的大颗粒硫酸铅结晶体，堵塞极板的许多空隙，严重地影响电解液的扩散。放电时，不仅自身不能参加化学反应，还使极板深处的许多活性物质不能参加化学反应。因此，容量显著减小，放电电压下降也快。

温度对硫酸铅在电解液中的溶解度的影响较大，温度越高，溶解度越大。当温度变化剧烈时，原来在高温下溶解的硫酸铅，就以极板上原有的小颗粒硫酸铅结晶体为核心而再结晶，形成较大颗粒的结晶体。它既不易溶解，充电时也不易还原，而且随着再结晶的多次反复，颗粒越来越大，逐渐连成一片，覆盖在极板表面，造成严重的极板硬化。可见，凡是加速硫酸铅再结晶或使结晶得以反复进行的条件，都是造成极板硬化的原因。例如：电解液温度剧烈变化，放电后不及时充电或充电不足、极板外露等。

消除极板硬化的方法是进行过量充电，即在进行正常充电后，再以较小的电流继续充电，为了防止温度过高，可做 3～5 次的间断充电，使硬化的硫酸铅慢慢还原为活性物质。但是要彻底消除极板硬化是十分困难的，许多蓄电瓶提前到达寿命期，往往是极板硬化所致，因此，要正确使用和维护蓄电瓶，防止极板硬化故障的发生。

2.4.3　活性物质脱落

电解液温度过高，经常以大电流充、放电，以及蓄电瓶受到猛烈的撞击和震动等，都会造成极板上的活性物质脱落，使蓄电瓶的容量减小。如果活性物质脱落太多，沉积到外壳的底部以后，会造成正、负极板的短路故障。

2.4.4 电池内部短路

单体电池的内部短路，是因为正、负极板的搭接造成的，这时电池会出现下列现象：

① 电解液温度升高；

② 电解液密度不上升及无气泡产生；

③ 放电时电压下降快等。

造成内部短路的原因是隔板损坏，电池内部落入导电物质，蓄电瓶槽底沉积物过多（活性物质脱落造成的），极板弯曲等。这时一般需要对蓄电瓶进行彻底维修。

2.5 铅蓄电瓶的检查和维护

2.5.1 铅蓄电瓶使用注意事项

在进行航空铅蓄电瓶维护时，应注意：

① 穿戴好安全防护眼镜；

② 当蓄电瓶从飞机上进行电气断开时，先移去蓄电瓶的负极，而负极的安装则在正极安装之后；

③ 特别要当心首饰、手表等金属良导体把蓄电瓶接线端短路，造成对人员和设备的伤害；

④ 维护时要远离明火和火花；

⑤ 在准备飞行时，如果需要机载蓄电瓶供电，请不要用机上另外的蓄电瓶供电，因为机上另外的蓄电瓶处于放电状态会导致不能适航。通常蓄电瓶在完全放电后需要数小时才能充足电。如果发生紧急情况，将无法满足飞机电气系统的工作要求。在飞机的启动过程中，大电流会流入蓄电瓶，有可能会损坏蓄电瓶，这将导致电瓶故障。

2.5.2 铅蓄电瓶检查

大多数飞机在飞行 50 小时、100 小时、1 年或一定时间后进行检查。在这些检查时段，应按要求对蓄电瓶进行检查和维修，每飞行 50 h 进行维护，确保蓄电瓶的适航性能。

1. 铅蓄电瓶的检查

通常应该按照制造商的维护说明进行维护，以下是蓄电瓶检查和维护的说明：

① 电瓶很重，必须彻底检查其安装情况，确保电瓶舱结构件没有开裂或功能下降。

② 从电瓶箱上拆下蓄电瓶的盖子，如果是密封型蓄电瓶，则需要检查其内部情况。查找电解液是否有渗漏，电瓶里是否有腐蚀。蓄电瓶的顶部应该是干净的和干燥的。如果电瓶顶部周围有少量的腐蚀痕迹，则可用硬刷子和少量的苏打水溶液去除终端周围的腐蚀。为了防止电瓶短路，请不要使用钢丝刷。

值得注意的是，蓄电瓶顶部有电解液和污垢，如果因为受潮使正极端子到壳体的电阻降低，会使蓄电瓶迅速放电。因此任何蓄电瓶顶部都应保持清洁和干燥。

如果电瓶箱上发现大量腐蚀，则应将单体电池从电瓶箱中移开，并彻底清洗电瓶箱。如果已经造成了明显的损坏，无论是电瓶箱还是单体电池，损坏的部件都应修理或更换。

③ 检查电瓶中的电解液的液面高度。如果电解液的液面高度低于极板高度，则需要添加

蒸馏水，液面到极板上方约为(3/8)in(1 in＝2.54 cm)为止。大多数蓄电瓶在极板上方有电解液液面高度指示器，补充蒸馏水时，把液面调整到液面高度指示器的对应位置。如图 2.5.1 所示是单体电池电解液液面示意图。

需要注意的是，只能添加蒸馏水，电解液的液面高度最高在极板上面大约 1 in 处，且高度要低于电瓶的顶部。

④ 如果怀疑蓄电瓶存在缺陷，则需要对蓄电瓶进行带载测试或用密度计进行电解液密度检测。如果蓄电瓶指示器的数值较小，则必须重新充电，并在蓄电瓶稳定后进行重新测试。值得注意的是，在电池中加入蒸馏水后，绝不能马上进行密度测试。在水和电解液没有充分混合前，测试结果是不正确的。

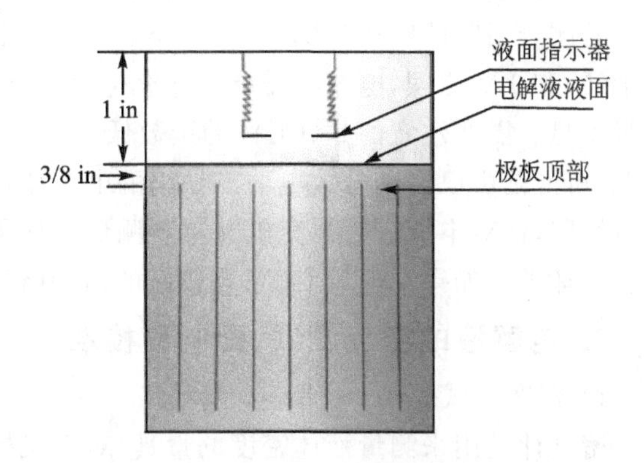

图 2.5.1　单体电池电解液液面示意图

⑤ 检查电气连接条。主要看松紧程度及有没有受到腐蚀。如果蓄电瓶使用快速断开插头座，则应取出并检查触点。如果很脏或被腐蚀，则必须彻底清洁，在电瓶端部涂上润滑膏，更换插头，确保手轮转动灵活。

⑥ 进行蓄电瓶电缆的检查，确保绝缘良好，没有磨损且安全良好。

⑦ 检查蓄电瓶的瓶盖，确保压紧螺帽牢固，必要时更换电瓶端盖。

⑧ 检查飞机和蓄电瓶箱的通风系统，确保排气管道清洁、无损伤。检查排气管出口区域附近的飞机结构件，因为该区域容易受到腐蚀，必须进行清洁。

2. 蓄电瓶带负载测试

蓄电瓶带负载测试装置有多种，应选择与其技术指标相符的。如图 2.5.2 所示是蓄电瓶带负载测试示意图。

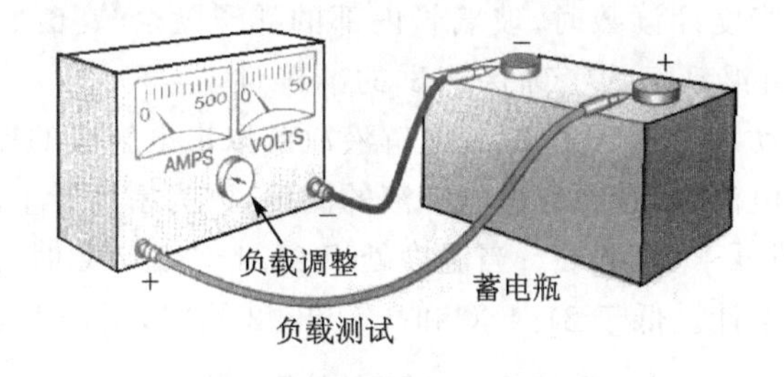

图 2.5.2　蓄电瓶带负载测试图

根据需要，测试设备不仅测试蓄电瓶，而且还能测试飞机上的充电系统。同时，进行自动测试蓄电瓶时，对蓄电瓶加载 15 s，能对蓄电瓶的开路电压(OCV)和闭合路径电压(CCV)进行自动比较。

开路电压 OCV 是蓄电瓶空载时的电压。当电瓶处于负载时，测量的值就是电池带负载的电压值。如果 CCV 降至 9.6 V 以下，则该单元将指示“良好”。如果要进行再次测量，就必须对放电的电瓶进行充电，然后再进行测试。

高倍率放电电瓶容量测试是最常用和实用的测试。测试目的是模拟发动机启动时加在电

瓶上的负载。通常负载电流会达到几百安培且持续几分钟，这对电瓶来说是个考验。为了模拟发动机启动负荷，按图2.5.2所示进行蓄电瓶与负载的连接，给蓄电瓶加的负载为2～3倍电瓶额定负载，需要注意的是，带载测试时间应小于2 min。

若闭合回路的电压降到11 V以下、10 V以上，电瓶只是少量放电，如果电瓶的CCV保持在10 V和9 V之间，电瓶只需要稍作充电，但任何低于9 V的闭合回路电压CCV都表明电瓶电量不足。需要注意的是，CCV的读数低，并不一定意味着电瓶有问题，而只是蓄电瓶的容量较低，可能是由已经部分放电的有缺陷的电瓶或已经放完电的好电瓶引起的。要确定电瓶是否有缺陷，请对电瓶进行再充电并重新测试。如果闭合回路电压CCV仍然很低，则说明蓄电瓶已经坏了。如果充电后CCV有较高的值，则说明蓄电瓶是好的。

3. 电解液的密度测试、配制和校准

1）密度测试

密度计是用来测量液体密度的量具，对于飞机铅酸蓄电瓶，通常采用密度计测试来确定电瓶的充电状态。

蓄电瓶电量减少时，电解液的密度会降低，这是因为电解液中硫酸与极板上的活性物质发生化学反应而产生电流使电解液硫酸也逐渐减少，由于酸的密度远远大于水，硫酸的减少使电解液的密度下降。密度计用于测定铅蓄电瓶中电解液密度，如图2.5.3所示是使用密度计测量电解液的密度。

图2.5.3 使用密度计测量电解液的密度

密度计是由一个在端部配重的小密封玻璃管组成的，称为浮子，测量时必须漂浮在被测液体中。管道底部的质量是由待测流体的密度范围决定的。

密度计的测试范围为1.1～1.3 g·cm^{-3}。浮子放在一个较大的玻璃管内，把电解液从电瓶中抽到玻璃管，就可以进行读数。

当液位达到可以对密度计读数时，玻璃管内部的浮子就会浮起，并在电解液中自由浮动。为了确保测试的准确性，浮子必须在电解液中自由浮动。当测试完成后，电解液放到取出电解液的那节电池中。

当用密度计来测试电池时，必须考虑电解液的温度，因为密度计上的刻度受到温度变化的影响而失真，可能高于或低于26.7 ℃。当温度处于21.1～32.2 ℃时，没有必要校正读数。因为温度的影响可以忽略不计。低于21.1 ℃和高于32.2 ℃时，根据表2.5.1进行校正。

表2.5.1 密度计校正系数

序　号	电解液温度		修正系数	序号	电解液温度		修正系数
	℉	℃	千分数		℉	℃	千分数
1	120	48.9	+16	9	40	4.4	−16
2	110	43.3	+12	10	30	−1.1	−20
3	100	37.8	+8	11	20	−6.7	−24
4	90	32.2	0	12	10	−12.2	−28

续表 2.5.1

序　号	电解液温度		修正系数	序　号	电解液温度		修正系数
	℉	℃	千分数		℉	℃	千分数
5	80	26.7	0	13	0	−17.8	−32
6	70	21.1	0	14	−10	−23.3	−36
7	60	15.6	−8	15	−20	−28.9	−40
8	50	10.0	−12	16	−30	−34.4	−44

液体密度计读的数据应根据表 2.5.1 中的修正值进行修正。例如，如果电解液的温度是 10℉(−12.2 ℃)，密度计的读数是 1.250，则校正后的数值为 1.250−0.028 即 1.222。表 2.5.1 中的校正数据是千分之一。

一些密度计带有刻度的校正：如温度校正，读出的数据已经是经过校正后的温度。

2) 配　制

电解液用纯硫酸和蒸馏水配置而成，配置电解液时，切不可把水往硫酸里倒，其原因是浓硫酸和水相溶过程中要放热，少量的水倒入盛有较多浓硫酸的器皿中，极其容易使水沸腾而飞溅伤人；如果把浓硫酸倒入水中，一方面搅拌散热，另一方面容易控制倒入浓硫酸的量，不至于使水沸腾。如图 2.5.4 所示是配制电解液的示意图。

关于电解液密度大小，一要考虑蓄电瓶电动势的大小，二要考虑电解液对极板和隔板的腐蚀作用。一般充足电的蓄电瓶，电解液密度为 1.285 $g \cdot cm^{-3}$，液面高度距网状胶片 6～8 mm。

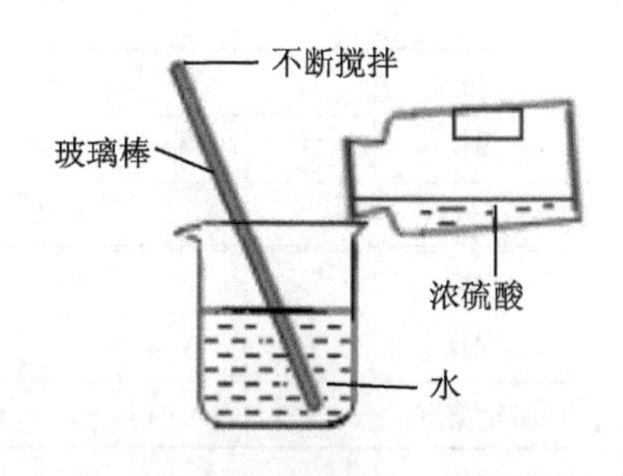

图 2.5.4　电解液配制示意图

【维护要点】避免人体接触电瓶电解液(蒸汽或液体)，遵守安全预防规定，保护手和眼睛及身体外露部分。处理电解液时一定要使用个人防护装备，一旦接触电解液，应立即采取急救措施。配比电解液时一定要把硫酸加到蒸馏水中。

表 2.5.2 是电解液在不同密度下的浓硫酸与蒸馏水的体积之比及质量之比。

表 2.5.2　电解液密度与浓硫酸及蒸馏水的配比关系

电解液密度/($g \cdot cm^{-3}$)	体积之比		质量之比	
	浓硫酸	蒸馏水	浓硫酸	蒸馏水
1.180	1	5.6	1	3.0
1.200	1	4.5	1	2.6
1.210	1	4.3	1	2.5
1.220	1	4.1	1	2.3
1.240	1	3.7	1	2.1
1.250	1	3.4	1	2.0
1.260	1	3.2	1	1.9
1.270	1	3.1	1	1.8

续表 2.5.2

电解液密度/(g·cm^{-3})	体积之比		质量之比	
	浓硫酸	蒸馏水	浓硫酸	蒸馏水
1.280	1	2.8	1	1.7
1.290	1	2.7	1	1.6
1.400	1	1.9	1	1.0

3）校　准

酸性蓄电瓶充电时每隔 2 h 需要测量一次电解液温度和每个单体电瓶的电压，当大多数单体蓄电瓶电压达到 2.35～2.42 V 时，改用第二阶段电流充电，充电结束时调整电解液密度至(1.285±0.005) g·cm^{-3}(30 ℃)及规定的液面高度。当密度高于规定值时，可加入蒸馏水；如低于规定值时，加入预先配置好的密度为 1.4 g·cm^{-3} 的稀硫酸，密度调整后继续充电 0.5～1 h，以使电解液均匀。各单体蓄电瓶电解液密度相差不大于 0.01 g·cm^{-3}。用密度计测量时，应考虑温度的影响。在 27 ℃时，密度计读出的数据不需要补偿。高于或低于 27 ℃时，读数需加上一个修正值。如 15 ℃时测的读数为 1.240 g·cm^{-3}，经修正后的读数应为 1.232 g·cm^{-3}，修正值大小如表 2.5.3 所列。

表 2.5.3　电解液密度测量的修正值

电解液温度	℃	60	55	49	43	38	33	27	23	15
	℉	140	130	120	110	100	90	80	70	60
修正值/(g·cm^{-3})		0.024	0.020	0.016	0.012	0.008	0.004	0	−0.004	−0.008
电解液温度	℃	10	5	−2	−7	−13	−18	−23	−28	−35
	℉	50	40	30	20	10	0	−10	−20	−30
修正值/(g·cm^{-3})		−0.012	−0.016	−0.020	−0.024	−0.028	−0.032	−0.035	−0.040	−0.044

铅蓄电瓶放完电后，硫酸含量很少，密度接近于 1.05 g·cm^{-3}，低温条件下电解液容易结冰。因此，铅蓄电瓶必须在充满电的情况下保存。

2.5.3　铅蓄电瓶充电方法

1）恒压充电

充电过程中充电电压恒定不变，充电器的电压高于蓄电瓶电压，由于充电初期电动势较低，充电电流很大，随着充电的进行电流逐渐减小，如图 2.5.5 所示，图(a)是实物连接图，图(b)是充电电压和电流的曲线示意图。

若用恒压充电，当电压选择较低时，充电后期电流太小，不易充足；当电压选择较高时，充电一开始就有部分电能用于电解水，甚至形成电解液沸腾现象，温度升高也过快，影响蓄电瓶的寿命。当发动机正常工作后，在接通飞机蓄电瓶的瞬间，会出现十几甚至几十安的充电电流，随后由于蓄电瓶的电动势迅速升高，充电电流将迅速减小并趋于零。

如果有几个蓄电瓶需要同时充电时，可以采用串联、并联或复联的方法进行。但要求额定电压相等、容量相等，放电程度差不多的蓄电瓶才能并联。额定容量相等，放电程度近似，而额定电压不同的蓄电瓶只能串联。

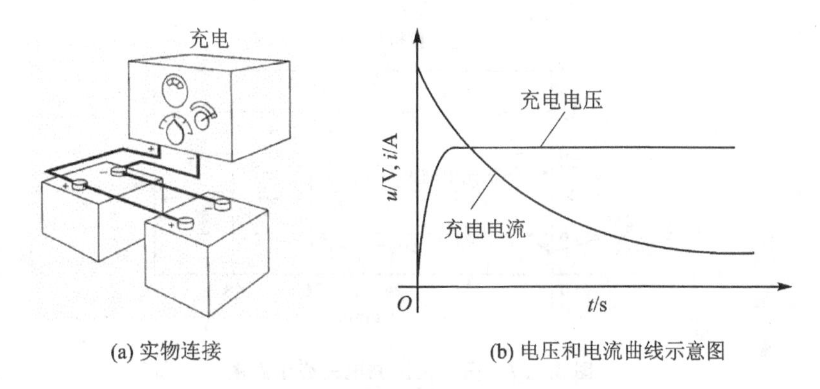

(a) 实物连接　　(b) 电压和电流曲线示意图

图 2.5.5　蓄电瓶组恒压充电

2）恒流充电

充电过程中电流维持恒定，充电电压随蓄电瓶电压的变化而改变。充电电路实物连接和电压电流曲线如图 2.5.6 所示。

恒流充电方式没有过大的冲击电流，不会引起蓄电瓶充电不平衡，容易测量和计算充入蓄电瓶的电能。但是开始充电阶段如果选择的恒流充电值较小，则充电时间较长；如果开始时充电电流大，则充电后期会电流过大，造成过充电，对极板冲击大，耗能高，电解水严重。另外恒流充电设备的技术要求高。

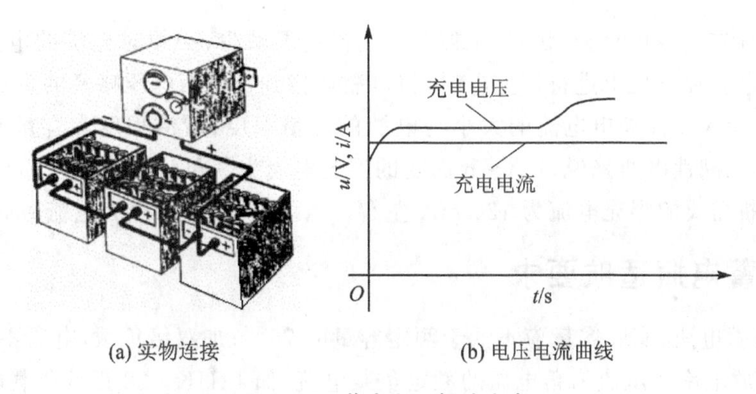

(a) 实物连接　　(b) 电压电流曲线

图 2.5.6　蓄电瓶组恒流充电

3）先恒流后恒压充电

先用恒流给蓄电瓶充电，可以减小对蓄电瓶的电流冲击，节约充电时间。当蓄电瓶电压达到转折电压后，自动转换到恒压充电方式。这种充电方式摒弃了恒压充电先期的冲击电流大和恒流充电方式后期充电电流大的缺点。如图 2.5.7 所示是某蓄电瓶采用恒流恒压充电的电压电流曲线示意图，开始充电时，采用恒流充电方式，当蓄电瓶电压达到转折电压后，自动切换到恒压充电方式。这种充电方式集中了恒压和恒流充电方式的优点，克服了恒压、恒流充电方式的不足，但充电设备较为复杂，有关充电技术可以参阅相关文献。

由于功率电子技术的飞速发展，现代飞机上装有可调蓄电瓶充电器。例如 A380 飞机上装有 3 台 300 A 航空蓄电瓶充电器调节装置 BCRU，对优化充电性能、延长蓄电瓶的寿命极其有益。

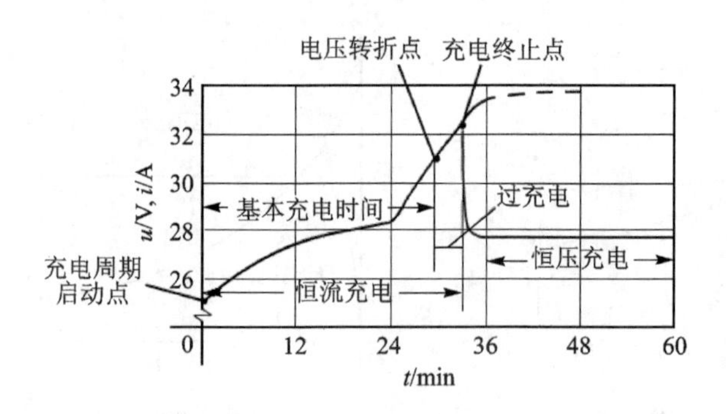

图 2.5.7 恒压恒流充电曲线示意图

4）快速充电

为了能最大限度地加快电瓶的化学反应速度，缩短电瓶达到充满状态的时间，同时尽量减轻电瓶正、负极板的极化现象，提高电瓶的使用效率，可以采用快速充电方法。快速充电主要有脉冲式充电和 Reflex™ 快速充电等。

Reflex™ 快速充电时，为了缩短充电时间（充电时间为 1 h），一般采用大电流（≥2C）充电。但是大电流充电会使电池产生极化现象。所谓极化现象是指电瓶在充（放）电过程中，尤其是大电流充（放）电时，电池的极板电阻增加（欧姆极化）。

5）浮充电

由于电瓶存在自放电现象，因此为维持电瓶容量不减少，必须对充满的电瓶进行浮充电（float charging）。在飞机上进行浮充电时，将电瓶连接到比电瓶电压略高的直流电源上，一般直流电压应为 28 V。浮充电电流的大小与电瓶的环境温度、清洁程度和容量有关。在 15～33 ℃范围内对于碱性电瓶来说，1 A·h 需要的浮充电流为 3 mA，而酸性电瓶要略高些，一个 40 A·h 的电瓶需要的浮充电流为 120 mA 左右。当温度升高时，浮充电流应有所增加。

2.5.4 铅蓄电瓶适航要求

① 航空铅蓄电瓶，实际容量应不低于额定容量的 75%；加双倍负载，电压不低于 24 V，方可使用。10 h 放电率的电流为蓄电瓶的额定负载电流，如 12HK－28 正常负载电流为 3 A，双倍电流为 6 A。

② 一般情况下，发电量不应该超过额定容量的 50%；任一单体电瓶的终止电压为 1.7 V，防止过放电。

③ 放电后的蓄电瓶应及时充电，不得搁置 12 h 以上。应防止蓄电瓶暴晒，在寒冷地区注意保温防冻。

④ 每月至少对蓄电瓶充电一次。

⑤ 经常检查电解液是否充足，如电解液不足，会降低蓄电瓶的容量，极板暴露在空气中也会引起极板硬化。如果电解液不足，应加蒸馏水，不能加自来水或矿泉水。

⑥ 在制作电解液时，先准备好一定量的蒸馏水，将硫酸慢慢倒进水里，并搅拌均匀。需要注意的是，千万不能将蒸馏水倒在硫酸里，因为水的密度小，浮在硫酸的表面，剧烈的化学反应产生的热量会使水沸腾，迸溅出来使操作人员受伤。

⑦ 不能将航空蓄电瓶的电解液与其他酸性电解液混用，因为航空蓄电瓶的电解液的密度

比其他地面用的酸性电瓶电解液的密度大。

鉴于上述原因，铅蓄电瓶作为应急电源，在使用中其维护十分重要。下面通过案例分析。

【例 2.5.1】某飞机蓄电瓶无充电电流故障分析及维护。

某飞机上配有的三块串联的蓄电瓶，向飞机提供 28 V 直流电，作为飞机的应急电源和 APU 启动电源。当电压低于标准值时，由一台蓄电瓶充电器通过飞机电网向蓄电瓶进行充电，充电电流在驾驶舱可以监控。

【故障现象】10 天内某飞机蓄电瓶出现 3 次故障，故障情况是：

① 飞机短停时 APU 自动停车，之后蓄电瓶电压过低，无充电电流；

② 航前蓄电瓶无充电电流，检查分析一块蓄电瓶有液体渗出，感温电阻呈短路状态；

③ 飞机在外航站短停时，更换一块蓄电瓶而造成所有蓄电瓶无充电电流。

【故障原因分析】

① 可能由于 APU 启动继电器触点故障，造成 APU 启动机多次启动运转，过度消耗蓄电瓶电能，蓄电瓶电压不断降低；由于蓄电瓶电压过低，充电器处于保护状态而不能给蓄电瓶充电，因而出现无充电电流。

② 根据故障现象，说明蓄电瓶存在质量问题。当有较大电量时，性能品质迅速下降，在充电过程中容易出现故障，正常蓄电瓶不能充电。

③ 在外航站短停，条件有限，由于更换一块电池而造成三块电池的新旧程度不同，充放电状态不同都会造成故障。在外航有可能因更换的电池和现有的电池的电压、内阻抗等性能的不匹配，在充电过程中极易造成蓄电瓶内部损坏，从而导致无充电电流。

【维护建议】

由于飞机 10 天内出现了三次蓄电瓶无充电电流故障，同时 APU 的故障存在，情况较为复杂，具有一定的典型性。为了防止同类故障再次发生，应采取以下解决措施：

① 检查线路故障与机上充电设备是否正常；

② 严格按照蓄电瓶维修规范正确维护和使用，避免人为因素造成蓄电瓶过度放电和过度充电，影响蓄电瓶寿命；

③ 尽量保证蓄电瓶的库存量，确保同时更换相同型号的足够量的电瓶；

④ 检查电瓶电压，在启动 APU 运转正常 20 min 后不能低于 28 V，如果电压过低或没有充电电流，应检查排故。

2.6　本章小结

航空上，特别是中小型飞机一度采用航空酸性铅蓄电瓶，其也称为铅蓄电瓶。

容量与放电条件和维护的好坏有关。在低温、大电流和连续放电的情况下，到终了电压的时间显著缩短，因此容量也减小，反之容量增大。如果维护使用不当，使蓄电瓶过早出现极板硬化、活性物质脱落以及自放电严重等现象，都会造成参加化学反应的活性物质减少，容量相应下降。接近寿命期的蓄电瓶，其容量势必减小。

先用恒流给蓄电瓶充电，可以减小对蓄电瓶的电流冲击，节约充电时间。当蓄电瓶电压达到转折电压后，自动转换到恒压充电方式。这种充电方式摒弃了恒压充电前期的冲击电流大和恒流充电方式后期充电电流大的缺点。

蓄电瓶常见的故障有自放电、极板硬化和活性物质脱落等几种，每一个要装机的蓄电瓶必须进行严格的测试，因为蓄电瓶作为应急电源使用，关系到飞机电源系统主电源失效时能否安全着陆和返航。

大多数飞机在飞行50小时、100小时、1年或一定时间后进行检查。在这些检查时段，应按要求对蓄电瓶进行检查和维修，每飞行50 h进行维护，确保蓄电瓶的适航性能。

选择题

1. 铅蓄电池所用的维护设备(　　)。

A. 也可以用于镍镉电池　　B. 决不能用于镍镉电池　　C. 用完后必须扔掉

2. 在制作酸性电解液时，应按下述方法操作(　　)。

A. 将浓硫酸慢慢倒在蒸馏水中　　B. 将蒸馏水慢慢倒入浓硫酸中

C. 将浓硫酸迅速倒入蒸馏水中　　D. 将蒸馏水迅速倒入浓硫酸中

3. 铅蓄电池的常见故障描述不正确的是(　　)。

A. 使用维护不当，易提前结束寿命

B. 硫酸铅晶体颗粒附着在极板上可能使极板失去可逆性

C. 放完电后，电解液密度下降，冰点温度下降，容易使电池失效

D. 放完电后，电解液密度下降，冰点温度上升，容易使电池失效

4. 大电流充电时，电瓶容易出现极化现象，其中浓度差极化指的是(　　)。

A. 电解液的浓度(或密度)有变化　　B. 不同部位的电解液浓度不同

C. 极板上的活性物质数量有变化　　D. 极板上不同部位的活性物质数量不同

5. 蓄电瓶的终止电压是指(　　)。

A. 放电时所能达到的最低电压　　B. 充电时所能达到的最高电压

C. 放电到能反复充电使用的最低电压　　D. 充电到反复放电使用的最高电压

6. 铅蓄电瓶的内部短路描述不正确的是(　　)。

A. 电瓶槽底沉积过多的活性物质导致

B. 电瓶隔板损坏

C. 电瓶内部落入导电物质

D. 蓄电瓶极板变形时，属于较轻故障，只需要进行常规维修

7. 铅酸蓄电瓶大电流或过量放电的隐患是(　　)。

A. 内阻减小　　B. 极板硬化　　C. 自放电严重　　D. 容量下降

8. 航空蓄电瓶实际容量描述不正确的是(　　)。

A. 实际容量一直不会变化

B. 实际容量是时间区间内放电电压和时间的积分

C. 实际容量与活性物质的利用率密切相关

D. 非反应成分影响实际容量

9. 铅蓄电瓶活性物质的利用率描述不正确的是(　　)。

A. 受到电极的结构和制作工艺的影响

B. 受到放电形式、速率、温度的影响

C. 不受到电解液的浓度的影响

D. 与用电负载大小有关

10. 航空蓄电瓶自放电描述正确的是(　　)。(多选)

A. 存储期间容量下降现象

B. 潮湿空气中自放电加大

C. 电极上或电解液中有杂质

D. 杂质与电极构成微电池，腐蚀活性物质

第3章　航空碱性镍镉蓄电瓶

3.1　概　述

20世纪50年代镍镉蓄电瓶在飞机上获得应用，尽管当时用于飞机的主要电瓶为铅蓄电瓶和银锌蓄电瓶，但随着技术的发展镍镉蓄电瓶成为大飞机更受欢迎的蓄电瓶，因为它能够经受更快的充电和放电速率，拥有更长寿命。在高放电条件下，镍镉蓄电瓶能够维持相对稳定的电压。但镍镉蓄电瓶单体电池的输出电压低，因此体积大，质量大，而且因需要用到稀有金属镍而价格昂贵。

3.2　镍镉蓄电瓶结构、原理和特性

3.2.1　镍镉蓄电瓶结构

镍镉蓄电瓶通常由19或20只单体蓄电瓶和镀镍跨接板串联组装在不锈钢组合箱体内，盖与壳由搭扣连接在一起，使蓄电瓶组结构紧凑坚固，具有较高的机械强度。组合箱体外装有特殊的电连接装置，便于飞机上电连接器对接，保障飞行的安全性和使用的可靠性。

1. 外形结构

如图3.2.1所示是飞机上安装的型号为SAFT系列的航空镍镉蓄电瓶。

其中图3.2.1(a)是外形轮廓图；图3.2.1(b)是电瓶侧面，示出了蓄电瓶外接插座的位置和极性；图3.2.1(c)是电瓶的内部接线(SAFT410946)。其共由20节单体电池组成，单体电池间通过连接条串联连接。第一节单体电池的负极连接到电瓶的负输出端，最后一节单体电瓶的正极连接到电瓶的正输出端。因是旧电瓶，端部有明显的腐蚀痕迹。通常航空镍镉蓄电瓶上有铭牌，铭牌上的主要数据是蓄电瓶类型和主要技术参数，如类型是镍镉蓄电瓶(Nickel Cadmium Battery)，其额定电压(Nominal Voltage)是24 V，最大质量是25.5 kg(56.2 lb)，额定容量(Nominal Capacity)是23 A·h等信息。

2. 单体电池结构

如图3.2.2所示是镍镉单体电池(旧电池)结构示意图，单体电池由正、负极板、隔膜、极柱、壳子与盖子组成。壳子与盖子被热封在一起，灌入氢氧化钾(KOH)或氢氧化钠(NaOH)水溶液作为电解液，在电池盖上装有通气阀门，用红、蓝塑料垫圈作为正、负极标识。

1) 极　板

极板是通过把镍粉烧结在镍网上形成的，烧结过程中形成了多孔的基片，并使活性材料的可用量达到最大，再用电化学的方法，通过真空注入镍盐或钙盐沉积到基片的空隙内。用点焊的方法把镍片焊接到电瓶极板上，形成接线端子。

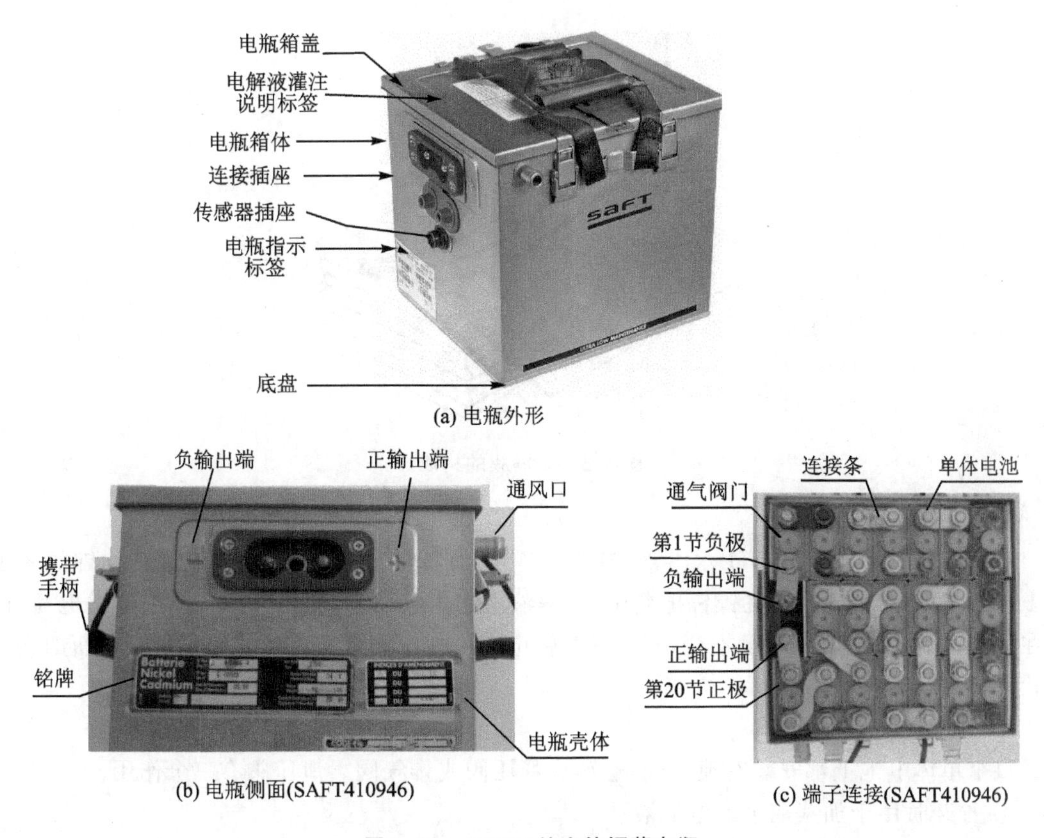

图 3.2.1　SAFT 航空镍镉蓄电瓶

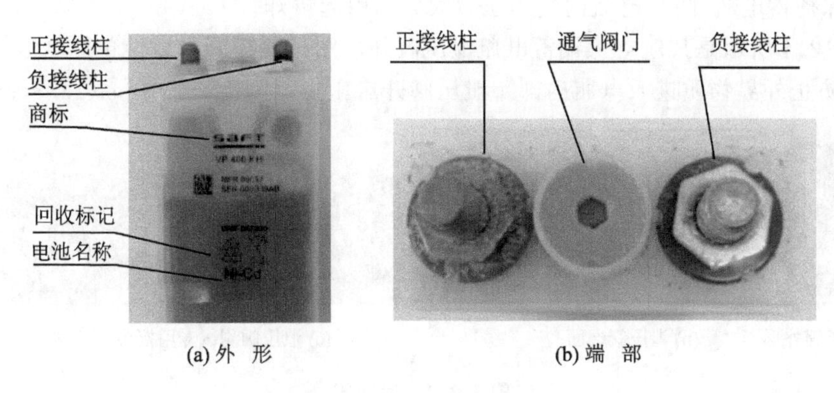

图 3.2.2　单体电池结构

2）隔　膜

正极板和负极板之间有一层隔膜，隔膜由多孔多层的尼龙和中间一层玻璃纸构成，如图 3.2.3 所示。

隔膜的主要作用有两个：一是防止正极板和负极板接触，使电瓶失效；二是采用玻璃纸进行气体隔离，防止在过充时正极板产生的氧气流到负极板，与负极板的镉起化学反应而产生热量，从而导致电瓶热失控（thermal runaway）。

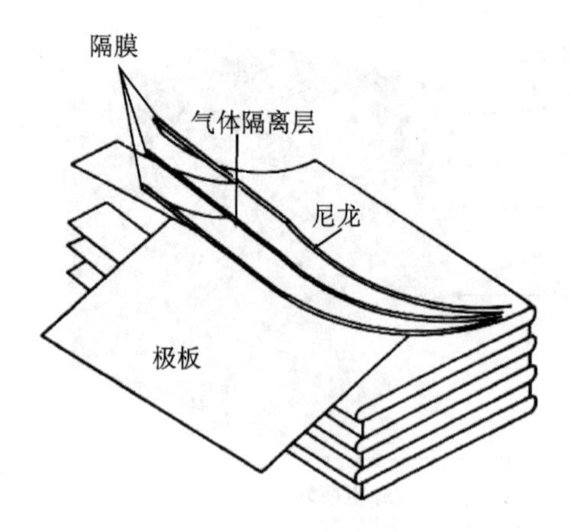

图 3.2.3　隔膜的构成

3）电解液

电解液为氢氧化钾 KOH 水溶液，其中有 30%的氢氧化钾，70%的水。氢氧化钾的密度为 1.24～1.30 g·cm^{-3}。在镍镉电瓶中，电解液不起化学反应，而是作为导体来传送电荷，因此在放电过程中，电解液密度不变，不能和酸性电瓶一样用测量密度的方法来判断电瓶的充放电状态。

4）泄压阀

每个单体电池上都安装有泄压阀，也称为释压阀或排气阀。泄压阀有三个作用：

① 拧开时用于加蒸馏水或电解液；

② 防止飞机飞行时电解液泄漏；

③ 为保护蓄电瓶，防止电瓶内气体压力太大而引起爆炸。

如图 3.2.4 所示是某航空镍镉蓄电瓶泄压阀外形图。泄压阀可以使单体电池内的气体排出，又可以防止外界物质进入电瓶内部。泄压阀开启压力范围为 2～10 psi(13.8～69 kPa)。

(a) 泄压阀外形

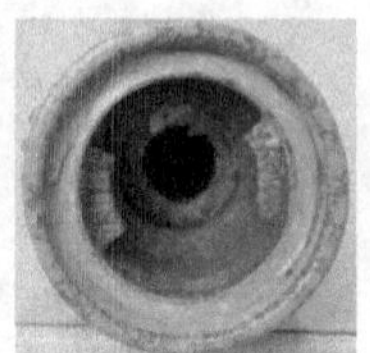

(b) 泄压阀端面

(c) 泄压阀测试专用接头

图 3.2.4　泄压阀

当蓄电瓶充放电时尤其是过充电时，会产生气体，当气体压力大于 10 psi 时，泄压阀必须打开，否则会引起蓄电瓶爆裂，甚至爆炸。当气压小于 2 psi 时，泄压阀关闭，防止空气中的酸性气体(例如二氧化碳及其他)与蓄电瓶的电解液起化学反应，而降低蓄电瓶的容量甚至报废，另外还要防止飞机不在平飞或颠簸时电解液泄漏溅出。

5）温度保护开关

如图 3.2.5 所示是温度保护开关(热敏开关)在蓄电瓶上的使用。

有些蓄电瓶装有温度保护开关，当蓄电瓶的温度超过 150 ℉(65.55 ℃)时断开蓄电瓶的充电电源。由于碱性蓄电瓶在低温充放电时会出现充电不足或放电容量下降的现象，因此在

热敏开关

(a) 安装在蓄电瓶上的热敏开关　　(b) 端部插座

图 3.2.5　温度保护开关(热敏开关)在蓄电瓶上的使用

某些碱性电池上安装有低温敏感开关和加热装置。当温度 $t<30$ ℉(−2 ℃)时，接通加热电路；当温度 $t=40$ ℉(5 ℃)时断开。

电瓶型号不同，过热保护和低温加热的温度值也不同，具体参数可参考组件蓄电瓶的维修 CMM 手册。

3.2.2　镍镉蓄电瓶工作原理

充足电的镍镉蓄电瓶正极的活性物质是 3 价羟基氧化镍 NiOOH，负极的活性物质由镉(Cd)的化合物组成，电解液为 KOH 或 NaOH 水溶液。镍镉蓄电瓶放电时，正、负极板上的活性物质分别与电解液中的钾离子(K^+)和氢氧根离子(OH^-)起化学反应。

在负极，镉失去两个电子，并同氢氧根离子(OH^-)化合，生成难以溶于水的氢氧化镉 $Cd(OH)_2$，其反应式为

$$Cd + 2OH^- \xrightarrow{\text{放电}} Cd(OH)_2 + 2e \tag{3.2.1}$$

在正极，羟基氧化镍 NiOOH，与电解液 KOH 起化学反应，生成氢氧化亚镍 $Ni(OH)_2$ 和氢氧化钾，其反应式为

$$2NiOOH + 2H_2O + 2e \xrightarrow{\text{放电}} 2Ni(OH)_2 + 2OH^- \tag{3.2.2}$$

将正、负极板化学反应式综合，并考虑到它们是可逆反应，就得到总的充(charge)、放(discharge)电反应式：

$$2NiOOH + 2H_2O + Cd \underset{\text{充电}}{\overset{\text{放电}}{\rightleftharpoons}} 2Ni(OH)_2 + Cd(OH)_2 \tag{3.2.3}$$

从式(3.2.3)可知，镍镉蓄电瓶在充放电过程中，电解液中的氢氧化钾并无增减，电解液的密度和高度几乎不变。因此，不能用测量电解液密度和高度的方法来判断其充、放电程度，通常用测量电压的方法来判断充、放电程度。

3.2.3　镍镉蓄电瓶特性

1. 电动势

单体镍镉蓄电瓶的额定电压是 1.2 V，充足电的单体电池的端电压为 1.34～1.36 V，基本不受电解液密度和温度的影响，这是因为镍镉蓄电瓶在充、放电过程中，电解液的密度基本不

变，而且极板孔隙较大，对电解液的扩散速度影响很小。

2. 内电阻

镍镉蓄电瓶放电时，正、负极板上分别生成导电性能很差的氢氧化镍和氢氧化镉，一方面使极板电阻增大，一方面又使极板与电解液接触的有效面积减小，接触电阻增大，因此内电阻随放电程度的增大而增大，充电时则相反。

电解液的电阻则与充、放电程度无关，它除了随温度的升高而减小外，还受密度的影响。当温度为15 ℃、密度为1.23～1.26）g·cm^{-3} 时，电解液的电阻值最小。因此，电解液的密度一般都选择在这个范围附近。

3. 端电压

1）放电电压

单体电池的放电电压随时间的变化情形如图3.2.6所示，刚充足电的镍镉蓄电瓶，在正极板上除了有三价氢氧化镍 NiOOH 外，还有少量的高价氢氧化镍，它能使正极的电极电位升高0.12 V左右；在负极板上，除了镉以外，还有铁，它会使负极的电极电位降低。因此，刚充足电的单体电池的开路电压可达1.48 V，相当于图中的 *a* 点。

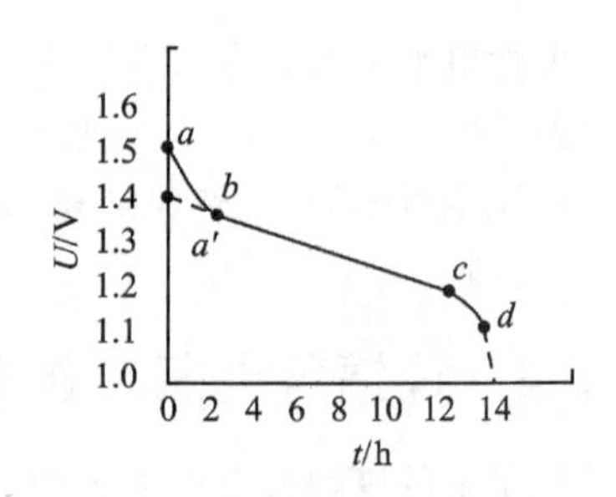

图3.2.6　单体镍镉蓄电瓶放电特性

放电初期，少量的高价氢氧化镍很快就被消耗掉，铁也逐渐生成氢氧化亚铁，因此电压迅速下降到1.3 V左右，如图 *ab* 段所示。高价氢氧化镉是一种极不稳定的化合物，倘若蓄电瓶充电后没有立即放电，也要分解，转变成氢氧化镍，正极电位降低，使电压自动下降到图中的 *a*′点。再进行放电时，电压沿 *a*′*b* 段曲线下降。*b* 点以后，由于正、负极生成的物质不会像铅蓄电瓶那样堵塞孔隙而影响电解液扩散，所以 *bc* 段的电动势变化小，电压随内电阻缓慢增加而稍有下降。*c* 点以后，正、负极板生成的氢氧化亚镍和氢氧化镉几乎把极板全部覆盖，剩下的活性物质越来越少，电压将迅速下降。单体电池以10 h率放电时，终了电压一般选择在1.1 V，相当于图中的 *d* 点。

2）充电电压

充电时，单体电池端电压随时间变化情形如图3.2.7所示，镍镉蓄电瓶的充电电压曲线也具有明显的阶段性。

在第一阶段，对应于图中 *ab* 段，主要是使正负极板上的活性物质分别氧化、还原为羟基氧化镍和镉。开始电压上升较快，以后便稳定在1.5 V左右，直到 *b* 点。*b* 点以后，电压又会迅速上升，直到1.8 V左右才不再上升，相当于图中的 *c* 点，到此充电即结束。这一阶段电压迅速上升的原因是：正极板生成少量的高价氢氧化镍，正极电位升高，负极板的氢氧化亚铁还原为铁，负极电位降低；电解水产生较大的附加气体电极电位。当切断充电电源时，附加气体电极电位迅速消失，电动势很快下降到1.48 V左右，相当于图中的 *d* 点。

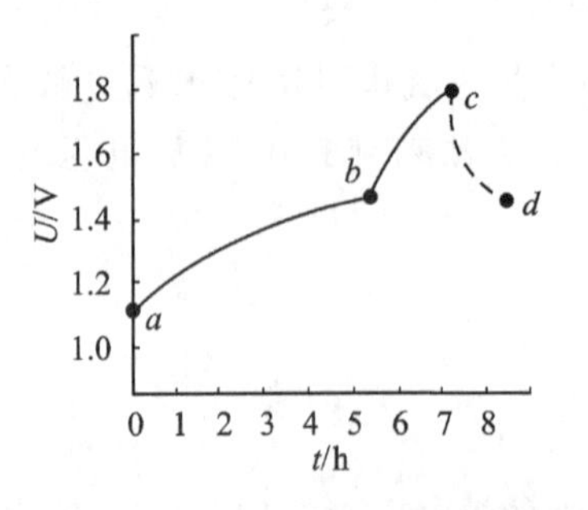

图3.2.7　单体镍镉蓄电瓶充电特性

4. 容 量

镍镉蓄电瓶的容量定义用安培·小时表示，即 A·h。美国标准 AS8033 定义蓄电瓶容量为：一个充足电的蓄电瓶在规定的放电条件下放电的安时数。此外对蓄电瓶容量的定义方法还在 EN 2570、IEC 60952 以及 RTCA DO 293 等标准中提及。

镍镉蓄电瓶的放电快慢用 $1C$ 表示，即在(23±3) ℃的温度下，以 1 h 放完电的电流值。例如一个容量为 40 A·h 的蓄电瓶，以 1 C 放电，在 1 小时内的放电电流不少于 40 A。典型的放电曲线如图 3.2.8 所示。

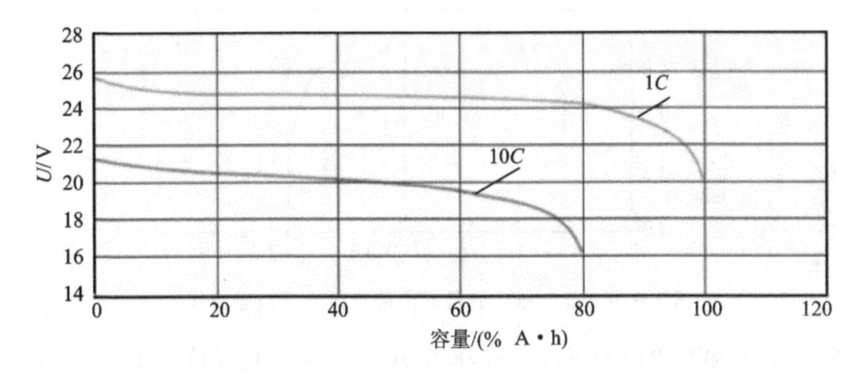

图 3.2.8 SAFT VHP-K(20节)蓄电瓶放电电压特性(23 ℃)

5. 过充电

过充电是指正极板的 $Ni(OH)_2$ 已经完全转换成羟基氧化镍 NiOOH，负极板的 $Cd(OH)_2$ 已经完全转换成镉，这时充入的全部电流用于将水电解成氢气和氧气，并产生热量，正极板产生氧气，负极板产生氢气。

负极板反应：

$$2H_2O + 2e \longrightarrow H_2\uparrow + 2OH^- \tag{3.2.4}$$

正极板反应：

$$4OH^- \longrightarrow 2H_2O + O_2\uparrow + 4e \tag{3.2.5}$$

过充电时总的反应方程式为

$$2H_2O \longrightarrow 2H_2\uparrow + O_2\uparrow \tag{3.2.6}$$

氧气和氢气产生后，由于隔膜中气体阻挡层的存在，因此不能在负极板和正极板被化合，只能随着气体压力的增大从泄压阀排出，通常气体压力大于 2 psi 时，泄压阀可以通气。

这种过充电反应消耗了电解液中的水，降低了电瓶中的电解液液面，大电流过充电时易使电瓶过热，损坏尼龙隔膜，使电瓶提前失效，并有可能产生“热击穿”。热击穿现象常发生在电瓶的过充电阶段，特别是采用恒压充电方式时，过充电使电瓶发热，内阻下降，充电电流增大，发热增加，内阻再下降……，如此循环，直到电瓶损坏。这种现象也称为“热失控”。

为了保持电瓶的最大容量，适当过充电是必须的，一般需要过充电至 140%，但只允许小电流过充电，一般用 $0.1C$ 的小电流进行过充电。水的损耗可以通过控制过充电量来加以限制或补充。

6. 过放电导致的蓄电瓶反极性

当单体电池串联组成蓄电瓶时，尽管单体电池型号相同，但其容量的不均匀性必定存在。

因此，当容量最小的那只单体电池容量放完后，整个电瓶仍在放电，此时容量最小的电池就被强制过放电而造成反极性充电状态，如图 3.2.9 所示。

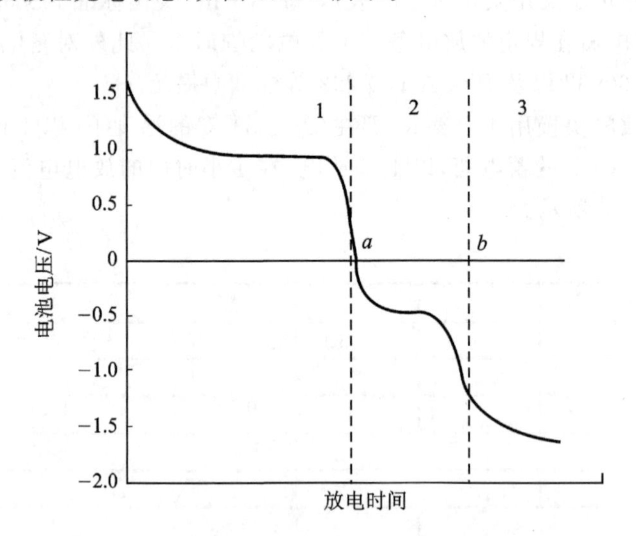

图 3.2.9　蓄电瓶中容量最小的单体电池放电曲线

从图 3.2.9 可知，第一阶段是正常放电，放电到 a 点，电池电压降到零伏。此时，正极容量已放完，因负极容量过剩，仍有没有放电的活性物质存在。

第二阶段电池电压急剧下降到－0.4 V，此时，负极继续发生氧化反应；而正极发生水的还原反应，产生氢气，这时的化学反应为

负极：

$$Cd + 2OH^- \longrightarrow Cd(OH)_2 + 2e \tag{3.2.7}$$

正极：

$$2H_2O + 2e \longrightarrow H_2\uparrow + 2OH^- \tag{3.2.8}$$

放电到 b 点，负极容量已经放完，负极电位急剧变正，电池电压降至－1.6～－1.52 V。到了第三阶段，正极析出氢气，负极析出氧气，化学反应方程式为

负极：

$$4OH^- \longrightarrow 2H_2O + O_2\uparrow + 4e \tag{3.2.9}$$

需要指出的是，电池过充电时，正极上生成氧气，负极上生成氢气；而强制放电时，正极上生成氢气，负极上生成氧气。

电瓶一旦发生反极充电，是极其危险的，它使电瓶内压力急剧上升，引起爆炸；而氧气和氢气先后在同一电极上生成，更易引起爆炸。为此，除严格禁止过放电外，还必须采取反极保护措施。

主要的反极保护措施是在氧化镍电极里加入反极物质 $Cd(OH)_2$，如图 3.2.10 所示。正常放电时，正极中加入的 $Cd(OH)_2$ 并不参与反应，作为非活性物质存在，一旦电瓶出现过放电时，正极中加入的 $Cd(OH)_2$ 立即进行阴极还原反应，即

$$Cd(OH)_2 + 2e \longrightarrow Cd + 2OH^- \tag{3.2.10}$$

其代替了水在正极上的还原，防止了在正极上生成氢气，同时，还原生成的镉又可与负极过放电时产生的氧气建立镉氧循环。这样，及时反极充电，电瓶内也不会因有气体的积累，造

成电瓶内压力的上升。

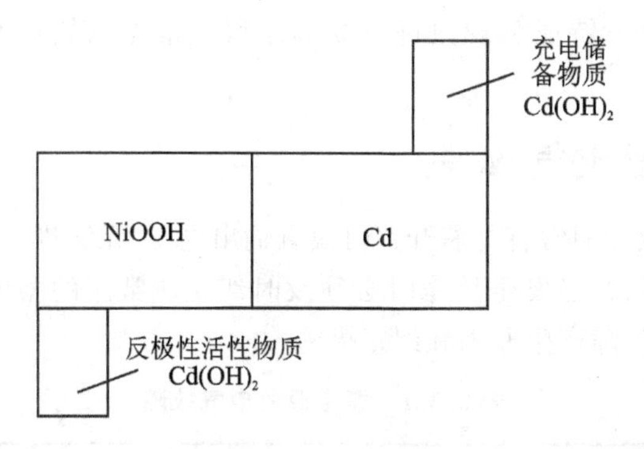

图 3.2.10　充电储备物质和反极活性物质示意图

7. 荷电保持能力

荷电保持能力是指电瓶全充电后在开路情况下长期储存所剩余的放电余量。荷电损失的原因是自放电和电池间漏电。

自放电是由电瓶本质所决定的。实验表明，荷电保持能力与开路储存时间存在半对数的函数关系，如图 3.2.11 所示。自放电倍率大小是由电极的杂质和化学稳定性决定的。自放电倍率大小是由电极的杂质和化学稳定性决定的。

储存温度也是影响电瓶自放电的重要原因之一，如图 3.2.12 所示。

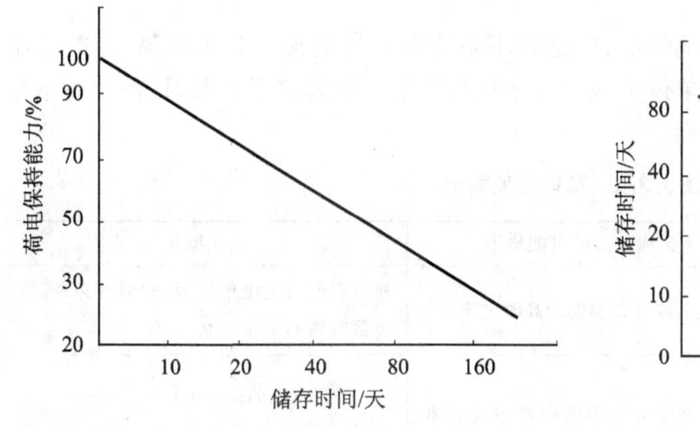

图 3.2.11　荷电保持能力与储存时间的关系

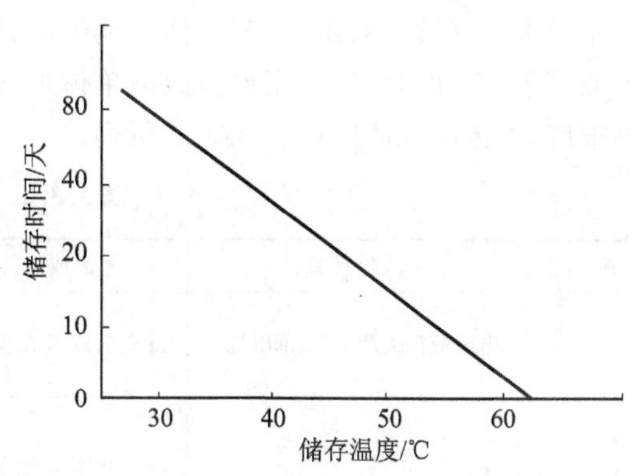

图 3.2.12　储存温度与时间的关系

3.3　镍镉蓄电瓶的常见故障

3.3.1　概　述

由于蓄电瓶在飞机上起到应急电源的作用，当蓄电瓶不能正常工作时，将严重影响飞行安全，必须查找蓄电瓶的故障原因，进行实验和测试。另外由于蓄电瓶不是每次飞行都会处于应急供电状态，甚至从飞机出厂到退役也没有发生主发电机失效而应急供电状态，但也必须确保蓄电瓶处于良好的适航状态。

蓄电瓶的维护有定期维护和更换两类，例如飞行 50 小时后必须进行一次检查。另一种维护是非定期检查，根据故障特征和现象进行立即维修。常见的故障有电气故障、单体电池故障、污染等。

3.3.2 镍镉蓄电瓶电气故障

镍镉蓄电瓶的电气故障通常有电瓶开路时没有输出电压、无法进行放电，还有因电解液的泄漏造成的绝缘电阻低等形式，当发生故障时必须及时纠正。常用的蓄电瓶电气故障如表 3.3.1 所列，表中给出了对应的故障产生原因和纠正措施。

表 3.3.1 蓄电瓶的电气故障

序 号	故障现象	造成故障的可能原因	纠正措施
1	开路电压为零	电气连接有缺陷或没有接触	检查电气连接器，连接并旋紧螺母
2	放电模式时电压为零	(a) 蓄电瓶电已经放完； (b) 蓄电瓶开路或接触装置失效； (c) 电池完全干涸	(a) 给蓄电瓶充电，并做绝缘测试； (b) 检查接触器和连接条，确保每个螺母拧紧； (c) 参考相关的步骤进行检修
3	绝缘电阻低	电解液泄漏	分解和清洁蓄电瓶，检查电解液的液面

3.3.3 单体电池故障

通常一组蓄电瓶由 20 节单体电池组成，但是并不是所有单体电池一起出故障，在数量小于或等于 3 节时，可以采用更换故障单体电池的方法进行修缮。但是多于 3 节时，整个蓄电瓶将报废，单体电池故障如表 3.3.2 所列。

表 3.3.2 单体电池故障

序 号	故障现象	造成故障的可能原因	纠正措施
1	电解液损失严重(全部电池)	过充电或者在温度较高时过充	检查引起过充电的原因，如果有必要，调节蓄电瓶的工作温度
2	电池组内的某些单体电池与其他单体电池的水分丢失情况不同	(a) 单体电池的电解液中失去水分超过 30%或超过平均数； (b) 不到 30%或半数的单体电池已经损坏； (c) 没有进行前期维护	(a) 进行电池的泄漏检查； (b)进行补充校验测试，如果有必要更换损坏的电池； (c)标注电池的位置并在下次维护中，通过与其他单体电池的对比检查，检查液面的高度
3	充电开始，某电池出现超过规定的电压值	电解液干涸	进行检查时，每次加 5 mL 的脱矿水，直到加满为止
4	充电后期单体电池电压过低	(a) 可能是单体电池的环境温度和充电率超过极限值，并且隔板已经损坏； (b) 长期工作后损坏	更换单体电池

续表 3.3.2

序 号	故障现象	造成故障的可能原因	纠正措施
5	容量低	(a) 充电不足； (b) 通常长期工作后损坏； (c) 长期没有使用或者环境温度高或者电解液量少	(a) 进行 3 个充放电循环，放电时，放电率采用 $1C$，放完电后让单体电池短路 3 min，使其彻底放电； (b) 更换单体电池； (c) 按使用的程序进行
6	单体电池外形膨胀	电池在电解液不足的情况下工作；隔板失去绝缘和极板损坏	更换电池
7	当电池外电路开路时，电池的端电压为零	电池短路	更换电池

注：在电解液量不足的情况下进行充电，将会引起温度升得过高。

3.3.4 蓄电瓶安装位污染

蓄电瓶除了电气性能出现故障外，如果蓄电瓶安装位以及蓄电瓶箱内有电解液泄漏、连接条腐蚀或过热，都是蓄电瓶的故障，如表 3.3.3 所列。

表 3.3.3 蓄电瓶外部和安装位污染

序 号	故障现象	造成故障的可能原因	纠正措施
1	电解液泄漏	(a) 电解液液面不合适； (b) 在高放电率期间，电池出现反极性(例如发动机启动期间)； (c) 高温下过充电或者充电电流太大； (d) 底层的螺母没有正确地拧紧	(a) 分解和清洁蓄电瓶并进行电解液液面检查； (b) 调查分析过充电的原因，分解或清洁电瓶，进行电解液的检查； (c) 调查和分析过充电的原因，如果有必要，调整至正常工作温度，分解和清洁蓄电瓶并进行电解液的检查； (d)调整底层的螺母力矩
2	蓄电瓶箱体内电解液泄漏	(a) 单体电池外壳损坏； (b) 电解液泄漏	(a) 单体电池漏液检查，有必要的话更换单体电池，操作步骤按相关的要求进行； (b) 分解和清洁蓄电瓶，进行电解液液面检查
3	连接条腐蚀	(a) 在酸性环境中工作； (b) 镍镉极板的机械性损坏	(a) 蓄电瓶测试区域和储存环境没有释放酸性物质来源； (b) 更换损坏的连接条
4	连接条过热	(a) 端子螺母松动	(a) 确认螺母旋紧

3.3.5 镍镉蓄电瓶的热失控

当镍镉蓄电瓶温度(超过 160 ℉)过高，并发生了过充电时，会导致热失控，如图 3.3.1 所示是由于热失控导致损坏的蓄电瓶。

在使用镍镉蓄电瓶时，必须不断监测电池的温度以确保安全工作。在恒压充电方式下，会不断增加蓄电瓶的温度、压力和充电电流，热失控会导致镍镉蓄电瓶发生火灾或爆炸。当镍镉

图 3.3.1 热失控导致蓄电瓶损坏

蓄电瓶中发生一个或多个单体电池短路、高温、容量低等情况时，会产生恶性循环，即电流过大导致温度升高而使单体电池内阻降低(可能出现负阻)，进一步增加电流和再升高温度。如果在电池温度达到 160 ℉前，将恒压充电电源撤离，就不会形成自持热化学反应，也就不会发生热失控。

3.3.6 镍镉蓄电瓶的其他故障

1. 电解液溢出或泄漏处置

当电解液溢出或泄漏时，应报告发生的事故，用湿抹布或海绵擦干净电解液，用稀释的乙酸溶液、5%的铬酸溶液或 10%的硼酸溶液涂覆受影响的区域，用稍湿的红色石蕊试纸检查受影响的地方，如果颜色变蓝，则说明有碱性物质存在，放置 24 小时，检查有无腐蚀的痕迹，恢复保护层。

2. 防止爆炸

镍镉蓄电瓶在充电过程接近尾声时和过量充电期间，会因电解水而产生氢气和氧气，如果遇到合适的爆炸条件，则会产生爆炸，伤及人员和设备，因此必须防止爆炸性气体聚集。在车间、实验室应有良好的通风排气系统，并要进行日常检查和维护。

3. 内部短路故障

镍镉蓄电瓶隔板在长期使用中，因强度降低而损坏，负极板上镉的小颗粒结晶在长期充放电循环中，逐渐变大，最后形成镉枝，穿透隔板或者因损坏直接造成蓄电瓶内部短路故障。

4. 自放电

镍镉电池的自放电大小与温度有很大关系。镍镉电池在不同温度下的自放电如表 3.3.4 所列，在室温下，充电初期，镍镉电池的自放电很大，以后速度变慢。

表 3.3.4　镍镉蓄电瓶在不同温度下的自放电

温度/℃	自放电时间/天	镍镉电池容量损失/%	温度/℃	自放电时间/天	镍镉电池容量损失/%
20	3	6.6	40	3	7.7
	6	7.1		6	9.8
	15	8.4		15	12.8
	30	11～18		30	23.4

经过 2～3 天后，自放电几乎停止，如图 3.3.2 所示。在充电初期自放电相当严重，是氧化镍电极上 NiO_2 分解和吸附氧解吸附的结果。

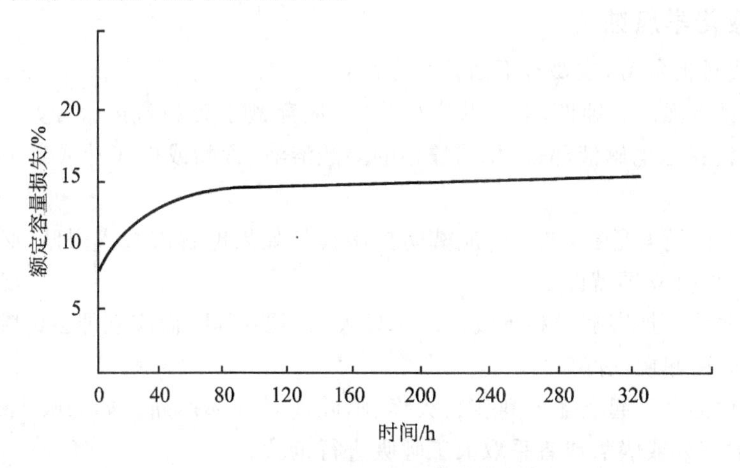

图 3.3.2　镍镉电池的自放电曲线

高温储存时，自放电十分严重，如 40 ℃荷电储存一个月，镍镉电池容量只剩 70%～80%。同时，镍镉电池自放电速度与电解液组成有关，如在 KOH 电解液中添加少量的 LiOH，其自放电速度将减小。

3.4　航空镍镉蓄电瓶的使用和维护

3.4.1　概　述

航空镍镉蓄电瓶的使用和维护主要涉及到电瓶的使用安全、航空电瓶的更换、地面应用、航空蓄电瓶投入的初步调试、常规的充放电、电瓶的分解、清洁和组装、温度传感器检查、通气阀门检查、储存后返修、适航许可、循环使用和资源回收等。根据蓄电瓶的使用状态，必须对航空电瓶进行测试和故障隔离，查找引起蓄电瓶失效的原因。蓄电瓶通常由 20 节单体电池组成，产生故障时不是全部单体电池损坏报废，需分解蓄电瓶进行局部维修和更换。

3.4.2　镍镉蓄电瓶的使用安全

除了需要按照规范进行航空镍镉蓄电瓶充电外，由于短路时，航空镍镉蓄电瓶的放电电流会非常大，因此一定要杜绝航空镍镉蓄电瓶的放电电气伤害。放电前，拧紧通气阀门，摘下随身佩戴的戒指、手表、项链、金属腰带或其他首饰，以避免电气冲击。还需要注意的是蓄电瓶维护时不要让它倾斜,防止电解液溢出及接触皮肤而引起皮肤伤害。

航空镍镉蓄电瓶的安全规章因国家地区不同而不同,必须遵守维修部门规定的安全规章,预防质量大而造成的伤害,以及电气放电冲击、电解液的化学腐蚀三种风险。

1. 质量大

航空镍镉蓄电瓶十分重,当需要搬运时,应穿戴防护鞋,注意搬运姿势,防止腰部扭伤。

2. 电气放电冲击

所有的工具必须有绝缘防护,例如专用的起子、扳手等,维护人员不能佩戴戒指、手表、手链、金属皮带搭扣、项链。

3. 电解液化学腐蚀

有关化学腐蚀的危险,主要有下面几个方面:

① 电解液具有强的腐蚀性,对皮肤产生伤害,应穿戴手套和防护服。如果皮肤接触了电解液,要用水冲洗接触电解液部分,用弱酸性的醋酸溶液、食醋或柠檬汁或者10%的硼酸溶液进行中和。

② 电解液对眼睛有危害,操作时应戴防护眼镜。如果电解液溅入眼睛,必须立即用清水至少冲洗15分钟,并立即就医。

③ 吸入电解液会损害咽喉和呼吸道。一旦吸入不要呕吐,而应立即去医院救治。

④ 接触镍会引起慢性湿疹。

⑤ 吸入氧化镉会引起喉咙干、咳嗽、头疼、呕吐或者胸部疼痛。如果吸入氧化镉烟气,必须到空气新鲜的室外或吸氧或者采取人工呼吸进行抢救。

⑥ 电解液中的氢氧化钾会引起溃烂。

3.4.3 镍镉蓄电瓶使用

航空电瓶有很多种类型,结构、容量、外形都不相同。用航空镍镉蓄电瓶替代原有飞机上的蓄电瓶,可能有几种情况需要具体处置。例如原来安装的是铅酸电瓶,则在更换航空镍镉蓄电瓶前,必须清洁所有的安装衬垫、固定装置,所有酸性残迹及硫酸盐应彻底铲除和清洗。例如可采用小苏打(碳酸氢钠)溶液进行清洗,安装区域被彻底清洁后,安装表面还要用耐碱漆油漆,必须确保新的航空镍镉蓄电瓶不受酸性残留物的腐蚀。

如果更换碱性镍镉蓄电瓶,应该用同型号的蓄电瓶进行更换,更换过程中同样需要清洁电瓶的安装环境。

1. 投入使用的初步调试

由于镍镉蓄电瓶放电状态才能运输,因此在安装到飞机上使用前必须进行检查,主要有:外观检查、力矩检查、容量测试、电解液检查以及绝缘测试等。如果蓄电瓶储存时间超过3个月,请参考放电储存后的维护要求进行维护检查和调试。

2. 地面使用

航空镍镉蓄电瓶同样有可能在地面使用,例如用于启动空气涡轮发动机、地面移动设备或者车间的测试设备。地面使用和飞行中使用的工作原理相同,在地面使用时蓄电瓶要有通风系统,电瓶的工作区域必须符合有关规定。

3. 寿命终了时的处置

航空镍镉蓄电瓶到了寿命终了时，不能再使用，必须按照有关规定进行处理。如果蓄电瓶车间可以维护和保留，推荐按照下列程序执行：

① 确保采取适当的防护措施及物料安全性数据系统 MSDS(Material Safety Data System)采用的方法；

② 确保蓄电瓶充分放完电；

③ 如果出现电解液泄漏，确保有合适的清洁措施或者按照 MSDS 中采用的方法处理；

④ 蓄电瓶的处置可依据合适的运输方式及安全的回收规定。

4. 循环使用和资源回收

由于航空蓄电瓶对环境产生污染，且报废的电瓶中有许多可以回收的稀有金属，例如镍镉蓄电瓶含有镍、镉和氢氧化钾，因此必须得到合理的处置。

如果电瓶失效了，必须申请报废和回收。例如 SAFT 公司非常重视环境问题，对镍镉蓄电瓶倡导适当的回收政策，在欧洲和北美都有 SAFT 的回收设施，镍镉蓄电瓶的回收标记如图 3.4.1 所示，表示镍镉蓄电瓶不能丢弃在普通的垃圾箱中，需要回收利用。

图 3.4.1　镍镉蓄电瓶的回收标记

3.4.4　维护工具和设备

航空镍镉蓄电瓶维护需要工具，除了通用的标准工具外，还需要有专用工具、专用固定夹具、专用设备和耗材。

1. 标准工具和设备

在航空镍镉蓄电瓶维修过程中，通常会用到一些标准工具和设备，主要有：

① 恒流功率电源(0～60 A)；

② 恒流负载(0～60 A)；

③ 兆欧表(0～50 MΩ@250 V 连续)；

④ 万用表；

⑤ 力矩扳手(全部绝缘处理)(0～15 N・m 即 0～133 磅英寸)；

⑥ 标准机械工具；

⑦ 安全手套；

⑧ 护目镜；

⑨ 安全靴子；

⑩ 洗眼器；

⑪ 防护围裙；

⑫ 硬刷(不含金属)；

⑬ 小的毛刷(不含金属)；

⑭ 干的、压缩空气源[(小于 1.4 bar(20 psi)]；

⑮ 清洁软布(至少 2 块)。

需要注意的是,仪器设备必须经质检部门鉴定合格后才能使用,且在有效期内。

由于每种蓄电瓶的组成结构、容量、外形尺寸等不尽相同,除了可以使用标准工具外,还需要配有专用工具、设备、工装夹具等。表 3.4.1 所列是 SAFT 航空镍镉蓄电瓶配套专用工具。

表 3.4.1　航空镍镉蓄电瓶配套专用工具

序　号	代　码	外形描述	F6177P/N	V09052P/N
1	T01	通用通气阀门旋钮	413876	093365－000
2	T02	注射器组件(带有喷头) 喷头长度(单位mm)		
		12	416228	020915－002
		15	416229	
		20 for M8 valves	416231	020915－004
		20 for MS valves	416232	020916－001
		24	416233	020916－002
		33	416235	
		38	416236	

续表 3.4.1

序 号	代 码	外形描述	F6177P/N	V09052P/N
3	T03	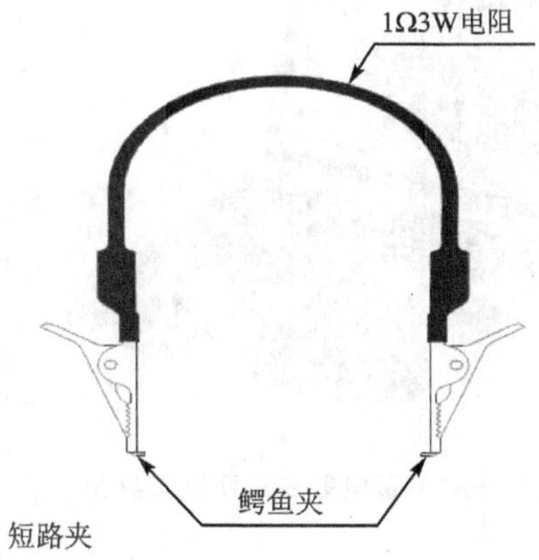 1Ω3W电阻 鳄鱼夹 短路夹	164829	
4	T04	通用的蓄电瓶取出工具 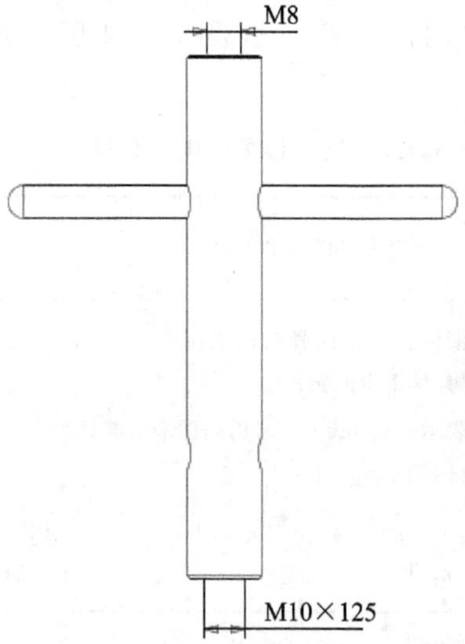 M8 M10×125	416159	
5	T05	通气阀门适配器(M8配套)	—	025098-000
		通气阀门适配器(MS配套)	—	024398-000

专用工具放在工具箱内,例如专门用于SAFT蓄电瓶的工具箱如图3.4.2所示,工具箱的代号为P/N416161,箱内包含所有T01、T02、T03和T04工具,版本号是CEI60952,连接器的代码是P/N416160。

图 3.4.2　SAFT 蓄电瓶专用测试工具箱

3.4.5　耗　材

航空镍镉蓄电瓶的耗材是必备的，其种类规格在维修操作 OMM(Operating and Maintenance Manual，OMM)手册中有专门的说明。如表 3.4.2 所列是 SAFT 航空镍镉蓄电瓶耗材。

表 3.4.2　航空镍镉蓄电瓶耗材

序　号	代　码	指定零件编号和规格	制造商或供货商 (名称、地址和代码)
1	M01	蒸馏水或去离子水，清洁、无色、沸腾时的电阻率>30 Ω·cm^{-1}，5<PH<7，没有有机物，尽量少的杂质。 还原剂的成分(用氧表示)：30 mg·l^{-1}(用高锰酸盐测试) 总离子数量：SO_4^{2-} Cl^-<10 mg·l^{-1} 固形物：<15 mg·l^{-1} 二氧化硅：SiO_2<15 mg/l	当地供应商
2	M02	中性凡士林，密度=d=(0.84～0.866) kg/l(测试条件温度 60 ℃(140 ℉)) 熔点范围(46～52) ℃，(115－126) ℉ 酸/碱：中性(石蕊试纸)	矿物凡士林 OTAN：S743 F：AIR 3565 US：VV-P-236/A UK：DEF2333
3	M03	肥皂	当地供应商

3.4.6　蓄电瓶分解

在进行航空镍镉蓄电瓶分解时，需要戴好安全防护装备，使用标准和专用工具及设备。

根据蓄电瓶测试和故障隔离要求，查找蓄电瓶的工作状况或引起失效的原因，根据维护等级要求进行电瓶分解。蓄电瓶分解维修人员进行以航空电瓶大检修(General Overhaul)为目

的分解，但只分解十分必要的且需要适当修复或者更换的电瓶，需要注意的是一些维护操作不需要完全分解电瓶。

1. 分解顺序

1）零件分解图

如图 3.4.3 所示是蓄电瓶的零件分解图 IPL(Illustrated Part List)，图中列出了各零件的编号，零件的对照表如表 3.4.3 所列，需要说明的是，图解零件列表仅作一般参考，具体使用时请参考各蓄电瓶专用的零件分解图 IPL's 的有关零件及零件号。

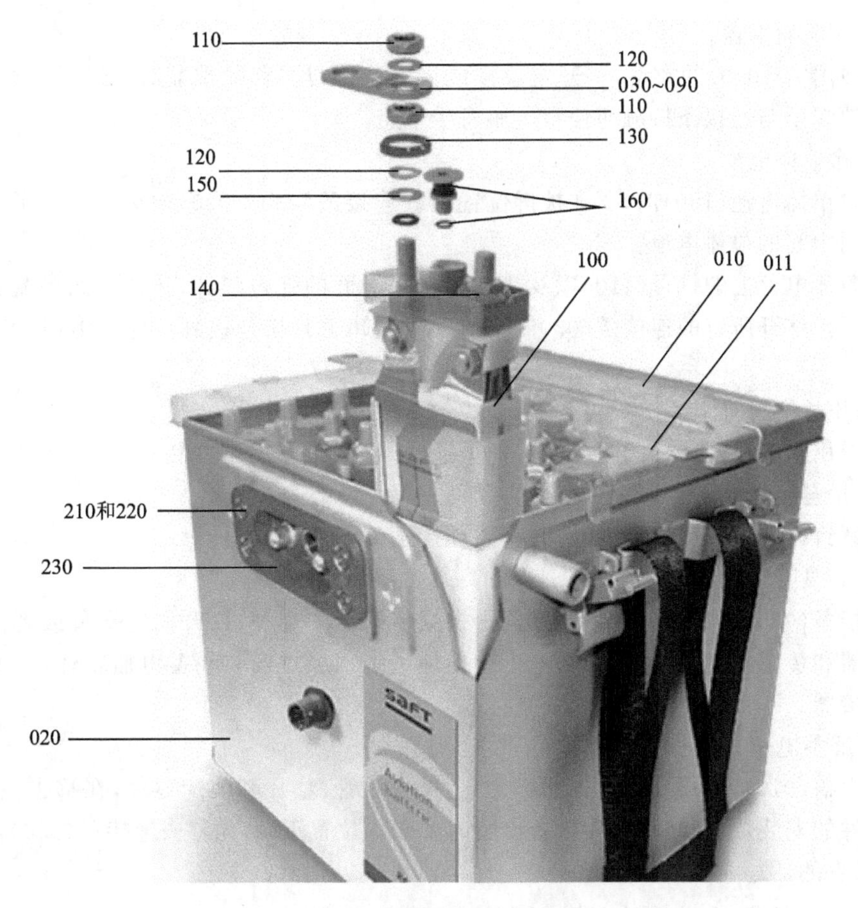

图 3.4.3　蓄电瓶零件分解图

表 3.4.3　零件清单(请与图 3.4.3 对照阅读)

序　号	零件号	名　称	序　号	零件号	名　称	序　号	零件号	名　称
1		蓄电瓶	6	040	连接条	11	090	连接条
2	010	端盖	7	050	连接条	12	100	单体电池
3	011	垫圈纸	8	060	连接条	13	110	螺母
4	020	盒子	9	070	连接条	14	120	垫片，弹簧
5	030	连接条	10	080	连接条	15	130	垫片，正极极性

续表 3.4.3

序　号	零件号	名　称	序　号	零件号	名　称	序　号	零件号	名　称
16	140	垫片,负极极性	20	190	垫圈	24	230	连接器,完整的
17	150	垫圈,平垫	21	200	垫片衬垫套件	25	240	O形环
18	160	通气阀门组件	22	210	螺母	—	—	—
19	180	螺母	23	220	垫圈	—	—	—

2）操作步骤

① 移除电瓶端盖。

② 根据端盖(010)的类型,解开定位锁或者定位螺母。移除端盖时,必须注意,绝不能使端盖和电池端子与连接条接触而使蓄电瓶发生短路。

③ 拆除单体电池。

在拆除单体电池(100)前,要在被拆位置做好连接条(030～090)的标记。为了容易拆除,先拆除每列中间的单体电池。

拆除单体电池上的螺母(110)以及垫在连接条下面的弹簧(120)垫片。如果需要的话,拆开电缆夹子。移开所有的连接条(030～090)。用拆卸工具松开接到单体电池(100)端子上的螺母。

④ 拆开通气阀门。

利用专用工具松开通气阀门(160),拆下通气阀门下的O形垫圈。

⑤ 拆开连接装置。

拆下螺钉(210)及其垫圈(220),并移开连接条(230)。

⑥ 拆下温度传感器。

从连接条(030至090)上拆下传感器。根据传感器的类型,松开固定螺母或者固定螺丝。移开连接器和传感器座。特别要当心,不要损坏电缆。经过安装在蓄电瓶箱体(020)上的孔,按压下连接器。

⑦ 分解蓄电瓶。

移去端盖(010),再移去单体电池(100)。移去衬管、垫片和装配零件,在移去前要特别注意这些零件的安装位置和顺序,在重新组装时要确保位置正确,先移去连接条(230),再移去传感器(如果有的话)。

2. SAFT航空蓄电瓶连接方式

航空蓄电瓶有多种连接方式,以适应不同的组合,如图3.4.4所示是常见的航空蓄电瓶连接方式。

3.4.7　蓄电瓶清洁

航空电瓶大修时,需要从飞机上拆除蓄电瓶。蓄电瓶在没有分解的情况下,每次都必须进行外观表面清洁。航空蓄电瓶大修的目的是“彻底清洁电瓶”,需要在分解电瓶的条件下完成。

由于蓄电瓶质量大,有电气放电冲击以及电解液具有强烈的腐蚀性,因此在蓄电瓶清洁前必须做好安全防护措施。

清洁蓄电瓶应在蓄电瓶彻底放电下进行,放电人员应戴上安全防护手套、护目镜等,摘下

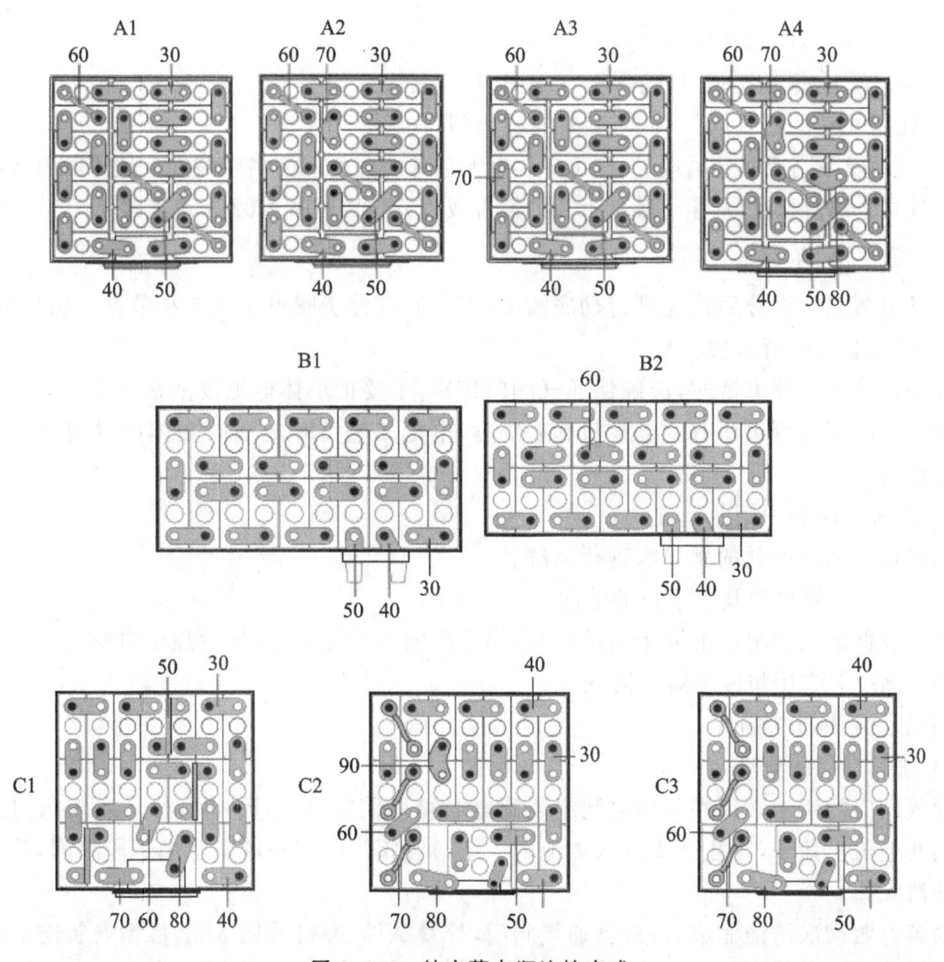

图 3.4.4　航空蓄电瓶连接方式

随身佩戴的戒指、手表、项链、金属腰带或其他首饰，以避免电气冲击。放电前，蓄电瓶的安全通气阀门要拧紧，还需要注意的是电瓶维护时不要让蓄电瓶倾斜，防止电解液溢出及接触皮肤而引起皮肤伤害。

1. 工具、仪器设备和耗材

每种蓄电瓶都必须配有专用工具、固定夹具、仪器设备和耗材清单。通常专用工具会有一个清单列表，且每个零部件都标有专门的代码，所用的耗材也有耗材清单，必须标注有专门的代码。SAFT 航空镍镉蓄电瓶的耗材，请参见 3.4.4 节的介绍。

2. 简单擦洗

还没有分解的航空蓄电瓶需要进行简单擦洗和清洁，擦洗时请不要使用溶剂(solvent)、汽油(petroleum spirits)、三氯乙烯(trichlorethylene)或其他氯化物产品等用于航空蓄电瓶的清洁。因为有机溶剂可能会使金属和塑料零件起化学反应。下面所介绍的零件编码数字在图 3.4.3 和表 3.4.3 中可以查询。

简单清洗步骤如下：

警告：当使用压缩空气时，防止流出的气流伤及身体，使用护目镜防止空气中的颗粒物伤害眼睛。

① 移开蓄电瓶端盖(010)。

② 检查蓄电瓶通气阀门,确保通气阀门周围清洁。

③ 使用配套的通气阀门扳手,旋紧通气阀门(160)。

④ 使用硬毛刷或非金属刷子,刷出单体电池顶部的白色沉淀物碳酸钾。使用吹气球吹出的压缩空气吹去残留盐粒、灰尘。装上上层的螺母或螺钉(110),用M02连接连接条(030~090)。

3. 彻底清洁

在蓄电瓶完全拆分后才能进行彻底清洁,蓄电瓶拆分步骤见3.4.6小节蓄电瓶分解。

1) 单体电池的清洁(100)

在清洁每个单体电池时,应确保通气阀门旋紧,不要把单体电池浸泡在水中。为了容易地从单体电池的端部倒出所有的电解液和矿物盐,电池的端盖和电池的壳体可以用软毛刷和温水进行清洗。

2) 电瓶壳体和手柄的清洗

用湿抹布沾浓度低的肥皂水进行擦洗。

3) 螺母、弹簧垫片及连接条的清洗

用沾有低浓度肥皂水的刷子清洁电瓶,用干净的水冲洗电瓶,然后擦干电瓶。

4) 衬垫、平垫片和传感器的清洗

用温水清洗,并擦干。

5) 通气阀门的清洗

通气阀门的清洁必须在单体电池组装到电瓶箱里前完成。清洗时,移开通气阀门并在通气阀门孔上盖上盖子,防止杂质进入电池内。把通气阀门浸泡在脱矿水中一段时间,让所有的矿物盐清除掉。

当蓄电瓶彻底清洁完成后,旋紧通气阀门,拧紧螺母、螺钉及用M02螺帽安装连接条。

3.5 航空蓄电瓶的定期检查

3.5.1 概　述

航空蓄电瓶无论是在飞机上使用还是在地面使用,都必须进行检查和维护,内容包括电瓶检查、维护和功能测试。通常的检查有周期性检查、定期检查及大修,每种类别检查的工作内容有所不同,并且是离位检查,必须在电瓶车间完成。其中周期性检查主要是进行电解液液面调节;定期检查主要是容量测试和周期性检查;大修检查主要是电瓶分解、彻底清洁、组装电瓶和检查等。

电瓶检查时要注意的安全问题,仍然是人身安全和设备安全。使用的工具有标准工具和专用工具,标准工具是拆装电瓶需要的专用工具中的标准工具,主要有夹具、仪器设备、耗材。专用工具是每种蓄电瓶的专用工具,并标有专门的代码,使用时请参照生产厂家提供的清单。

3.5.2　镍镉蓄电瓶在飞机上的安装

1. 蓄电瓶安装

镍镉蓄电瓶外壳是由金属制成的箱体，通常采用不锈钢、塑料涂层钢板、彩涂钢板，或含钛的独立的单体电池组成。镍镉蓄电瓶采用导电性能好的镍铜合金连接条连接。蓄电瓶箱内的单体电池是由衬垫、隔离板、电瓶盖组件等组成的。蓄电瓶有通风系统，允许过充电时产生的气体逸出，并在正常工作期间得到冷却。如图 3.5.1 所示是镍镉蓄电瓶在飞机上的安装图。

图 3.5.1　镍镉蓄电瓶在飞机上的安装

飞机上安装的蓄电瓶箱内的单体电池带有通气阀门，当过充或需要快速释放气体时，释放出产生的氧气和氢气。这样蓄电瓶不会受到过充电、放电，甚至负电荷过高的损害。

航空镉镍蓄电瓶通常带有蓄电瓶故障保护系统，可以监测工作状态。另外，蓄电瓶充电器也可以监测蓄电瓶，主要监测的数据有过热、低温（低于－40 ℉）、单体电池不均衡、开路和短路等。

如果蓄电瓶充电器发现蓄电瓶有故障，就会停止充电并向电气负载管理系统（ELMS）发送故障信号。当电瓶的环境温度在规定的范围（60～90 ℉）内时，镍镉蓄电瓶能够达到其额定容量。超出这个温度范围会导致容量减少。镍镉蓄电瓶采用通风系统控制蓄电瓶的温度。

2. 通气系统

蓄电瓶舱通常需要通风，以释放化学反应产生的气体以及蓄电瓶充放电时产生的热量。

如图 3.5.2 所示是轻型飞机航空镍镉蓄电瓶的通气系统。在飞行中，通气系统提供的气流使气流出口处为低气压。

镍镉蓄电瓶的通风系统的设计目的是把蓄电瓶箱的热量散发出去。为防止泄漏，蓄电瓶箱是密封的，工作过程中产生的气体有限，不一定要排放化学反应的气体。因此有些镍镉蓄电瓶箱也不通风。蓄电瓶排气冷却系统通常使用冲压空气，甚至采用温度控制的空气阀进行调节。如果电瓶温度低于某一水平，空气阀门关闭，当电瓶需要冷却时阀门打开。

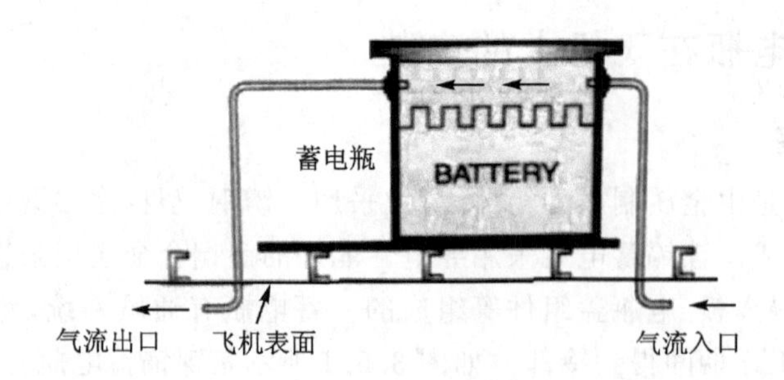

图 3.5.2 镍镉蓄电瓶的通气系统

航空镍镉蓄电瓶进行检验时,让通风管保持畅通十分重要。可以用压缩空气通过排气管清理,也可以用热水清洗。

3. 电瓶电缆

用于连接蓄电瓶的电缆应足够粗,以便由蓄电瓶向负载提供电流,而且要求可防止振动和磨损,确保绝缘良好。通常橡胶或塑料套的夹子连接到结构件上,蓄电瓶的电缆必须牢固接到电瓶端子上。如图 3.5.3 所示是蓄电瓶电缆的端接。

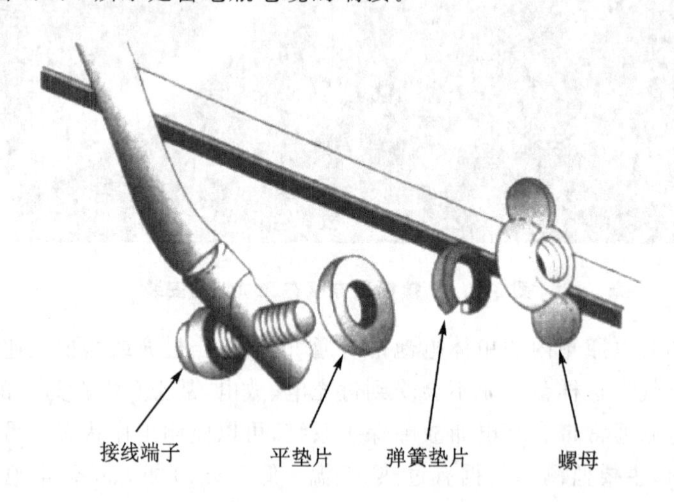

图 3.5.3 蓄电瓶电缆的端接

4. 快速脱扣插头座

如图 3.5.4 所示是蓄电瓶快速脱扣插头座,安装在飞机上的镍镉蓄电瓶都采用快速断开的电池连接器,蓄电瓶上安装的是插座,如图 3.5.4(a)所示。插头通常连接到蓄电瓶充电器,插头上有个手轮,旋转时可以快速拧紧或松开蓄电瓶。插头和插座的孔和针必须接触良好、干净,因为需要通过很大的电流。

插头座设计成大的接触表面,从而确保接触电阻较低,接线端子的接点由镀银铜材料组成。应定期检查蓄电瓶连接器的引脚和插座,如果连接器松动有烧蚀点,则应更换触点。

3.5.3 周期性检查

航空镍镉蓄电瓶周期性检查通常有目视检查、绝缘检查、螺母松紧度检查、极化测试、深度

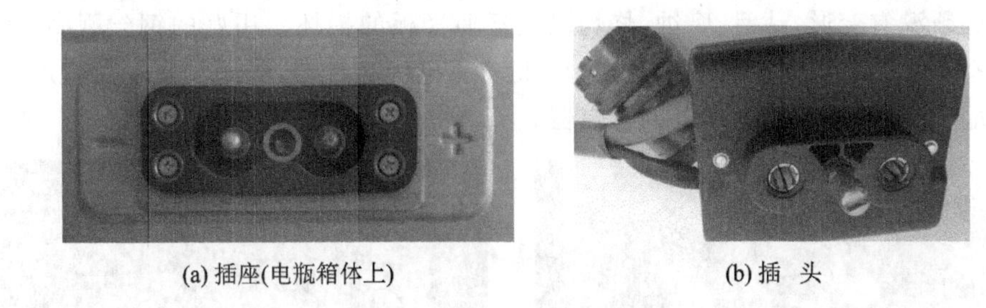

(a) 插座(电瓶箱体上)　　(b) 插　头

图 3.5.4　蓄电瓶快速脱扣插头座

放电、电解液液面调节及补充测试等。如图 3.5.5 所示为航空镍镉蓄电瓶周期性检查流程图。

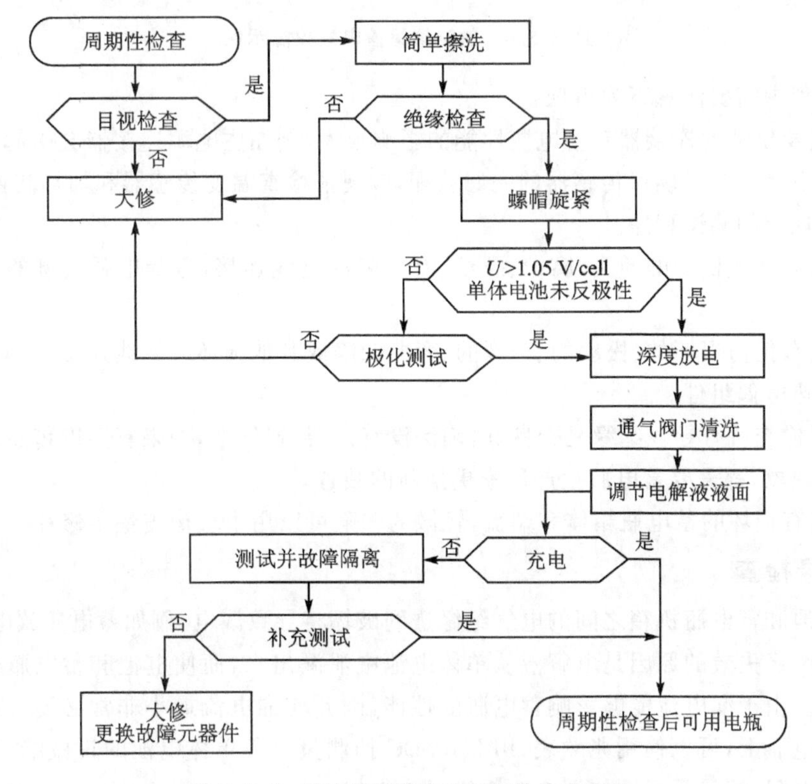

图 3.5.5　航空镍镉蓄电瓶周期性检查流程

根据飞机上的使用，在特定的时间间隔里(例如飞行 50 小时或 3 个月)，根据流程测试蓄电瓶一次。具体维护检查时，请向飞机制造商索取产品的具体维护时间间隔或者具体维护程序。

值得说明的是航空蓄电瓶的维护时间间隔通常根据运营经验进行确定，且可以把周期或定期维护结合在一起。

1. 目视检查

当蓄电瓶从飞机上拆下来维护时，都必须进行目视检查。如果单体电池发生电解液泄漏，则必须对每节单体进行检查。如果有矿物盐或者电解液泄露的痕迹，则必须做彻底的大修。如果在单体电池的端子上有电解液从通气阀门 O 形环泄漏的痕迹，则要检查螺母上的力矩是否太小，如图 3.5.6 所示是常见的航空蓄电瓶的故障。检查连接条、所有上层螺母、螺钉和垫片，金属件必须没有变形、玷污、腐蚀、烧灼以及任何极板的损坏。用好的钢丝刷刷干净，尽量减少污点，有缺陷的金属件装置必须更换掉。检查主电源连接器，确保没有弯曲变形、腐蚀、开裂、错扣的端子，更换掉任何有损坏的连接器。

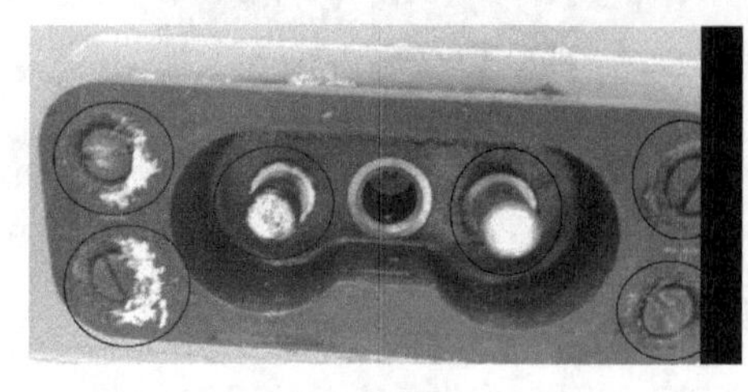

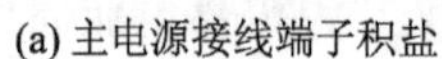
(a) 主电源接线端子积盐

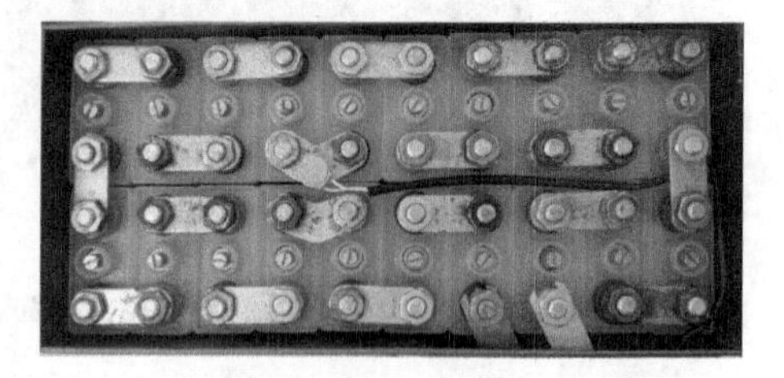

(b) 单体电池接线柱连接条和螺母上的盐

图 3.5.6　航空镍镉蓄电瓶故障示例

维修过程中需要注意下列事项：

① 磨损及松动的连接器对蓄电瓶性能的影响很大，例如主电源连接器会引起蓄电瓶自放电和端电压下降。为了确保传感器的完好装配，应视情检查温度传感器和加热装置的装配，但这不能替代规定的测试程序。

② 检查弯曲或松动的插头、腐蚀、裂纹、有缺陷的电线连接，遭受电弧痕迹的破裂且松动的密封垫圈。

③ 检查有任何损坏的、松动的、开裂的、弯曲凹陷或其他损坏的导线连接器，热敏电阻、温度调节器和热电偶组件。

④ 目视检查所有导线绝缘是否良好，确保没有开裂、冒气泡，如果有温度传感器及其加热装置损坏的现象，都需要蓄电瓶生产厂家更换新的装置。

⑤ 检查有损坏的蓄电瓶箱体和端盖，轻微的凹陷可以用小块橡皮垫子修补。

2. 绝缘检查

单体电池和蓄电瓶机箱之间的电气绝缘遭到破坏将导致漏电，例如蓄电瓶放电时间过长。大多数引起绝缘失效的原因是电解液从单体电池中泄漏出来，而使电池和蓄电瓶机箱之间形成电流通路。由于漏电流能够影响蓄电瓶的性能，因此使漏电流最小非常必要。在一个完全组装好的蓄电瓶上，可以使用兆欧表，用 250VDC 挡测量每节单体电池的正极端与箱体(020)之间的绝缘电阻，测量示意图如图 3.5.7 所示。

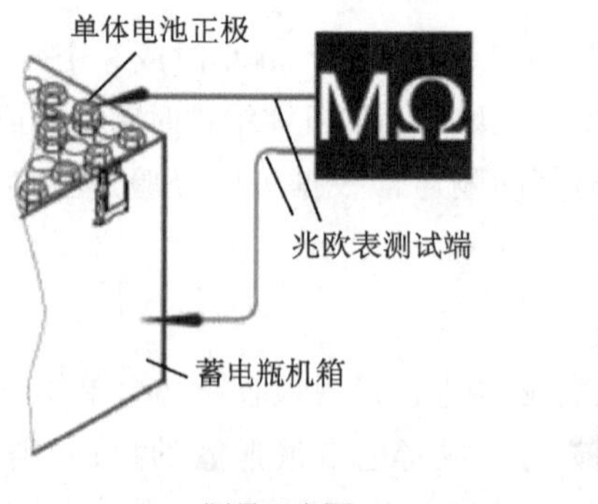

(a) 测量示意图

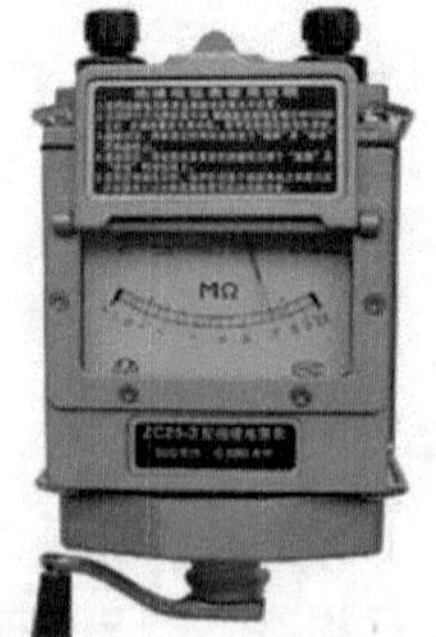

(b) 兆欧表

图 3.5.7　利用兆欧表判断单体电池和机箱之间的绝缘电阻

根据兆欧表的测试结果进行镍镉蓄电瓶的绝缘情况判断和处理，如图3.5.8所示是蓄电瓶绝缘电阻判断准则，可用于判断绝缘电阻是否合格。

① 通常，当绝缘电阻 $R \leqslant 250\ \mathrm{k\Omega}$ 时，应对蓄电瓶进行彻底检修，检查引起过充电的原因；

② 当绝缘电阻满足 $250\ \mathrm{k\Omega} \leqslant R \leqslant 2\ \mathrm{M\Omega}$ 时，可以接受，但必须清洁蓄电瓶；

③ 当 $2\ \mathrm{M\Omega} \leqslant R \leqslant 10\ \mathrm{M\Omega}$ 时，蓄电瓶可以投入使用；

④ 新购置的蓄电瓶或才清洁过的蓄电瓶其绝缘电阻 $R \geqslant 10\ \mathrm{M\Omega}$。

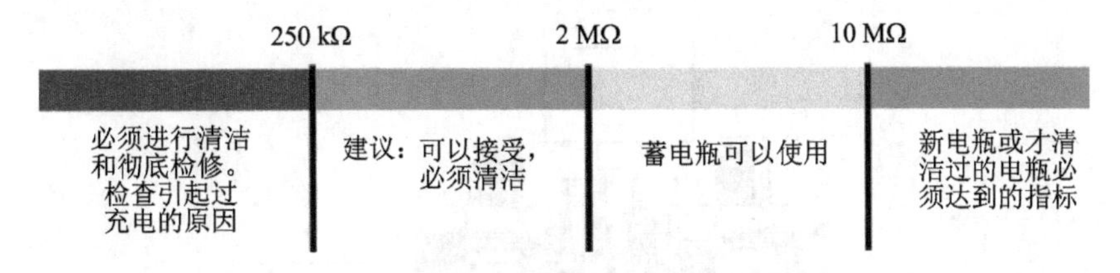

图 3.5.8　蓄电瓶绝缘电阻判断准则

3. 螺母松紧度检查

旋紧所有上层螺母，请参见有关蓄电瓶的适航许可规定。

4. 极化测试

镍镉蓄电瓶由于内部极化导致单体电池电压为0 V甚至小于0 V，因此需要专门进行极化测试（polarization test）。测试前，先用 $0.1C$ 给蓄电瓶充电1.5 h，然后使蓄电瓶处于开路状态1 h，测量每节电池的开路电压。如果任何电池的电压是0 V或者小于0 V，必须做全面彻底的检修。如果所有的单体电池大于0 V，需按手册中规定的要求进行维护。

5. 深度放电

对蓄电瓶用 $1C$ 或者 $0.5C$ 的速率放电，直到每节单体电池放电到1.0 V以下。再把蓄电瓶两端短接，进行深度放电彻底放完电量，深度放电时间通常要持续十多个小时。

6. 调节电解液液面

进行镍镉蓄电瓶电解液液面调节时，注意一定要用专用的脱矿水或蒸馏水，任何不符合规定的水都有可能使电解液污染而失效。

还需要十分注意的是，要防止任何外来物质进入单体电池电解液中，例如像自来水这样的非蒸馏水或去离子水，进入单体电池将会污染电解液而影响蓄电瓶的整体性能。

在进行蓄电瓶维护时，从单体电池上旋下释压阀的时间越短越好，要尽可能防止空气进入单体电池内部，因为空气中的二氧化碳与电解液结合生成碳酸盐（例如碳酸钾），碳酸盐导电性能差，会使单体电池的内阻增加，使其在低温和高放电率下的性能下降甚至放不出电能。蓄电瓶使用时，必须尽可能旋紧通气阀门。

特别要注意的是，当通气阀门旋松或移开时，一定要做好标记，同时不要让电解液与皮肤接触而引起皮肤损伤，如果电解液与皮肤接触，请用大量的水冲洗，并立即联系医院就医。另外在调整电解液液面时，蓄电瓶必须充足电，必须在 $0.1C$ 速率充电结束前15～30 min完成。并且只能使用蒸馏水或去离子水，绝不要使用从其他单体电池中析出的液体。

维护时，每节单体电池所需补充的电解液是不一致的，必须对每节电池逐个检查电解液的液面。对于一组蓄电瓶，其第一节单体电池补充液的量可以作为剩余单体电池补充液的参考

量。如果每节单体电池注入蒸馏水的量超过规定消耗量的80%,说明水分失去太多,则必须检查充电系统;如果充电设备功能正常,则应缩短两次维护之间的时间间隔。

通气阀门也是电解液液面调节入口。如图3.5.9所示是利用注射器在通气阀门处将蒸馏水注入单体电池中,每节单体电池都必须调节,采用下列步骤进行:

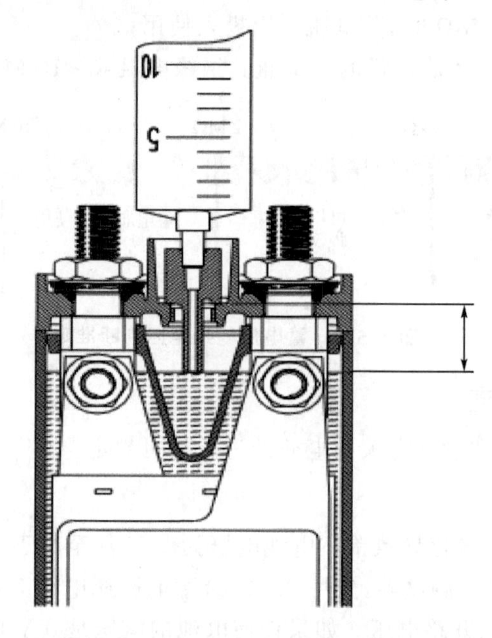

图3.5.9　注射器在单体电池通气阀门处的位置

① 用通气阀门专用扳手旋松并移开通气阀门。

② 在电解液注入电池前,选择与蓄电瓶相匹配的注射器,尤其要观注注射器伸出的长度。

③ 把注射器插入蓄电瓶,注射器的肩部靠在通气阀门座上,注入电解液,等电解液灌注完后,抽出注射器。

④ 取出注射器,检查注射器(syringe)里的液体。单体电池中的多余液体被吸入注射器中,直到电解液液面与喷嘴的末端相平。如果电解液液面过低,注射器将会保持空的,表明注射器的末端没有进入单体电池内的液体中,需要继续补充电解液。

⑤ 再将5 cm^3 蒸馏水抽进注射器并再注入单体电池中。

⑥ 用注射器的喷嘴对准通气阀门座,缓慢地将针头插入阀门中。

⑦ 如果注射器是空的,重复⑤和⑥步,直到达到正确的液面,并计算注入5 cm^3 的次数,在维修记录单上记下每节单体电池注入的水量。

⑧ 在第⑥步,当注射器中吸入超出部分的液体时,该单体电池的正确的液面就确定了,把多出的液体倒入清理的容器中,请不要再使用从单体电池中抽出的电解液,并合理处置有害物质。

7. 补充测试

在充电终了,用0.1C继续充电5 h,每隔30 min测量单体电池电压。单体电池电压在测试期间,必须不下降0.03 V。同时必须大于下面的值,即

① VO/VP/VHP/XP类电池:$U \geq 1.5$ V;

② CVH/CVD/CVK 类电池：$U \geq 1.55$ V。

3.5.4　定　检

如图 3.5.10 所示是航空镍镉蓄电瓶定检流程图，根据飞机使用的时间间隔，或者满 1 年的最长飞行时间后，根据流程图进行蓄电瓶的测试。可咨询飞机制造商，了解具体的维修时间间隔或者特殊的维修程序等。通常定检时间在使用指南中会给出，也可以根据操作经验进行修改。

1. 单体电池短路

如果每节单体电池的电压低于 1.0 V，在单体电池的两端接一个均衡电阻 12～16 h，使每节电池彻底放电并且蓄电瓶彻底冷却。

注意：当单体电池的电压下降到 0.5 V 以下时，可以更换为短路夹把电池短路。

2. 容量测试

对于型号为 VO 和 VP 类的蓄电瓶，用 1C 速率放电，记下单体电池电压放电到 1.0 V 的时间，这个时间必须大于或等于 51 min。而 VHP、VXP、CVH、CVD 和 CVK 电池则要求达到 1 h。

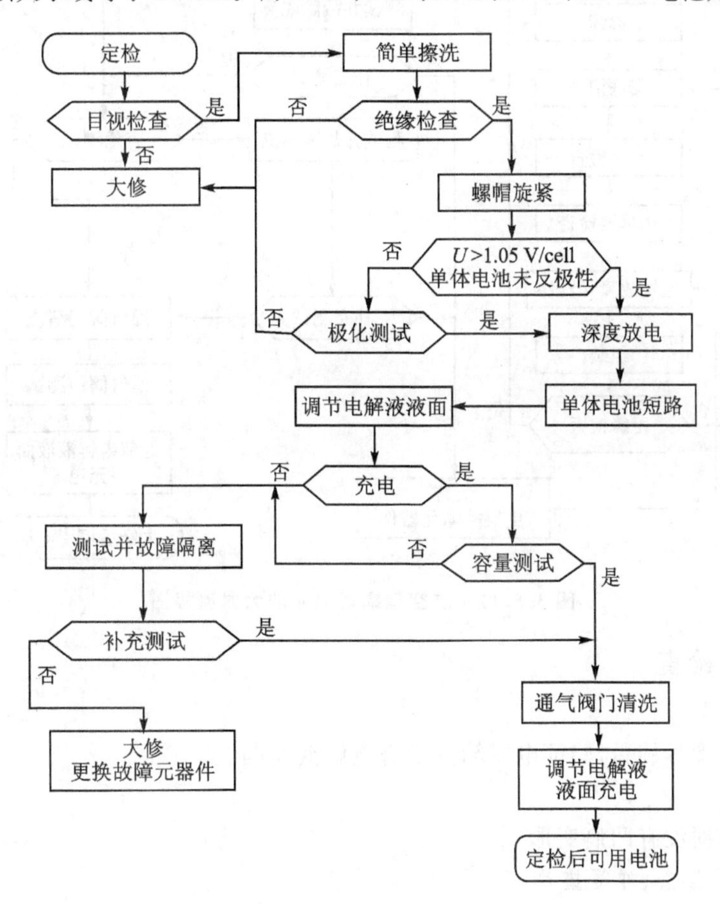

图 3.5.10　航空镍镉蓄电瓶定检流程图

3.5.5 大　修

经过最长飞行时间后(例如1年),蓄电瓶需进行大修(General Overhaul)。如图3.5.11所示是航空镍镉蓄电瓶的大修流程图。针对某一具体型号的航空镍镉蓄电瓶的大修流程,请咨询飞机制造商,了解具体的维修时间间隔或者特殊的维修程序等。大修时通常要完成下列工作。

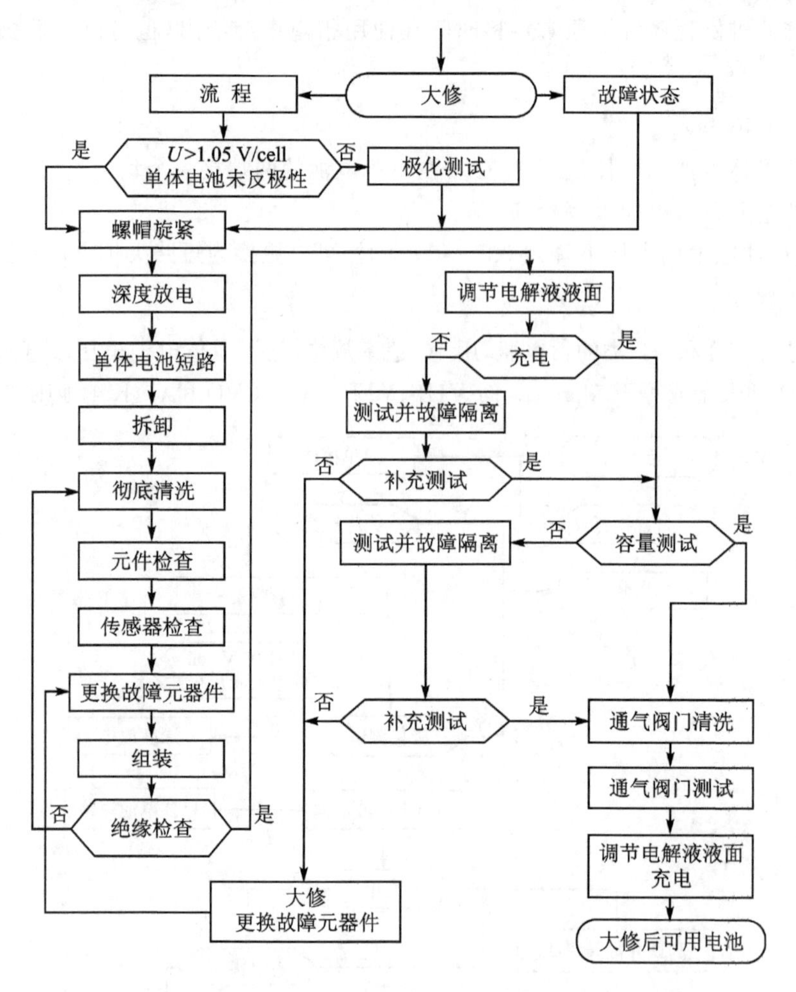

图3.5.11　航空镍镉蓄电瓶的大修流程图

1. 零部件检查

(1) 单体电池

确保底层的螺母旋紧,验证电瓶箱内没有电解液泄漏。

(2) 电瓶箱体

电瓶箱的边框没有凹痕变形。

(3) 螺母、连接条、弹簧垫片

检查螺母、连接条和弹簧垫片等,丢弃所有有缺陷的零件并更换新的。

(4) 封装组件

丢弃所有有缺陷的组件。

(5) 连接器

检查主电源连接器(230),看是否有灭弧、腐蚀、龟裂或者错扣,更换任何坏损连接器。

2. 更换故障元器件

(1) 单体电池

注意:如果超过5节单体电池要调整或者超过3节单体电池需要更换,则整个蓄电瓶需要更换。所有单体电池用新的SAFT电池替换。

(2) 其他元件

所有其他元件用新的SAFT元件替换。

3. 传感器检查

根据表3.5.1检查传感器。

表3.5.1 蓄电瓶传感器检查

序 号	电池类型	传感器F6177	传感器V09052	检 查
1	276CH-7	413032		A-B:200Ω@60 ℃(140 ℉) A-B:174Ω@21~27 ℃(70~80 ℉)
2	277CH-1	161297		B-E:close on rise@57 ℃(135 ℉) D-L1:short circuit
3	310VX-2	411980		A-B:3 kΩ@25 ℃(73 ℉) C:middle point with 4.99 kΩ1%resistor D-E:close on rise@71 ℃(160 ℉)
4	407CH-2		023697-000	A-B:open on rise@71 ℃(160 ℉) C-D:close after open 60 ℃(145 ℉)
5	407CH-5	114722	017125-000	C-D:close on rise@67 ℃(160 ℉)
6	407CH-11		019422-000	4-6:short circuit 8-9:open on rise@67 ℃(154 ℉) 11-12:2.46 kΩ±25 Ω@23 ℃(73 ℉)
7	407CH-13	413861	019422-000	A-B:174 Ω@23.9 ℃(75 ℉) A-B:200 Ω@60 ℃(140 ℉) C-D:174 Ω@23.9 ℃(75 ℉) C-D:200 Ω@60 ℃(140 ℉)
8	407CH-13	413861	017125-000	C-D:close on rise@71 ℃(160 ℉)
9	447CH-1	414976		A-B:close on rise@71 ℃(160 ℉) A-C:close on rise@71 ℃(160 ℉)
10	616	411157		A-B:close on rise@57 ℃(135 ℉) B-C:close on rise@71 ℃(160 ℉)
11	1277-1	114722	017125-000	C-D:close on rise@71 ℃(160 ℉)
12	1277-2		019656-000	

续表 3.5.1

序　号	电池类型	传感器 F6177	传感器 V09052	检　查
13	1277－3	414139		A－B：30 kΩ@25 ℃(77 ℉) C－D：close on rise@71 ℃(160 ℉)
14	Q608－1	412757	023258－000	1－2：close on rise@71 ℃(160 ℉) 1－2：close on rise@71 ℃(160 ℉) 2－3：short circuit
15	1656－1	114722	017125－000	C－D：close on rise@71 ℃(160 ℉)
16	1656－2	162901	017125－000	C－D：close on rise@57 ℃(135 ℉)
17	1656－5	117497	019220－000	A－B：close on rise@57 ℃(135 ℉) C－D：close on rise@71 ℃(160 ℉)
18	1658－2	162901		C－D：close on rise@57 ℃(135 ℉)
19	1666－1	116051	018652－000	A－B：close on rise@71 ℃(160 ℉) B－C：short circuit
20	1756		019230－000	A－B：close on rise@63 ℃(146 ℉) C－D：close on rise@63 ℃(146 ℉)
21	1756－2		023808－000	A－B：close on rise@57 ℃(135 ℉) C－D：close on rise@71 ℃(160 ℉)

4. 通气阀门测试

注意：每年的大修期间，如果用过的通气阀门全部被新的替代或者有证据说明电解液溢出，就没有必要进行测试。

在蓄电瓶充电时必须测试通气阀门。电解液平衡需要时间，为了节约时间，按下列步骤检查通气阀门组件。

① 把通气阀门(160)和它的 O 形环装入带有压力测试夹的通气阀门适配器(T05)中；

② 把通气阀门浸入水中，并缓慢升高压力；

③ 根据表 3.5.2 进行测试，如果不能通过测试则需要更换通气阀门。

表 3.5.2　通气阀门测试方法

检查内容	检查方法	检查内容	检查方法	检查内容	检查方法
O 形环	无变形，开裂	气压＜2 psi	通气阀门关闭	2＜气压＜10 psi	通气阀门打开

3.6　镍镉蓄电瓶的储存和运输

3.6.1　储存条件

存储准备和包装，必须确认镍镉蓄电瓶已经密封，防止大气中的有害气体进入蓄电瓶中。

(1) 储存室的要求

保持镍镉蓄电瓶及其周围环境干燥、清洁、通风。

(2) 温　度

蓄电瓶储存温度范围为－5～＋35 ℃，偶然情况允许超出此范围，可以达到－60～＋60 ℃。

3.6.2　储存步骤

1. 储存前准备

蓄电瓶进行周期性检查、定期检查及大修检查后才能进行储存。由于一些零件容易受到大气(氧气或二氧化碳)的腐蚀，如螺母、连接条等，必须进行润滑。蓄电瓶内有电解液必须竖直放置。

2. 包　装

蓄电瓶通常用纸箱包装，如果需要长时间储存或海运，则应采用厚实的塑料容器，且必须马上密封。采用塑料容器和规定的储存温度，可以保存 10 年。

3. 短期储存

把充足电的蓄电瓶(根据 OMM 维修操作程序)放电至单体电池电压为 1 V，放置在温度较低的状态进行储存。必须对蓄电瓶的连接端子进行适度润滑后存放在储存间。短期储存的时间与储存的环境温度，会影响电瓶的容量，如图 3.6.1 所示是短期储存特性曲线。

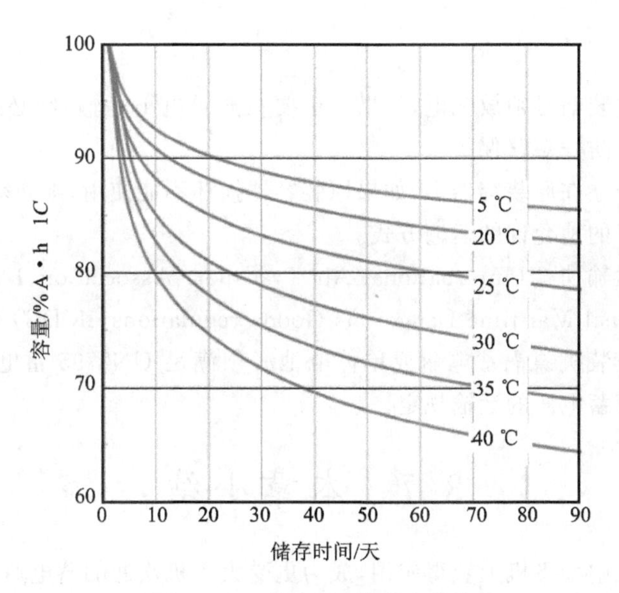

图 3.6.1　蓄电瓶短期储存特性

4. 长期储存

注意：镍镉蓄电瓶短期储存的温度范围为－60～＋60 ℃，对蓄电瓶不构成威胁。

采用标准的包装箱和不密封储存方式，则允许的储存时间为 2 年，储存期间可免维护。需要注意的是，镍镉碱性蓄电瓶的储存室内绝对不能有酸性物质。

1) 储存前准备工作

镍镉蓄电瓶放电到 20 V，单体电池的接线端子适度润滑，并把蓄电瓶安放在储存间。

2）条　件

蓄电瓶必须在灌满电解液的条件下或放电状态下储存。在下列条件下储存，储存时间达到 10 年，即

① 密封包装；

② 温度范围为－5～＋35 ℃；

③ 相对适度＜70％；

④ 竖直放置；

⑤ 具备防尘、防污染、防潮、抗振动、隔绝大气的腐蚀等。

5. 放电储存维护

放电储存维护按表 3.6.1 所列进行。

表 3.6.1　放电储存维护

序　号	储存时间	维护过程
1	小于 3 个月	给经完整放电后的蓄电瓶充电
2	超过 3 个月，少于 1 年	进行周期性检查
3	超过 1 年	进行定检

3.6.3　运　输

蓄电瓶通常在包装前必须放完电，如果一定要在充足电下运输，则必须经过审查确认，确保电瓶的输出端子有防止短路保护。

蓄电瓶应垂直竖立在原装容器中，如果原装容器损坏不能使用，则必须遵守国际或当地的包装机构及到达的目的地允许的运输方式。

根据国际航空运输协会（International Air Transport Association，IATA）及国际海运危险品法规（International Maritime Dangerous Goods regulations，IMDG）对危险品的规定，国际海运上所有的航空装机镍镉蓄电瓶或单体电池必须满足 UN2795 蓄电瓶危险品国际海运关于充满碱性电解液蓄电瓶的运输规定。

3.7　本章小结

镍镉蓄电瓶在大中型飞机上获得应用，成为更受大飞机欢迎的蓄电瓶，因为它能够经受更高的充电和放电速率，拥有更长寿命。在高放电条件下，镍镉蓄电瓶能够维持相对稳定的电压。但镍镉蓄电瓶单体电池的输出电压低，因此体积大，质量大，而且因需要用到稀有金属镍而价格昂贵。

单体镍镉蓄电瓶的额定电压是 1.2 V，充足电的单体电池的端电压为 1.34～1.36 V，基本不受电解液密度和温度的影响。这是因为镍镉蓄电瓶在充、放电过程中，电解液的密度基本不变，而且极板孔隙较大，对电解液的扩散速度影响很小。不能用测量密度的方法判断电解液的状态，而应该用万用表直接测量。

航空蓄电瓶无论是在飞机上使用还是在地面使用，都必须进行检查和维护，内容包括电瓶

检查、维护和功能测试。通常的检查有周期性检查、定期检查及大修，每种类别的检查，工作的内容有所不同，并且是离位检查，必须在电瓶车间完成。其中周期性检查主要进行电解液液面调节；定期检查主要是容量测试和周期性检查；大修检查主要是电瓶分解、彻底清洁、组装电瓶和检查等。

特别要注意的是，当通气阀门旋松或移开时，一定要做好标记。另外，在调整电解液液面时，蓄电瓶必须充足电，必须在 0.1*C* 速率充电结束前 15～30 min 完成，并且只能使用蒸馏水或去离子水，绝不要使用从其他单体电池中析出的液体。

选择题

1. 镍镉电池的特有故障是(　　)

A. 自放电严重　　B. 极板硬化　　C. 活性物质脱落　　D. 热击穿

2. 对镍镉蓄电池维护时，需要定期进行“深度放电”，其作用是(　　)

A. 消除热击穿　　B. 消除单体电池的不平衡

C. 消除容量失效　　D. 消除内部短路

3. 在镍镉蓄电池充电过程中，电解液密度基本不变，所以(　　)。

A. 蓄电池容量基本不变

B. 不能用测量电解液密度的方法来判断充电状况

C. 蓄电池的活性物质基本不变

D. 蓄电池温度基本不变

4. 镍镉蓄电池单体电池性能和维护的描述不正确的是(　　)。

A. 单体电池的输出电压在 1.22 V 左右，因此需要 20 节单体电池组成航空蓄电瓶

B. 单体电池必须有泄气阀. 隔膜及正、负极板等关键部分

C. 单体电池之间会存在差异，因此使用一段时间后必须进行深度放电后再充电

D. 恒流充电时发现单体电池上的电压高于其他单体电池，说明它是性能好的电池

5. 关于镍镉蓄电池的泄气阀门的作用，解释不正确的是(　　)。

A. 通气阀门必须密封，否则二氧化碳会进入蓄电瓶内部，会使蓄电瓶缓慢失效

B. 温度升高，电瓶内部压力超过 10 psi 时，通气阀门打开，排出气体

C. 通气阀门一旦检查合格，可以长期使用

D. 气压密封圈必须经常检查，如果损坏，可能使通气阀门失效。

6. 航空蓄电池深度放电描述正确的是(　　)。(多选)

A. 酸碱性电瓶都需要深度放电

B. 可以在飞机上进行深度放电

C. 深度放电可以消除电瓶间的容量和电压的不平衡

D. 采用恒压充电比采用恒流充电容易产生不平衡

7. 航空蓄电池使用寿命的描述正确的是(　　)。(多选)

A. 充电方法和维护方法影响使用寿命

B. 碱性电池的使用寿命与酸性电池的使用寿命相近

C. 碱性电池的使用寿命比酸性电池的使用寿命短

D. 碱性电池的使用寿命比酸性电池的使用寿命长

8. 航空蓄电池恒压充电技术描述不正确的是(　　)。

A. 容易造成过充电或充电不足

B. 碱性电瓶容易造成热击穿和容量下降

C. 容易造成单体电池间的充电不平衡

D. 对碱性蓄电瓶损伤较小

9. 航空蓄电池恒流充电技术描述不正确的是(　　)。

A. 对碱性蓄电瓶不容易产生不平衡

B. 充电技术复杂

C. 电解液水分损失多

D. 对碱性蓄电瓶损伤较小

第4章　航空碱性锂离子蓄电瓶

4.1　概　述

锂是碱性活性金属之一，也是最轻的元素之一，锂电池技术是增长快速、前景看好的电池技术。由于其有很高的能量质量比，没有记忆效应，不用时放电和充电速率低等优点，正在被谨慎地用在飞机上。飞机上经常配备需要自主供电的系统，如紧急定位信标、救生筏和救生衣，用于烟雾探测器、发动机启动和紧急备用供电等。

与铅蓄电池及镍镉电池相比，锂电池有多种优越性，如寿命长、质量小、维护少及充电时间短。其缺点是成本高、电解液易燃，不管是否使用每年都会损失约10%的存储容量。电池老化的速率受温度的影响，温度越高，老化也就越快。

锂电池是指 Li^+ 嵌入化合物作为正、负极活性物质的二次电池。正极活性一般采用锂金属化合物，如 $LiCoO_2$、$LiNiO_2$、$LiMn_2O_4$ 和 $LiFePO_4$ 等，负极活性物质一般采用碳材料。电解液为锂盐，如 $LiPF_6$、$LiClO_4$、$LiAsF_6$、$LiBF_4$ 和 $LiN(CF_3SO_2)_2$ 等的有机溶液。

锂电池在充、放电过程中，锂离子 Li^+ 在正、负两极间嵌入和脱嵌，因此锂电池也被称为是"摇椅电池"(rocking chair battery)。

锂电池的研究始于20世纪80年代，Goodenough 等提出以 $LiCoO_2$ 作为锂二次电池的正极材料，1985年发现碳材料可以作为锂二次电池的负极材料。1990年日本 Nagoura 等研制了以石油焦为负极、$LiCoO_2$ 为正极的锂离子二次电池，同年 Moli 和 Sony 两大电池公司推出锂电池产品，1991年锂电池实现了商品化。

法国 SAFT 公司在20世纪60年代就开始了锂电池的研究。Gabano 博士在1970年第一个获得 $Li/SOCl_2$ 电池的专利权，1973年美国 GTE 公司、以色列塔迪朗工业公司相继生产 $Li/SOCl_2$ 锂电池。目前，美国、法国、以色列等国家均有商品。

国际上还在研究锂硫电池、锂空气电池和锂水电池。锂硫电池是一种高能量密度的二次电池，在各个领域都有广泛的应用前景。锂空气电池理论能量密度更高，可作为未来电动车辆的动力。锂水电池是一种高效率、高功率的输出系统，在航海环境中因不需要考虑水的质量使得这种电池十分具有吸引力。锂水化合反应热十分高，是有危险的。

锂电池的负极材料采用石墨层状结构碳材料，取代了金属锂，正极采用 $LiCoO_2$ 的锂电池，在充电过程中，Li^+ 与石墨化碳材料形成插入化合物 LiC_6，LiC_6 与金属锂的电位差小于0.5 V，电压损失不大；在充电过程中，Li^+ 嵌入到石墨的层状结构中，放电时从层状结构中脱嵌，可逆性良好，因此该电化学体系循环性能优良。由于采用碳材料作为负极，避免了使用活泼的金属锂，一方面改善了电池的循环寿命，另一方面从根本上解决了安全问题。

目前许多研究机构已经开展了锂离子电池在航空航天领域的研究与评估工作，美国的国家航空航天局(NASA)、欧洲航天局(ESA)以及日本宇航探索局(JAXA)已经做了多年的工作。自锂电池商品化以来，在越来越多的领域得到了应用，掀起了锂电池的研制和生产热潮，例如，在笔记本电脑、移动媒体，以及在航空、航天、战术武器、军用设备、交通工具、航海、医疗仪器等领域，逐步代替传统的蓄电池。

锂电池较好地解决了安全问题，由于锂电池具有优越的性能，已经在民航飞机上得到应用。接近于全电飞机的B787上安装了锂电池作为主蓄电瓶。

但是锂离子蓄电瓶在使用过程中仍然有一定的风险，特别是大功率的锂离子蓄电瓶，应采取一定的安全防护措施，谨慎地使用。

4.2 锂电池的结构、原理和特性

锂电池质量小，体积小，单体电池电压高，充放电特性好，具有很好的应用前景。下面以航空锂电池B3856为例，介绍其组成结构、原理和特性。

4.2.1 锂电池的结构

锂离子单体电池的内部结构通常有两种。如图4.2.1所示是圆柱状结构锂电池，其优点是制造容易，具有优良的机械稳定性，能承受高的内部压力。

图4.2.2是方形柱状结构的锂电池，其优点是占有较小的空间及热量散发容易。

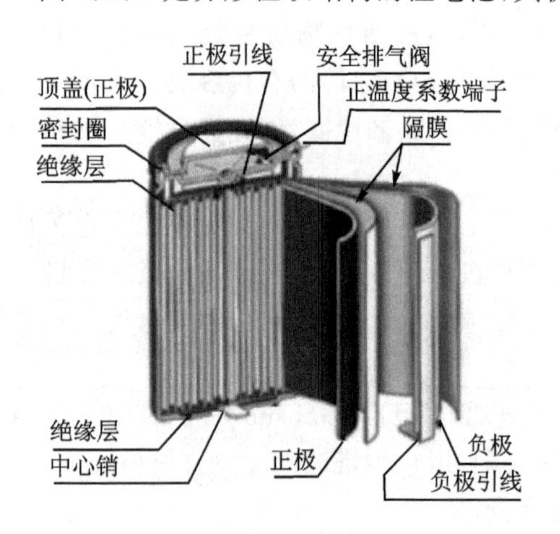

图4.2.1 圆柱状锂电池

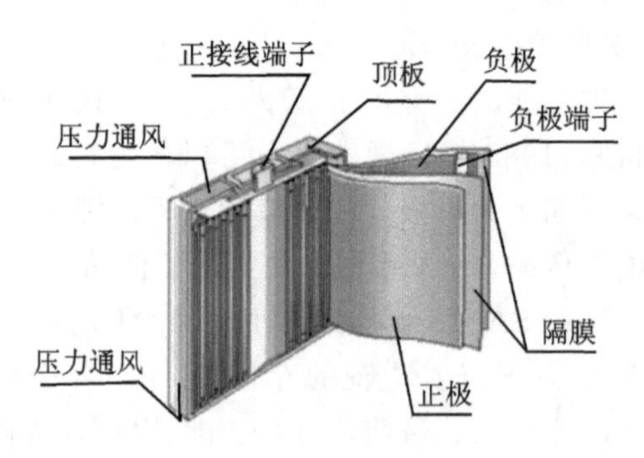

图4.2.2 方形柱状结构锂电池

4.2.2 主要构成材料

锂电池主要由正极、负极、电解液、隔膜、壳体以及外部连接、包装部件等构成。

1. 正极材料

构成锂电池的正极材料种类很多，正极材料最重要的是可与锂匹配，提供一个较高的电极电位。正极物质有较高的比能量和对电解液有相溶性。正极物质性能好，但是导电性能不足，不得不在固体正极物质中添加一定量的导电添加剂，如石墨等，然后将这种混合物涂覆到导电骨架上做成正极。这些正极物质必须成本低、没有毒性、不易燃等。

(1) 钴氧化物锂

正极材料主要由活性材料、导电剂、黏结剂和集流体组成。锂电池的正极电位较高，常为

嵌锂过渡金属氧化物，或聚阴离子化合物，如二氧化钴锂（$LiCoO_2$）是应用较为普及的正极材料，电压范围为 2.8～4.2 V，放电电压为 3.9 V，理论最高比容量为 274 $mA \cdot h \cdot g^{-1}$，实际应用中，其比容量约为 140～150 $mA \cdot h \cdot g^{-1}$。$LiCoO_2$ 制备工艺较为简单。但是其倍率性能、耐过充性能不是很理想，价格高，安全性差。

（2）锰氧化物锂

锰氧化物锂（$LiMn_2O_4$）的工作区间电压为 3.5～4.3 V，放电电压约为 4.1 V，实际比容量约为 110 $mA \cdot h \cdot g^{-1}$，理论比容量为 148 $mA \cdot h \cdot g^{-1}$。$LiMn_2O_4$ 的制备工艺较为简单，价格低，倍率性能较好，但是其循环性能相对较差，尤其是高温性能差。

（3）磷酸铁锂

磷酸铁锂（$LiFePO_4$）的工作区间电压为 2.5～4.0 V，放电电压约为 3.4 V，比容量约为 140 $mA \cdot h \cdot g^{-1}$，理论比容量为 165 $mA \cdot h \cdot g^{-1}$。$LiFePO_4$ 的制备工艺较为简单，价格低，循环性能较好，但是其倍率性能需要改善，比能量较低。表 4.2.1 列出了几种锂电池正极活性材料的性能参数的比较。

表 4.2.1　各种正极活性材料的电压和能量

序　号	正极材料	电压/V	理论容量/ $(A \cdot h \cdot kg^{-1})$	实际容量/ $(A \cdot h \cdot kg^{-1})$	理论比能量/ $(W \cdot h \cdot kg^{-1})$	实际比能量/ $(W \cdot h \cdot kg^{-1})$
1	$LiCoO_2$	3.8	273	140	1037	532
2	$LiNiO_2$	3.7	274	170	1013	629
3	$LiMn_2O_4$	4.0	148	110	440	259
4	$Li_{1-x}Mn_2O_4$	2.8	210	170	588	480
5	$LiFePO_4$	3.4	170	140	578	476

锂电池正极活性材料应满足的条件有：

① 根据法拉第定律，吉布斯自由能 $\Delta G = nFE$，嵌入反应具有大的吉布斯自由能，可以使正极同负极之间保持一个较大的电位差，提供高的电池电压。

② 在一定范围内，锂离子嵌入反应的 ΔG 改变量小，即锂离子嵌入量大且电极电位对嵌入量的依懒性小，以便确保锂电池工作电压平稳。

③ 正极活性材料具有大孔径隧道结构。锂离子在“隧道”中有较大的扩散系数和迁移系数，保证大的扩散速率，并且有良好的电子导电性，以便提高锂电池的最大工作电流。

④ 脱嵌锂离子过程中，正极活性材料具有较小的体积变化，以保证良好的可逆性，同时提高循环性能。

⑤ 在电源中溶解度很小，同电解质具有良好的热稳定性，以保证工作的安全。

⑥ 空气中储存性能好，有利于实际应用。

2. 负极材料

金属锂具有最高的化学当量和最负的电极电位。表 4.2.2 列出了一些电池常用负极材料的性能。金属锂在体积比能量上不及铝、铁和镁等金属。而锂不单有良好的电化学性质，其机械性能、延展性等，也比较好、更适合作为负极材料。

表 4.2.2 负极材料的性能

负极材料	相对原子质量	标准电位/V (25 ℃)	密度/ ($g \cdot cm^{-3}$)	熔点/ ℃	化合价变化	电化学当量/		
						($A \cdot h \cdot g^{-1}$)	($g \cdot A \cdot h^{-1}$)	($A \cdot h \cdot cm^{-1}$)
Li	6.94	−3.05	0.534	180	1	3.86	0.259	2.08
Na	23	−2.7	0.97	97.8	1	1.16	0.858	1.12
Mg	24.3	−2.4	1.74	650	2	2.20	0.454	3.8
Al	26.9	−1.7	2.7	659	3	2.98	0.335	8.1
Ca	40.1	−2.87	1.54	851	2	1.34	0.748	2.06
Fe	55.8	−0.44	7.85	1 528	2	0.96	1.04	7.5
Mn	65.4	−0.76	7.1	419	2	0.82	1.22	5.8
Cd	112	−0.40	8.65	321	2	0.48	2.10	4.1
Pb	207	−0.13	11.3	327	2	0.26	3.87	2.9

锂是所有金属元素中最轻的一种，如表 4.2.3 所列是锂的物理性质，其密度只有水的一半，锂放在水中，将浮在水的表面，并与水发生剧烈反应，生成 LiOH 和 H_2，放出大量热量，当锂量多时会发生剧烈燃烧，并有爆炸的危险。

表 4.2.3 锂的物理性质

熔点/℃	沸点/℃	密度/ ($g \cdot cm^{-3}$)(25 ℃)	比热容/ ($J \cdot g^{-1} \cdot ℃^{-1}$)(25 ℃)	比电阻/ ($\Omega \cdot cm$)	硬度(莫氏)
180.5	1347	0.534	3.565	9.35	0.6

锂在潮湿的空气中很快失去银白色光泽而被 LiOH 覆盖，生产过程中需要十分干燥的环境，增加了难度。而锂的机械特性使其容易挤压成薄片或薄带，给制造锂电极带来便利。锂是良导体，电池中锂的利用率高达 90%以上，根据锂电池对锂纯度的要求(99.99%)，对常见的杂质(Na 含量≤0.015%；K 含量≤0.01%；Ca 含量≤0.06%)含量有限制，主要是杂质会影响电池的自放电和放电特性。因此，单纯用锂做负极，有很多不便。随着技术的发展，新型的锂电池的负极材料有了突破。

锂电池的负极主要由负极活性材料、导电剂、黏结剂和集流体组成。其中用作负极活性材料的是一种可以和锂生成嵌入化合物的材料，主要有碳基材料、锡基材料、锂过渡金属氮化物、表面改性的锂金属等。目前主要用石墨材料，一些新型负极材料如纳米过度金属氧化物、硅基、锡基、合金化合物、石墨烯等也值得关注。

石墨材料的导电性好，其工作电位与金属锂负极接近。荷电满状态下，石墨材料对应形成 LiC_6，理论比容量可达 372 $A \cdot h \cdot g^{-1}$。石墨具有良好的层状结构，层与层之间在充放电过程中，易出现片层粉化、剥落的现象，与电解液的兼容性并不理想。表 4.2.4 列出了锂电池负极用碳材料分类。

表 4.2.4　锂电池负极用碳材料分类

<table>
<tr><td rowspan="4">高规则化碳</td><td colspan="3">天然石墨</td></tr>
<tr><td rowspan="3">人造石墨</td><td colspan="2">中间相碳微球(CMS)</td></tr>
<tr><td colspan="2">气相生长石墨纤维</td></tr>
<tr><td colspan="2">石墨化针状焦</td></tr>
<tr><td rowspan="7">低规则化碳</td><td>易石墨化碳(软碳)</td><td colspan="2">焦炭</td></tr>
<tr><td rowspan="3">难石墨化碳(硬碳)</td><td rowspan="3">树脂碳</td><td>PAS</td></tr>
<tr><td>PFA-C</td></tr>
<tr><td>PPP</td></tr>
<tr><td rowspan="3">复合碳</td><td rowspan="2">碳-碳复合</td><td>软碳-石墨复合</td></tr>
<tr><td>硬碳-石墨复合</td></tr>
<tr><td colspan="2">碳-非碳复合</td></tr>
<tr><td colspan="4">碳纳米材料</td></tr>
</table>

3. 电解液

电解液(electrolyte)主要由电解质锂盐及有机溶剂构成。通过电解液中锂盐的锂离子，正、负极间的锂离子能够顺利完成脱锂、嵌锂过程，反映在锂电池充放电过程中。

电解质锂盐多为单价聚阴离子锂盐，例如六氟磷酸锂($LiPF_6$)、六氟硼酸锂($LiBF_6$)和全氟烷基磺酸锂 $LiCF_3SO_3$ 等，通常对电解质锂盐有以下性能要求：

① 不与锂和正极发生反应。某些电解液会与锂发生作用，产生一层保护膜，阻止了进一步的腐蚀反应，这种电源也是可以接受的。

② 易于解离，易溶于有机溶剂以保证电导率，在较宽的温度范围内保证电导率高于 10^{-4} S·cm^{-1}。

③ 具有较好的氧化稳定性以及一定的还原稳定性，以保证电解质锂盐不在正、负极发生明显影响电化学性能的副反应。

④ 具有较好的热稳定性，构成的电解液热稳定性优良、可用温度范围宽、电解液黏度较低。

⑤ 无毒(低毒)、无污染，电池本体以及分解产物对环境友好。

⑥ 易于制备、纯化，成本低廉。

4. 隔　膜

在锂电池充放电过程中，隔膜(separator)起到分隔电池正、负极以防止电池短路，使锂离子能够通过隔膜，内部电路通畅的作用。通常要求隔膜的电气绝缘特性好，电解质离子透过性好，对电解液的化学和电化学性能、温度及对电解液浸润性好，具有一定的机械强度，厚度尽可能薄。

根据隔膜材料不同，通常可分为有机高分子隔膜和无机隔膜。隔膜的编织方法有多种，通常有毛毡状膜、隔膜纸、编织隔膜、陶瓷隔膜及有机材料隔膜等。例如，聚烯烃微孔膜、无纺布隔膜、聚合物/无机复合膜、聚合物电解质隔膜均可起到锂电池隔膜的作用，而聚烯烃微孔膜是最常用的隔膜。

聚烯烃微孔膜主要采用聚乙烯(PE)或聚丙烯(PP)材料制成。聚烯烃具有良好的机械、热稳定性能,能为锂电池隔膜的加工及组装提供合适的机械强度。聚烯烃也有较为适宜的闭孔温度,如PE和PP微孔膜的闭孔温度分别在130 ℃和160 ℃左右,能够提供必要的闭孔关断功能,降低电池的安全隐患。但是聚烯烃在一定温度下会发生熔融,改变隔膜的尺寸、形状,致使隔膜破损,引起电池短路。增大电池隔膜的自闭温度及熔融温度差,能够在一定程度上提高电池的安全性。通过PE/PP或PP/PE/PP等多层膜,能够实现以上目标。

5. 黏结剂

黏结剂(adhesive)是锂电池中一种重要的辅助材料,它起到连接导电剂、电极活性物质及集流体的作用。黏结剂的性能直接影响电极片的机械可加工性,对锂电池的生产及过性能有重要影响。优良的电极黏结剂黏结性能好,抗拉强度高,柔性好,杨氏模量低,化学稳定性和电化学稳定性好;在储存和循环过程中不参加反应、不变质;在电解液中不溶胀或溶胀系数小,在浆料介质中分散性好,有利于将活性物质均匀地黏结在集流体上,环境友好,使用安全及成本低廉。

根据黏结剂分散介质的特点,可分为有机溶剂黏结剂及水性黏结剂。有机溶剂黏结剂的代表为聚偏氟乙烯(PVDF),是非极性链状高分子,会结晶。PVDF在高温下会与电极材料发生副反应,降低电池的安全性。

为了改善有机溶剂黏结剂的高成本、对湿度敏感以及对环境污染等问题,水性黏结剂近年来被广泛关注。水性黏结剂还不能替代有机溶剂黏结剂,因为其多具有脆性大、易团聚、分散性差等缺点,所以发展高性能黏结剂仍是锂电池黏结剂的研究热点。

6. 壳　体

蓄电池壳体又称蓄电池容器,其作用是盛装由正负极和隔膜组成的电极堆,并灌有电解液。蓄电池壳体一般由电池盖和电池壳组成。在飞机上装备的锂电池,除了满足机载设备装机的基本要求外,还需要注意在飞行姿态改变、化学反应中会产生气体以及气压高度发生变化等影响,为了防止蓄电池内部压力过大,每节单体电池都装有安全阀门,也称为释压阀或排气阀。泄气阀有三个作用:

① 拧开时用于加蒸馏水或电解液;

② 防止飞机飞行时电解液泄漏;

③ 为保护蓄电瓶,防止电瓶内气体压力太大而引起爆炸。

例如,如图4.2.3所示,航空锂电池有125A型单体与125B型单体电池,它们的安全阀位置不同。125A单体电池的安全阀安装在“正端侧”,125B单体电池的安全阀安装在“负端侧”。

7. 航空锂电池主要技术数据

如表4.2.5所列是THALES公司的锂电池(B3856)的主要技术数据。

表4.2.5　THALES锂电池(B3856)的主要技术数据

序　号	名　称	数　值	序　号	名　称	数　值
1	额定电压/V	28.8	4	寿命终止容量/(A·h)	50
2	开路电压/V	32.2±0.35	5	单格数量/个	8
3	额定容量/(A·h)	50	6	电解液	碳酸盐

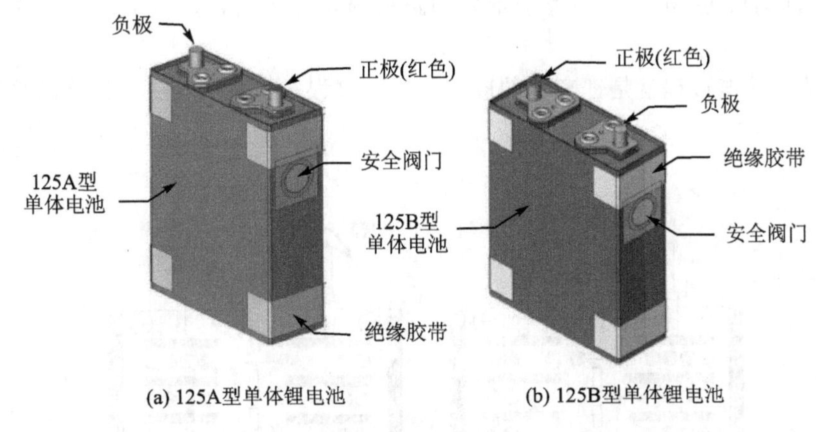

图 4.2.3　航空锂离子蓄电瓶的安全阀门

4.2.3　基本工作原理

锂电池充放电过程中发生的反应是嵌入反应。嵌入反应是指客体粒子，即离子、原子或分子嵌入主体晶格，而主体晶格基本不变，生成非化学计量化合物的反应过程。嵌入反应突出的特点是一般具有可逆性，且生成的嵌入化合物在化学、电子、光学、磁性学等方面与原嵌基材料有较大不同。

锂电池实际上是 Li^{+} 的浓差电池。充电时，Li^{+} 从正极材料中脱嵌，通过电解液迁移到负极，并嵌入到石墨的层状结构中，此时负极处于富锂状态，正极处于贫锂状态；放电过程相反。锂电池的充、放电反应示意图如图 4.2.4 所示。

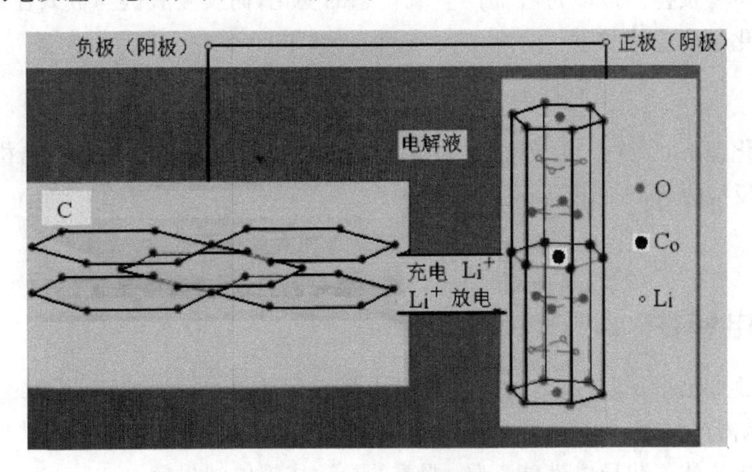

图 4.2.4　锂电池的充放电反应示意图

以层状石墨为负极，$LiCoO_2$ 为正极的锂电池为例，说明锂电池的成流反应。如图 4.2.5 所示是锂电池的充放电过程，充电时，将充电器的正极接锂电池的正极，如图 4.2.5(a)所示，加在锂电池两极的充电电压迫使正极的化合物释放出锂离子，使其嵌入到负极呈层片状结构的碳分子中排列，这个过程称为入嵌过程。

放电时，锂电池两端接有负载，如图 4.2.5(b)所示。锂离子从负极片层状结构的碳中析

出，这一过程称为脱嵌，析出的锂离子重新和正极的化合物结合。由于锂离子的移动产生了电流。

锂电池的充放电过程就是锂离子的嵌入和脱嵌过程，锂离子在正、负极之间往返嵌入和脱嵌就形成了。

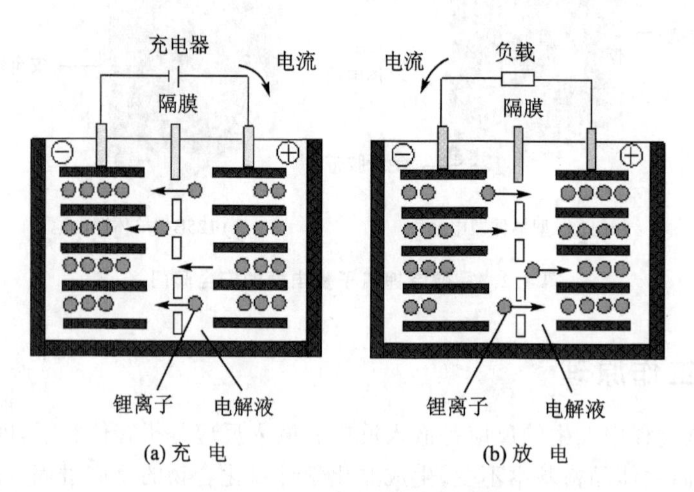

(a) 充　电　　(b) 放　电

图 4.2.5　锂电池的充放电过程

在充电时，正极部分的锂离子脱嵌，离开锂化合物，透过隔膜向负极移动，并嵌入到负极的片层状结构中。在放电时，锂离子 Li^+ 在负极脱嵌，移向正极并结合于正极板的 $LiCoO_2$ 化合物之中。与传统锂电池不同的是，被氧化还原的物质不再是金属锂和锂离子。锂离子只是伴随着两极材料本身发生的放电过程而产生氧化态的变化，而反复脱嵌与嵌入往返于两极之间，正极的充放电化学反应式如下：

$$LiCoO_2 \underset{放}{\overset{充}{\rightleftharpoons}} Li_{1-x}CoO_2 + xLi^+ + xe \tag{4.2.1}$$

负极的碳化锂 LiC_6 失去电子，还原为碳 C，锂离子 Li^+ 嵌入到负极层状结构的 C 中，负极的充放电化学反应方程式如下：

$$xLi^+ + C_6 + xe \underset{放}{\overset{充}{\rightleftharpoons}} C_6Li_x \tag{4.2.2}$$

4.2.4　放电特性

在正常的放电倍率下，锂电池的平均放电电压一般为 3.4～3.8 V，放电终止电压一般为 3.0 V。锂电池需严格限制过放电，在深度过放电时，不但会改变电池正极材料的晶格结构，还会使负极铜集流体氧化导电性能下降，严重的会造成锂电池失效。

如图 4.2.6 所示是锂电池放电的典型曲线，锂电池的有效容量在低放电速率下会增加，在高放电速率下会下降。

4.2.5　容量测试

装机的蓄电瓶必须进行容量测试，对于碱性蓄电瓶应达到 85% 的额定容量，才可以装载飞机。容量测试通常把蓄电瓶充足电，然后进行放电，从而计算容量。

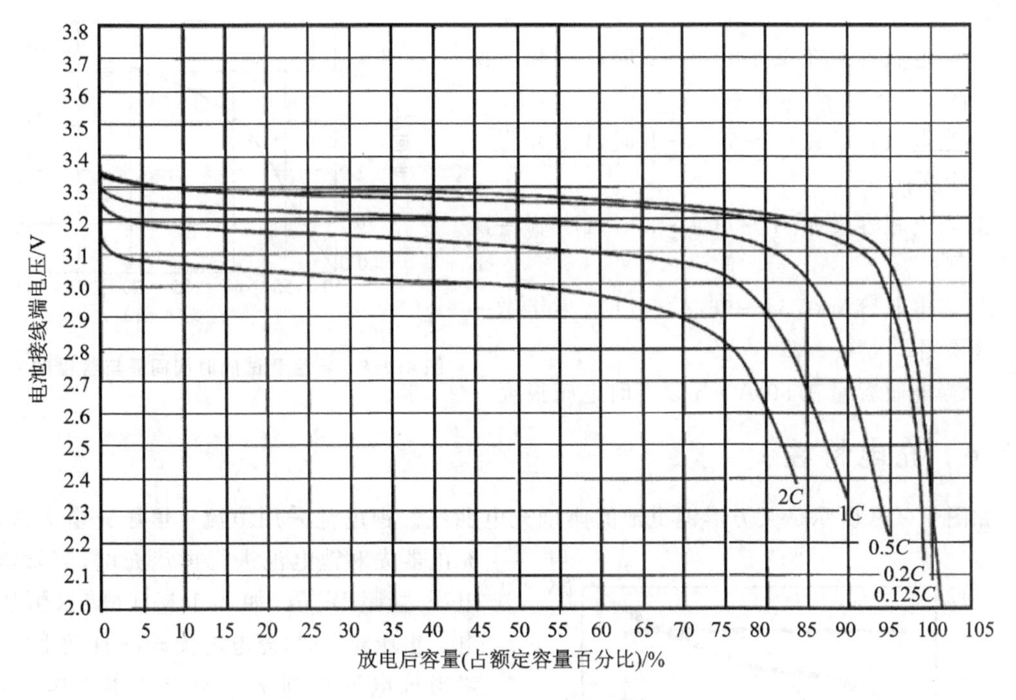

图 4.2.6　锂电池的放电特性

1. 容量计算测试方法

由于锂电池采用恒电阻放电，所以电流不是恒定的，计算电瓶容量时，可以采用积分或秒脉冲积进行累加。简单的计算可采用如图 4.2.7 所示的方法。

充足电的锂电池开始放电电流 I_s(单位：A)为

$$I_s=\frac{U_s}{R}=\frac{28.8}{R} \tag{4.2.3}$$

当锂电池电压达到终止电压 $U_E=22$ V 时，停止放电，则放电结束时的电流 I_E(单位：A)为

$$I_E=\frac{U_E}{R}=\frac{22}{R} \tag{4.2.4}$$

设放电时间为 t，则容量 C 为图 4.2.7 中线段所围成的面积。计算容量 C(单位：A・h)可得

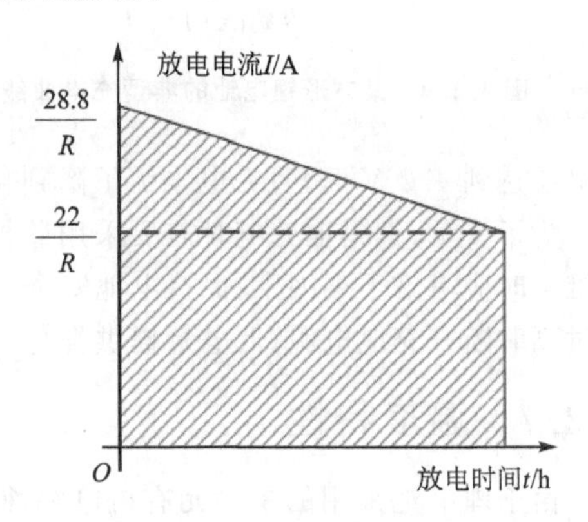

图 4.2.7　简单的容量计算方法

$$C=\frac{(28.8-22)/2+22}{R}t=\frac{25.4}{R}t \tag{4.2.5}$$

锂电池采用恒电阻放电，电流约为 50 A，放电至电瓶电压为 22 V 时停止。根据这个要求可计算出放电电阻为 0.576 Ω，容量 C=44.1t(单位：A・h)。

2. 容量测试时间间隔要求

对锂电池进行容量测试的时间要求与传统的航空碱性电瓶的要求有所不同，碱性电瓶一般是固定时间间隔，而锂电池容量测试时间间隔要按照图 4.2.8 所示的容量测试的间隔时

间，即

① 当电瓶容量在69～80 A·h时，2年做一次容量检测；

② 当电瓶容量在60～68 A·h时，1.5年做一次容量检测；

③ 当电瓶容量在57～59 A·h时，1年做一次容量检测；

④ 当电瓶容量在54～56 A·h时，半年做一次容量检测；

⑤ 当电瓶容量在50 A·h以下时电瓶报废。

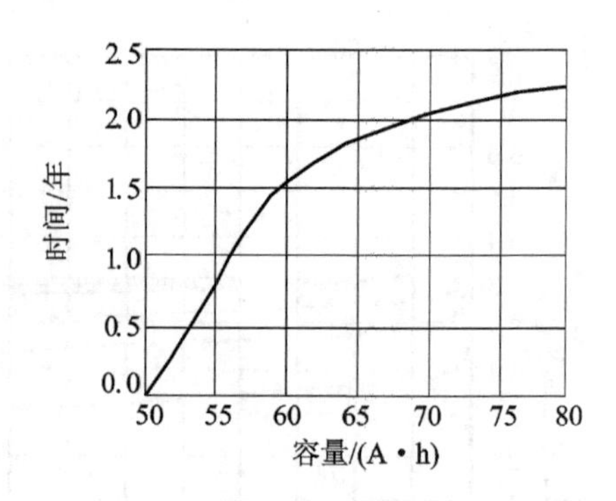

图 4.2.8　容量测试的时间间隔与容量的关系

4.2.6　充电特性

如图4.2.9所示是某方形锂电池的典型充电曲线。锂电池采用恒流—恒压充电方式，即充电器先对锂电池进行恒流充电，当蓄电池电压达到设定值（如4.1 V）时转入恒压充电。恒压充电时，充电电流渐渐自动下降，最终当该电流达到某一预定的很小电流（如0.05C）时，可以停止充电。锂电池严格限制过充电，深度过充电会导致电池内部有机电解液分解产生气体、发热、壳体压力增加等现象，严重时会发生壳体变形，甚至壳体爆裂。通常采用措施防止锂电池过充电故障的发生。

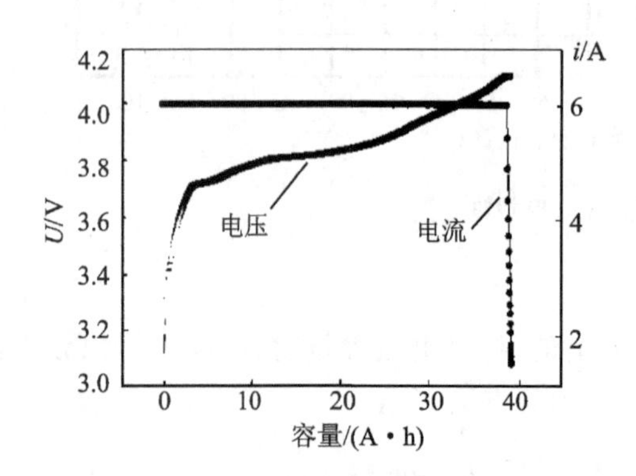

图 4.2.9　某方形锂电池的典型充电曲线

锂电池的标称电压为3.6 V，充电电压通常要达到4.2 V，并配以限流措施。当电池电压达到4.2 V时，且充电电流下降到初始充电电流的大约7%时，电池完成了充电。

为了安全，锂电池充电时需要采用监控和告警手段。B787飞机已经采用了锂电池，设计和维护时应考虑下列因素：保持电池安全的温度和压力，降低爆炸的风险，防止电解液溢出，温度过高时断开充电电源，低电量提供告警。

4.2.7　温度特性

由于锂电池采用的是多元有机电解液体系，锂电池低温性能差，故一般在不低于－20 ℃的环境下使用。有效地提高锂电池的低温性能，扩大使用温度范围，可大大增加应用范围。

另外，对于一些特殊应用场合（如严寒地区）下的储能电源，也都要求锂电池具有优良的低温性能。

1. 低温放电特性

如图4.2.10所示是某30 A·h方形锂电池在低温条件下的放电曲线（0.2C倍率放电），可以看出：

① 0 ℃时的放电容量相对于20 ℃时的放电容量损失了0.4%；

② －20 ℃时的放电容量相对于20 ℃时的放电容量损失了4.1%；

③ －40 ℃时的放电容量相对于 20 ℃时的放电容量损失了 42.0%。

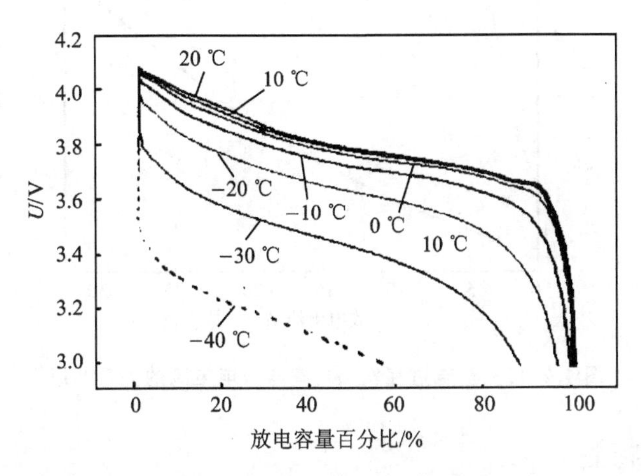

图 4.2.10　某方形锂电池低温放电曲线(30 A·h)

2. 高温放电特性

锂电池的高温性能较好，一般可以在不高于 50 ℃的环境下正常使用，但是在较高的温度下长期使用锂电池，隔膜会老化，容量降低，寿命减小。如图 4.2.11 所示是某方形锂电池在高温条件下的放电曲线。50 ℃时的放电容量相对于 20 ℃时的放电容量损失了 0.6%。

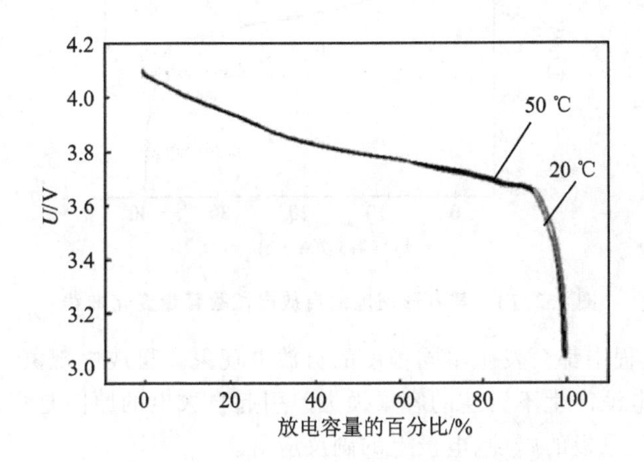

图 4.2.11　某方形锂电池高温放电曲线

锂电池能否成为飞机的主电池，还要进一步研究，需要采用硬件设备，使电压和电流保持在安全的限度内。

3. 热特性

如图 4.2.12 所示是某方形锂电池在放电时的发热功率与放电电流的关系曲线。锂电池充放电过程中，一直伴随着温度的变化，放电时一般为放热过程。

航空锂电池在使用中需要监控其温度，特别是大功率蓄电瓶中间部位的温度。而在充电时的放出热量和吸收热量都比较小，基本可以忽略不计。

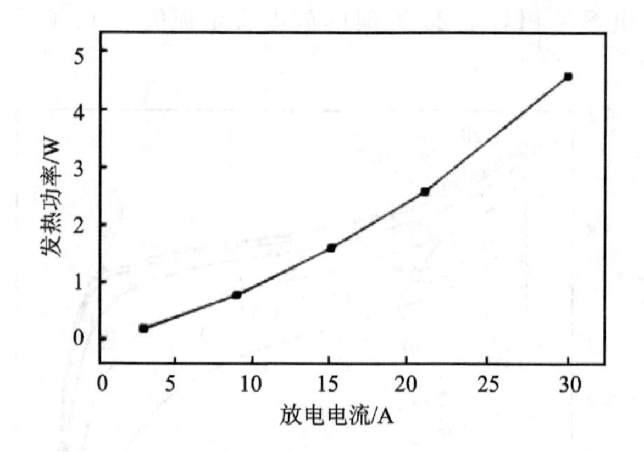

图 4.2.12 放电过程发热功率与放电电流的关系曲线

4.2.8 自放电特性

如图 4.2.13 所示是某方形锂电池自放电试验容量变化曲线。图中曲线表示的是放置 28 天后的某方形锂电池与放置 28 天前的锂电池的放电曲线进行对比,自放电率为 3.67%/28 天。

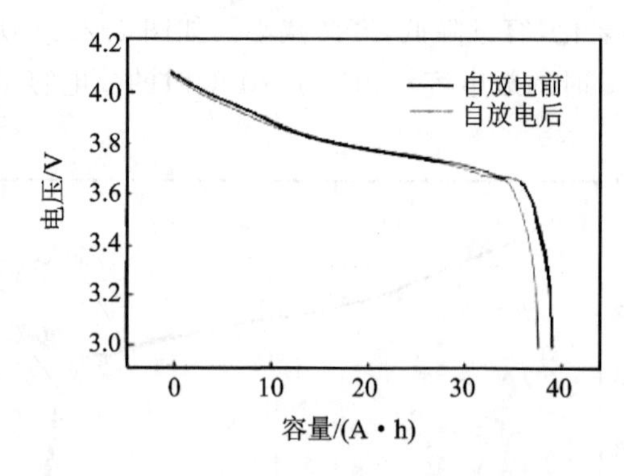

图 4.2.13 某方形锂电池自放电试验容量变化曲线

在锂电池使用过程中都会发生不同程度的自放电现象。自放电现象一般会造成电池的容量损失,严重时会使电池产生不可逆的容量损失。引起自放电的原因是多方面的,如电极活性物质的溶解或者脱落、电极的腐蚀、电极上的副反应等。

4.3 航空锂电池测试

4.3.1 概 述

航空锂电池已经在 B787 飞机上使用,离机位维护时,需要进行测试。测试时通常有两种方式,一种是没有地面支持设备的测试,例如 THALES 公司的 B3942-001 和 B3942-002 蓄电瓶;另一种是采用地面支持设备 GSE 进行自动测试的方法,例如在 B787 飞机上使用的 B3856-901。本节以此为例,简要介绍蓄电瓶的测试。

在地面维护时，配有专用的地面支持设备 GSE 对蓄电瓶进行充电、放电、故障检测，实时监控蓄电瓶的工作状况，以保证蓄电瓶的安全使用。本节从外形结构、测试项目和方法等几个方面进行介绍。

4.3.2　航空锂电池外形结构

1. 锂电池外形

如图 4.3.1 所示是航空锂电池外形图，蓄电瓶内部通常由 8 只单体蓄电池组成，安装在不锈钢组合箱体内，箱体侧面有辅助连接器 J_1、功率输出连接器 J_3，端盖上有可调节长度的提携带。箱体的侧面有 3 个蓄电瓶铭牌标签，端盖上贴有警告标签，侧面有危险标签和注意标签等。

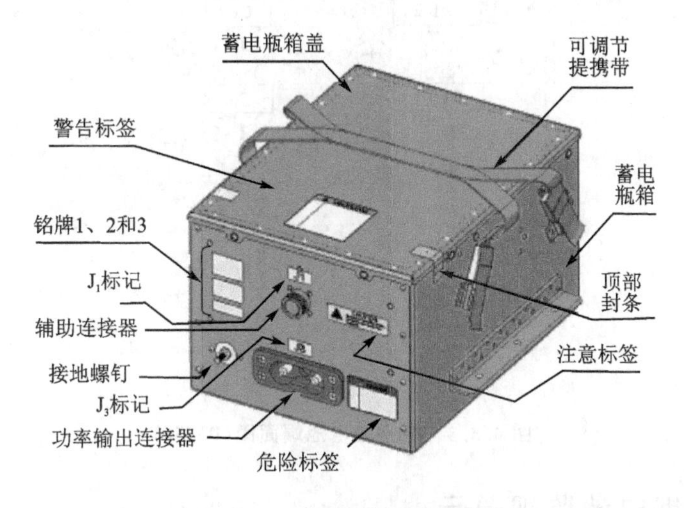

图 4.3.1　航空锂电池外形图

2. 单体锂电池外形

如图 4.3.2 所示是贴有凯普顿标签的单体电池外形图，通常有 2 种结构形式，分别为 125A 型和 125B 型。其中 125A 型的安全阀接近正极端，而 125B 型的安全阀接近负极端。

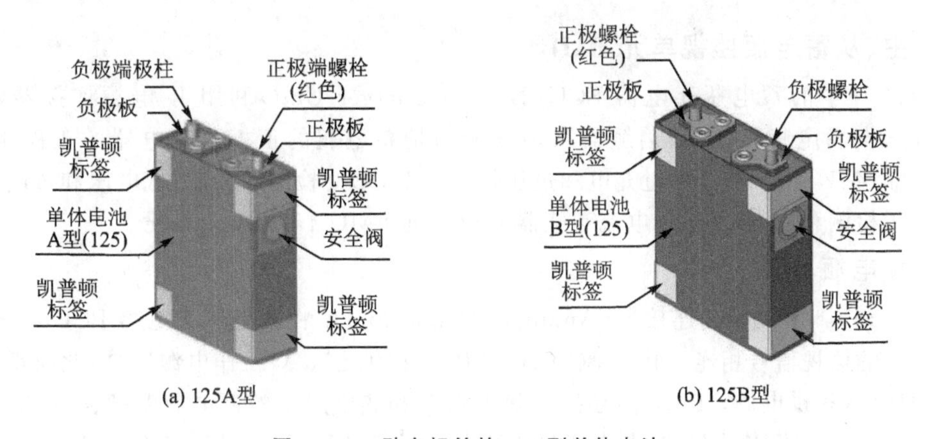

图 4.3.2　贴有标签的 125 型单体电池

3. 航空锂电池端面图

如图4.3.3所示是波音B787飞机装载的航空锂电池，由8节单体电池紧凑地安装在一起，图中的Cell（单体电池）1～Cell 8表示8节单体电池。

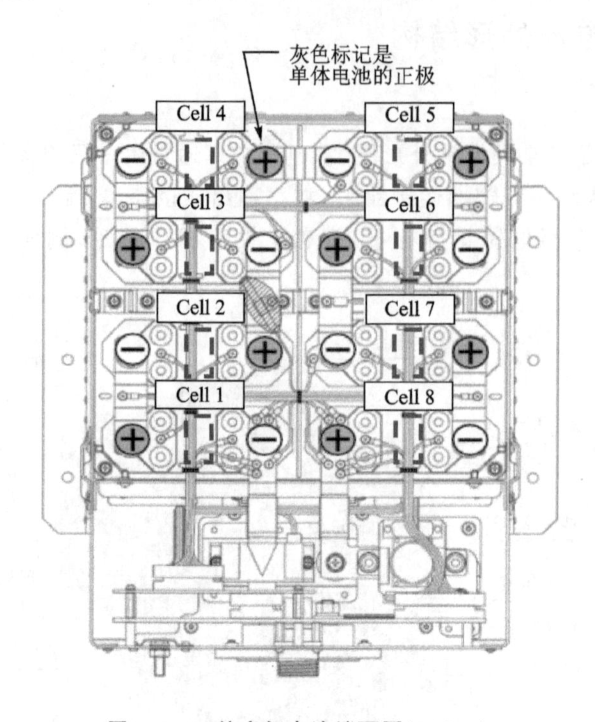

图 4.3.3 航空锂电池端面图(B3856)

4.3.3 航空锂电池监视单元

为了安全使用航空锂电池，B787飞机上配有4台蓄电瓶监视单元BMU（Battery Monitoring Unit），其中BMU 1和BMU 2是蓄电瓶主监视单元，BMU 3和BMU 4是从监视单元，用于监视蓄电瓶的充放电状况和发热状况。如图4.3.4所示是航空锂电池主从BMU原理图。

1. 主、从蓄电瓶监视单元BMU

图4.3.4中的蓄电瓶充电器BCU（Battery Charger Unit）利用J_3电源连接器（Power Connector）与蓄电瓶相连接，接触器（Contactor）把蓄电瓶的正极与充电器的正极相连，由BMU 3和BMU 4控制，其中过充电和过压检测由BMU 3检测和控制；低电压和过电流检测由BMU 4检测和控制，并通过电流互感器HECS向BMU 4发出电流信号。

2. 蓄电瓶BCU

图4.3.4中，利用辅助连接器（Auxiliary Connector）J_1将蓄电瓶充电器BCU与BMU 1和BMU 2的监视信号相连。其中BCU向BMU 1提供±15 V工作电源，并由此向霍尔电流互感器HECS提供电源。BMU 1还接收热电阻1和热电阻2的蓄电瓶温度信号、电池电压值、充放电禁止信号、禁止校验、蓄电瓶最小荷电值等。BCU还向BMU 1发送正在充电信号、BMU激活信号等。另外BMU 2主要发送充电2禁止信号、禁止信号2校验和等。

3. 热敏电阻

图 4.3.4 中的热敏电阻有 2 个，分别是热敏电阻 Thermistor 1(Th 1)和 Thermistor 2(Th 2)，用于温度测量，阻值范围是：2.7～3.2 Ω。

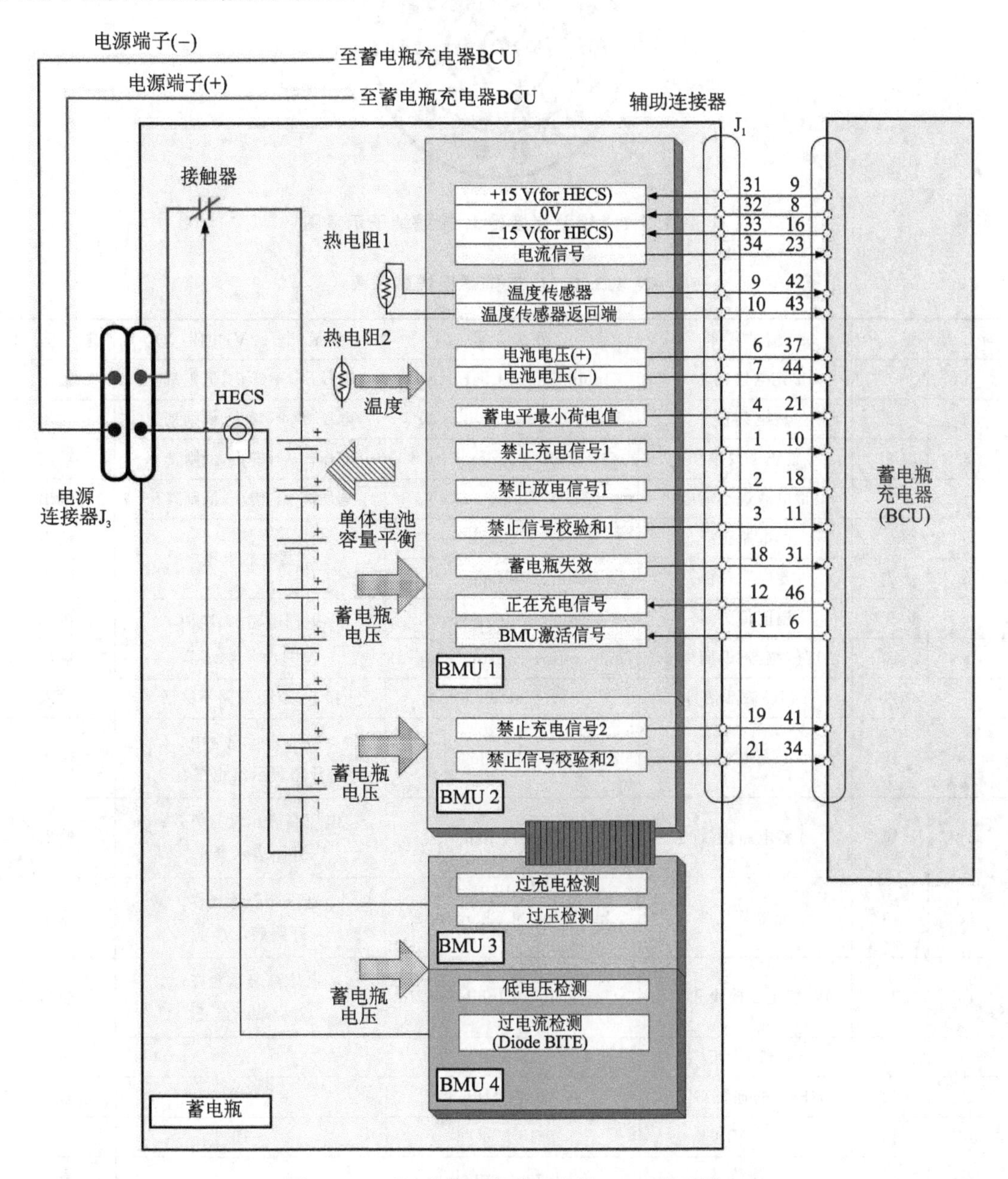

图 4.3.4　主、从蓄电瓶监视单元 BMU 原理图

1）辅助连接器 J_1

在航空锂电池的外壳上有个辅助连接器 J_1(见图 4.3.4)插座，一方面与蓄电瓶充电器 BCU 连接，另一方面与主 BMU 1 和 BMU 2 相连，图 4.3.5 所示是 J_1 插头座的端子排列图，表 4.3.1 所列是 J_1 连接器各端子上信号的列表。

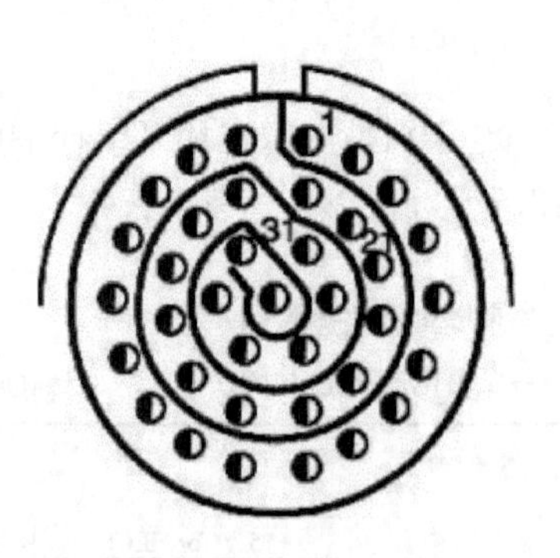

图 4.3.5　辅助连接器 J_1 接线端子示意图

表 4.3.1　J_1 连接器接线端子表

序　号	编　号	信号名称	外文注释	变量(电压/V;电阻/Ω)	输入/输出
1	1	充电禁止 1	Inhibition of Charging 1	电压高,不禁止,低则禁止	输出
2	2	放电禁止 1	Inhibition of Discharging 1	电压高,不禁止,低则禁止	输出
3	3	禁止 1 校验和	Checksum of Inhibition 1	电压高,不禁止,低则禁止	输出
4	4	蓄电瓶最小荷电	Battery Minimum SOC	电压高,不禁止,低则禁止	输出
5	6	蓄电瓶正极	Battery Voltage (+)	蓄电瓶电压	输出
6	7	蓄电瓶负极	Battery Voltage (−)		输出
7	9	温度传感器	Temperature Sensor	返回电阻值,阻值范围是 2.7～3.2	输出
8	10	温度传感器(返回信号)	Temperature Sensor (Return)		输出
9	11	BMU 激活信号	BMU Activation	接地激活;开路不接活	输入
10	12	充电中	On Charging	接地表示充电中; 开路表示禁止充电	输入
11	18	蓄电瓶失效	Battery Fail	电压高表示没有失效; 开路表示禁止	输出
12	19	充电禁止 2	Inhibition of Charging 2	电压高表示允许; 开路表示禁止	输出
13	21	禁止 2 校验和	Checksum of Inhibition 2	电压高表示允许; 开路表示禁止	输出
14	31	+15VDC	+15 VDC	15	输入
15	32	HECS 的地线 GND	GND for HECS	0	输入
16	33	−15VDC	−15 VDC	−15	输入
17	34	电流信号	Current signal		输出
18	其他端子	—		NA	—
注释	表中电压是指蓄电瓶端电压,其变化范围是 12～36 V				

如图 4.3.6 所示是航空锂电池检测点示意图,为了监视每节单体电池的电压,以保证单体电池的容量平衡以及发热和温度监控,必须布局单体电池电压检测点、总电压检测点、温度测

试点等。图中正方形框内测试标号是主测试接头对应的编号,长椭圆形框内的标号是与测试接头对应的编号,多边形框内标记的是霍尔效应传感器 HECS 检测点的编号。

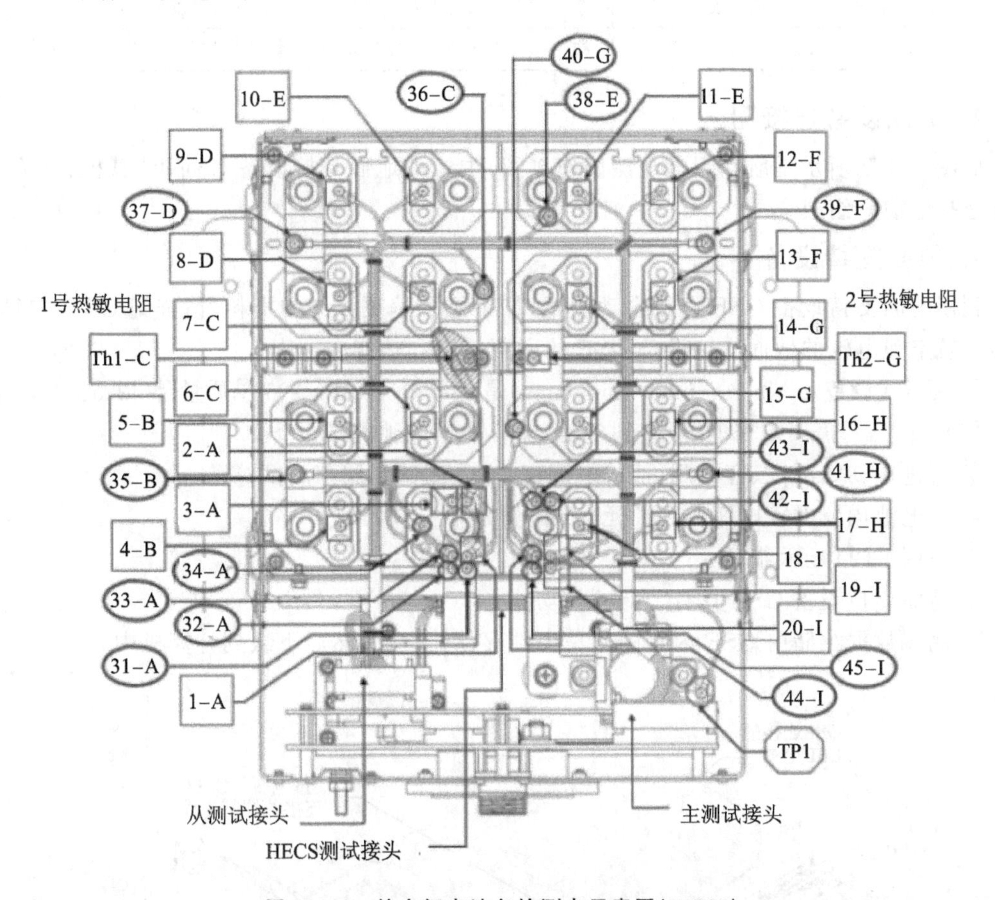

图 4.3.6　航空锂电池各检测点示意图(B3856)

在进行地面维护测试时,可用蓄电瓶地面支持设备 GSE 进行检测,各测试点通过测试插头座引出,主要有主测试接头、从测试接头及霍尔电流传感器 HECS 测试接头,除了检测各单体电池的电压外,还能检测充放电电流的大小。另外,两个温度检测传感器 Th1－C 和 Th2－G 用以监控蓄电瓶的温度。两个温度传感器布置在蓄电瓶中心部位,以便测得整个蓄电瓶温度最高的区域。

4.3.4　航空锂电池功能测试

锂电池的功能测试和故障检查,目的是查找和隔离失效的单体电池。因测试条件对结果有影响,因此必须规定测试条件。

锂电池的测试主要有外观目测检查、内部目测检查、总电压测试、各单体电池电压测试、交流 1 kHz 阻抗测试、绝缘电阻测试等。

1. 测试环境条件

对航空锂电池的测试必须在表 4.3.2 所列的环境条件下进行。

表 4.3.2　蓄电瓶测试环境条件

温　度	大气压力	相对湿度
23±5 ℃(73±9 ℉)	85～106 kPa(12.33～15.37 psi)	<85%

2. 测试设备连接图

如图 4.3.7 所示是航空锂电池测试连接图，主要由地面支持设备 GSE、计算机、交流电源及各连接电缆等组成。

3. 地面支持设备

利用地面支持设备 GSE 进行自动测试，如果想了解更详细的资料，请查阅 GSE CMM 说明书。航空锂电池的地面支持设备 GSE 的主要特点和功能有：

① 便携式设备，$w \times h \times d$(mm×mm×mm)是 386.7×443.6×236.8，质量是(12.5±2.5) kg；

② GSE 是与需要维修的“航空锂电池”兼容的蓄电池测试设备；

③ 可进行初始测试、容量测试、放电测试、充电测试和储存测试等；

④ 与电池内置的蓄电瓶监视单元 BMU 集成于一体；

⑤ 采用 LED 显示器显示；

⑥ 地面支持设备 GSE 具有“自诊断”功能；

⑦ 测试数据存储由 GSE 内置的非易失性存储器存储，然后下载到计算机中。

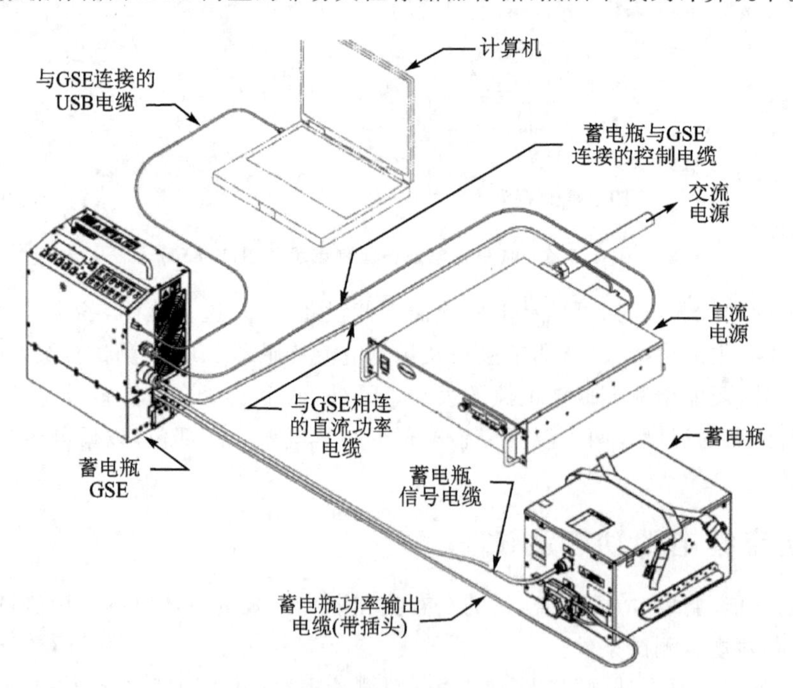

图 4.3.7　航空锂电池测试连接图

4. 测试前准备

蓄电瓶测试前应注意下列事项：

(1) 确保蓄电瓶测试环境通风良好

当有刺激气味电解质泄漏发生时，测试人员应尽快疏散到一个通风良好的地方；否则吸入体内会损害身体，可能会有喉咙干燥、呕吐或胸口疼痛等症状发生。

蓄电瓶移动后，必须进行 5 项测试，分别是：蓄电瓶外观检查、蓄电瓶总电压测试、单体电池电压测试、交流 1 kHz 电阻测试和内部目测等。测试完成后，蓄电瓶应密封封装。

(2) 佩戴抗静电腕带

当蓄电瓶的功率输出连接器 J_3 和辅助连接器 J_1 进行插拔时，需要佩戴抗静电腕带。

(3) 谨慎使用地面支持设备 GSE 进行操作

充电或放电时，请使用蓄电瓶地面支持设备 GSE，否则可能会出现意想不到的问题，例如，都有可能发生电池的过热、释放有害气体和引发火灾等。

(4) 熟读维护手册

在进行有关的操作之前，必须阅读仪器设备的使用说明书、蓄电瓶组件维护手册(CMM)，熟练掌握蓄电瓶的 GSE 操作。

(5) 做好危险品警告标记

航空锂电池储存的能量大，搬运和使用时应十分小心，应避免短路或使用不当，否则会产生电能的失控，发生剧烈的化学反应以及大热量的释放。

(6) 记录测试数据的下载和保存

GSE 内部带有存储器，测试完毕后可以下载测试数据到计算机。需要注意的是存储器的存储能力大约是两组蓄电瓶的测试数据，当超过测试数据后会溢出。因此，每完成两组蓄电瓶测试，就要进行下载并存储到计算机中，否则会造成测试数据丢失。

5. 测试操作设置

需要说明的是，在使用蓄电瓶地面支持设备 GSE 之前，必须阅读 CMM 维护手册，并充分了解 GSE 的功能、操作和禁止方式等。

1) 工具、夹具和设备

操作中需要使用的专用工具、夹具、材料和设备如表 4.3.3 所列。

表 4.3.3　专用工具、夹具和设备清单

序　号	名　称	主要技术要求	生产厂家
1	蓄电瓶地面支持设备	B3924－001 Y28－0799 修订版 1 或者 B3924－002 Y28－0799 修订版 2	泰勒斯航空电子电气(法)
2	蓄电瓶 GSE 的直流电源	额定功率：3 400 W 输出电压：0～40 V，电流 0～85 A 保护功能 可调过压保护 OVP，欠压锁定， 可调电流设定，过温保护 可编程设置 0～5 V，0～10 V，由用户选择 接口：RS－232/RS－485 标准	市售
3	高精度万用表	范围：0～5 V，0～50 V 精度等级：±0.5%	市售

续表 4.3.3

序　号	名　称	主要技术要求	生产厂家
4	温度计	范围:0～100 ℃(32～212 ℉)	市售
5	兆欧表	直流 2.31 kV,关断电流 0.5 mA	市售
6	毫欧表	交流 1±0.2 kHz	市售
7	标准电池脱开插头	插头零件号:MS 25182-2 接线条:镀镍铜连接条,如图 4.3.8 所示 极性标记带 1. 正极性标记带红色(图 4.3.8) 2. 负极性标记蓝色(图 4.3.8)	插头:可再生塑料, 美国宾夕法尼亚州沃灵顿 富兰克林大道 150 号,18976。
8	抗静电腕带	腕带电阻:R_P<0.1 mΩ 腕带编码的电阻:0.75 mΩ<R_e<5 mΩ	市售
9	抗静电垫子	表面电阻 R_S:10 kΩ<R_S<10 000 MΩ	市售
10	电气连续指示器	导线束电气连续性视觉检查器	本地制造
11	计算机	操作系统 XP 等	市售

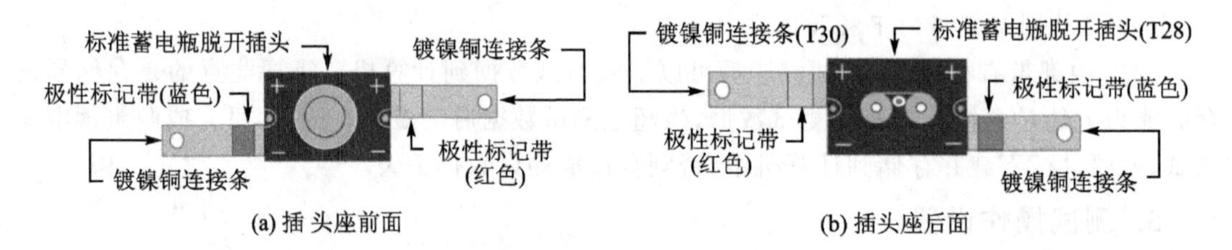

图 4.3.8　标准电瓶脱开插头座

2) 耗　材

耗材如表 4.3.4 所列。

表 4.3.4　耗材种类

序　号	名　称	规格或零件编号	来　源
1	温度测量	温度测试范围 65～90 ℃	市售
2	机械工具	标准机械师工具	市售
3	固定胶带	PTFE 玻璃胶带	市售
4	扭矩标记用涂层	乙烯基氯树脂涂层	市售
5	非金属插针	绝缘性能好的扭矩标记	市售

3) 操作流程

如图 4.3.9 所示是蓄电瓶测试与故障隔离测试流程图。

在蓄电瓶使用中常会出现故障,根据故障现象进行分析、判断、定位和隔离,对提高蓄电瓶的使用效率十分重要。

航空锂电池有 8 个单体电池,单体电池使用情况要一致,不能有不平衡;否则,蓄电瓶的整体性能下降或出现故障,甚至会出现意想不到的后果,如蓄电瓶过热、释放气体、发生火灾等。

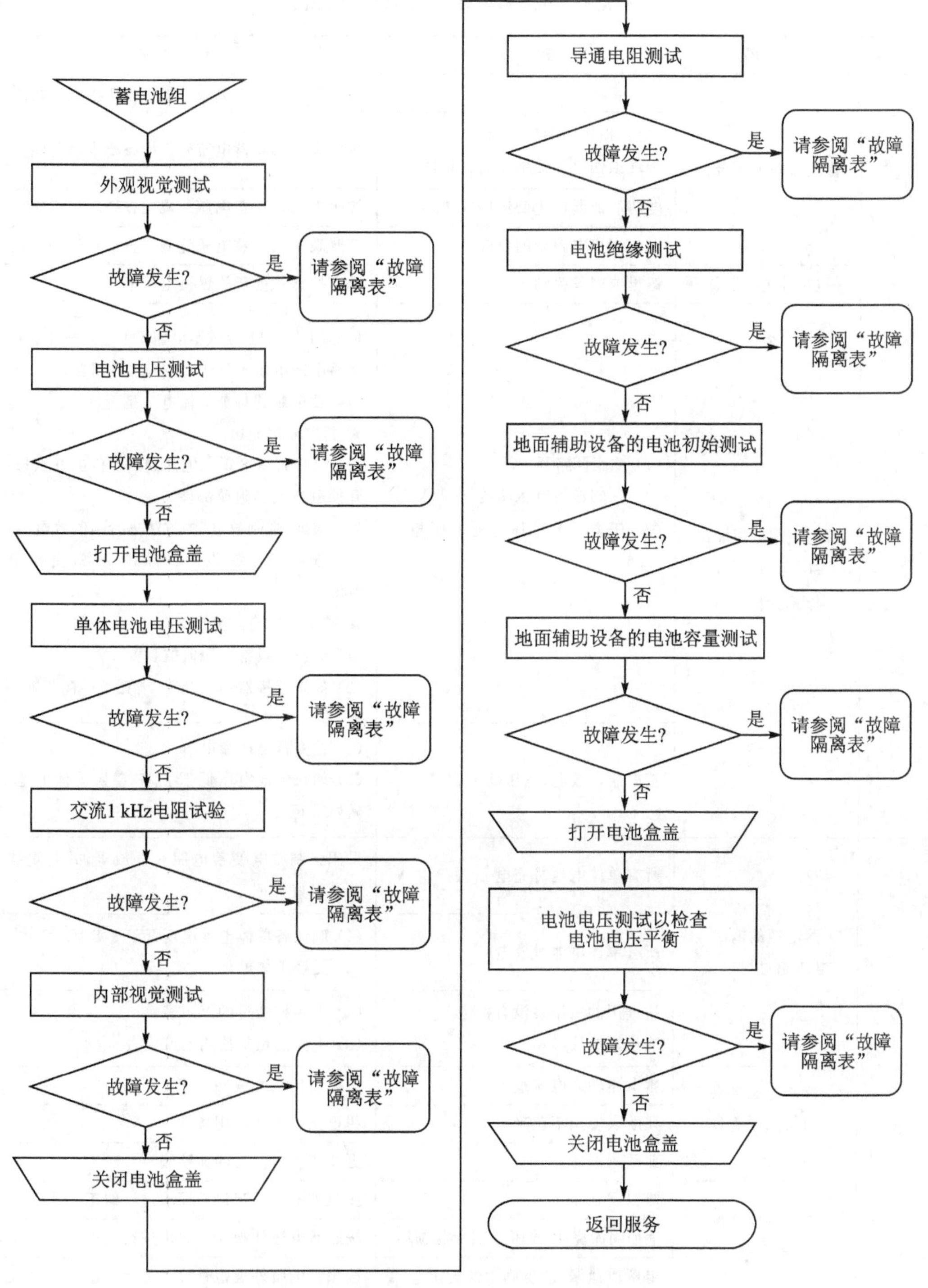

注：流程图中的“故障隔离表”是指表 4.3.5 故障隔离表(B3856)。

图 4.3.9　蓄电瓶测试与故障隔离测试流程图

蓄电瓶的地面支持设备 GSE 可以进行故障检测和自动隔离。有关检测的信息、代码及结果可以查阅具体设备的使用说明书。表 4.3.5 所列是航空锂电池 B3856 的故障隔离表。

表 4.3.5　故障隔离表(航空锂电池 B3856)

测试步骤	故　障	致　因	纠正措施
1	蓄电瓶外观不合格	难以辨认	按照表 4.3.6 蓄电瓶外观检查要求进行纠正
		烧伤、损坏的油漆表面， 物理损伤会降低结构的完整性	按照表 4.3.6 蓄电瓶外观检查要求进行纠正
		电解质泄漏产生刺激性气味	按照表 4.3.6 蓄电瓶外观检查要求进行纠正
		电池漏出电解质的痕迹	按照表 4.3.6 蓄电瓶外观检查要求进行纠正
	扭矩标记不匹配	螺母或螺丝松动	重新拧紧并重新放置扭矩标记
2	蓄电瓶端电压输出 插座 J_3 的输出 电压小于 22 V	(1) 插座开路开 (2) J_3 的输出电压超过 36.5 V (3) 任意一节单体电池电压超过 4.55 V	根据图 4.3.11 测试蓄电瓶 H1 点处电压。 如蓄电瓶电压不低于 22 V,接触器断开。 检查蓄电瓶的每节单体电池是否过充。 ★ 蓄电瓶过充电 (1) 脱开 HECS 霍尔电流测试器件的开螺母,断开接触器及其附属部件。 (2) 根据“强制放电”的方法进行强制放电。 (3) 根据厂家提供的产品说明书,更换单体电池。 ★ 蓄电瓶没有过充电 (1) 更换次级蓄电瓶监控装置 。 (2) 如果连接器仍然开路,请更换连接装置
		蓄电瓶过放电,电压低于 22 V	(1) 检查蓄电瓶端电压。 (2) 如果电池电压低于 22V,替换单体电池,并做好标记
3	蓄电瓶的输出 电压超过规定值	所有单体电池过充电	采用强制放电使蓄电瓶充分放电,并将更换的电池做好标记
		所有单体电池过放电	(1) 确认各单体电池电压低于 3.8 V。 (2) 更换单体电池
		检查用的三用表没有标定， 或过期或故障	(1) 采用校准过的万用表。 (2) 更换能正常使用的万用表
	单体电池交流 阻抗大于 1 Ω (测试频率为 1 kHz)	蓄电瓶输入电流过大	更换连接器并做好标记
		兆欧表使用不正确	纠正兆欧表的使用条件
		兆欧表故障	更换能正常使用的兆欧表
4	组件特性检查 不合格	难以辨认	按照蓄电瓶外观检查要求进行纠正
		表面喷涂烧蚀、损坏,整体结构损坏	按照蓄电瓶外观检查要求进行纠正
		电解质泄漏,产生刺激性气味	按照蓄电瓶外观检查要求进行纠正
	转矩标记不匹配	螺母、螺钉松动	根据要求旋紧螺母,并重置力矩

续表 4.3.5

测试步骤	故　障	致　因	纠正措施
5	对地电阻 大于 0.001 Ω	蓄电瓶的表面烧蚀、损坏将 影响到整体结构	按照表 4.3.6 蓄电瓶外观检查要求进行纠正
		兆欧表表笔与被测螺母、 螺钉的测点之间接触不良	用正确的测试方法再测试
		兆欧表使用不当	采用正确的测试条件
		兆欧表故障	使用好的兆欧表
6	漏电流大于 0.5 mA	电解液泄漏	按照蓄电瓶分解和清洁方法进行
		绝缘故障	按照蓄电瓶绝缘检测要求进行
		被外来颗粒物污染	按照要求进行清洁
		电压表故障	使用正常的电压表
		电压表的电压设置不当	重新正确设置
7	蓄电瓶 GSE 指示“出错”	GSE 自检和自诊断失效	采用正常的 GSE 设备
8	温差超出规定的 ±5 ℃范围	蓄电瓶不同部位温度差超出范围	用热电偶测试连接条的表面温度， 确保表面温度 T_{DM} 与蓄电瓶温度 T_{BATT} 的温差不超过±5 ℃
		热敏电阻故障	更换热敏电阻
		主蓄电瓶监控装置故障	更换主蓄电瓶监控装置
9	GSE 不能自动测试	测试设置有误	进行正确的设置
		GSE 故障	采用完好的 GSE
10	蓄电瓶 GSE 指示 “出错”	GSE 无法测试蓄电瓶	根据 GSE 的故障代码纠正
	GSE 无法显示 测试结果	GSE 故障	采用完好的 GSE
11	蓄电瓶初始化测试 开关不亮	蓄电瓶 GSE 指示“出错”	按照蓄电瓶的 GSE 故障处理方法执行
		GSE 故障	采用完好的 GSE
12	GSE 不能指示 “正常结束”	GSE 故障	采用完好的 GSE
13	无法下载数据	参数设置不正确	采用正确的测试设置
		GSE 故障	采用完好的 GSE
	数据下载不正确	数据重写	重做一次测试 测试后下载数据
14	所有开关失效	在蓄电瓶初始测试时， GSE 测试蓄电瓶失效	确认 GSE 指示“错误”， 根据错误代码采取合适的措施
		GSE 故障	采用完好的 GSE

续表 4.3.5

测试步骤	故　障	致　因	纠正措施
15	GSE 指示有误	GSE 无法检测电瓶	进行 GSE 维修
	GSE 无显示结果	GSE 故障	采用完好的 GSE 设备
16	蓄电瓶的容量不足	接近寿命期	容量<50 A・h 时，请更换单体电池。容量>50 A・h 时按图 4.3.10 的间隔进行容量测试
		计算有误	使用完好的 GSE
17	无法下载数据	设置有误	重新设置
		GSE 故障	使用完好的 GSE
	下载数据不正确	数据被改写	再次测试，测试后重新下载

进行蓄电瓶容量测试时，两次试验的时间间隔必须按照规定进行，如图 4.3.10 所示是蓄电瓶容量测试最大允许时间间隔的关系曲线。

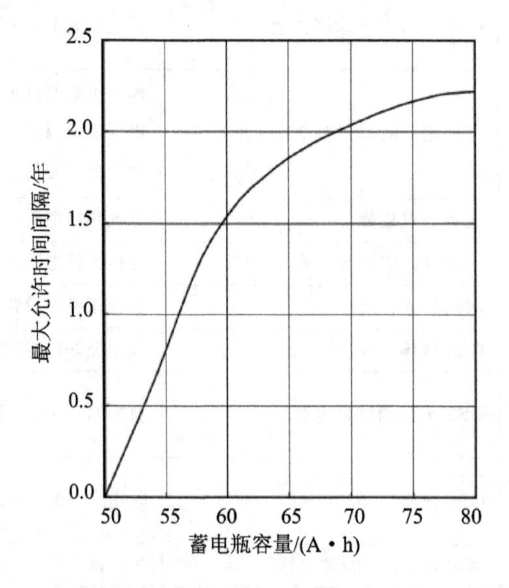

图 4.3.10　蓄电瓶容量测试最大允许时间间隔

4）测试过程中的注意事项

① 绝不允许酸性物质进入碱性锂电池生产作业空间，例如即使少量的铅酸电池产生烟雾或少量硫酸进入锂电池，也会造成永久性损害。

② 不允许其他碱性电瓶与锂电池混合摆放，同样，来自镍镉蓄电瓶的烟雾或少量的氢氧化碱溶液进入锂电池，也会造成永久性的损害。

③ 发现电解质泄漏或刺激性气味时，应将蓄电瓶移至通风良好的地方；否则会损害健康，出现喉咙干燥、头痛、呕吐或胸口疼痛等体征。

④ 搬动蓄电瓶后，应进行试验规定的测试：电池外观测试、蓄电瓶输出电压测试、各单体电池电压测试、交流电电阻试验和内部目测。完成测试后，必须将蓄电瓶装进耐电解液腐蚀的（如聚丙烯材料）口袋中，并密封其顶部。

⑤ 蓄电瓶的 J_1 插头用于输出热敏电阻的信号，其接插头盖或连接到 J_1 的信号连接器需要做防静电处理。

⑥ 充电或放电时，即使使用蓄电瓶的地面支持设备 GSE，也要注意安全，也有可能会出现意想不到的麻烦，例如，电能热量的产生、释放气体、着火等。

⑦ 操作之前，必须细读蓄电瓶的组件维护手册（CMM），充分了解蓄电瓶的 GSE 操作，防止意外。

⑧ 航空锂电池是高能储能装置，在使用时应谨防短路，防止不受控制地快速放电、剧烈的化学反应或热能释放。

⑨ 测试结果可以存储在 GSE 自带的存储器中，可以下载。需要注意的是，存储器的存储能力大约是两组蓄电瓶的测试数据。如果存储数据溢出，则内存被新的测试数据覆盖，可能会造成测试数据丢失，需要重新测试。

4.3.5　航空锂电池测试项目

航空锂电池主要的测试项目有外观目测检查、蓄电瓶输出电压（总电压）测试、单体电池测试（端电压和交流 1 kHz 阻抗测试）、蓄电瓶内部目测、接地螺栓电阻测试、蓄电瓶绝缘测试、蓄电瓶初始测试、蓄电瓶容量测试等。

1. 外观检查

表 4.3.6 所列的 1～5 项是外观检查内容，6～8 项是需要进行力矩测试的螺母和螺钉。应根据表 4.3.6 所列外观检查要求进行，测试时把蓄电瓶放置在平台上，进行目测检查。

表 4.3.6　蓄电瓶外观检查要求

序　号	零件、部件	检　查	纠正措施
1	接地螺栓及其周围	烧蚀，表面损坏，物理结构损伤，不可修复	拆除和更换
		蓄电瓶表面脏	按照要求清洁
		表面腐蚀	拆卸腐蚀部件，用新部件更换
2	输入/输出 J_3 连接器外露部分	烧蚀与损坏，且影响使用	更换
3	J_1 主蓄电瓶监视装置的 J_1 连接器	烧蚀与损坏，且影响使用	更换
4	蓄电瓶箱体	烧蚀，表面涂层损坏，物理结构损伤，不可修复	修理表面涂层，如果结构损坏，则替换
		电解液泄漏释放出刺激性气味	将蓄电瓶移至通风处再进行测试和故障隔离
		有电解液泄漏的痕迹	将蓄电瓶强制放电，然后再进行外观检查。当发出的气味太浓时，将电池放入防电解质塑胶袋（如聚丙烯袋），密封
5	蓄电瓶箱盖暴露	烧蚀，表面涂层损坏，物理结构损伤，不可修复	修理表面涂层，如果结构损坏，则替换

续表 4.3.6

序　号	零件、部件	检　查	纠正措施
6	(例如 240 号)螺母力矩标记	力矩标记错误配制	按手册进行纠正
7	(例如 280,420A)螺丝力矩标记	力矩标记错误配制	按手册进行纠正
8	(例如 240 号)螺丝力矩标记	力矩标记错误配制	按手册进行纠正

此外,还要根据需求对有力矩要求的地方进行检查,例如蓄电瓶外部螺母,外观检查后填写在相应的检查表中。限于篇幅,不再罗列。

如图 4.3.11 是蓄电瓶外观检查示意图,先把蓄电瓶平稳放好,拆卸蓄电瓶箱体上的输入/输出 J_3 连接器的插头,立即将防尘盖盖住 J_3 连接器,以防外来物进入 J_3 连接器中。

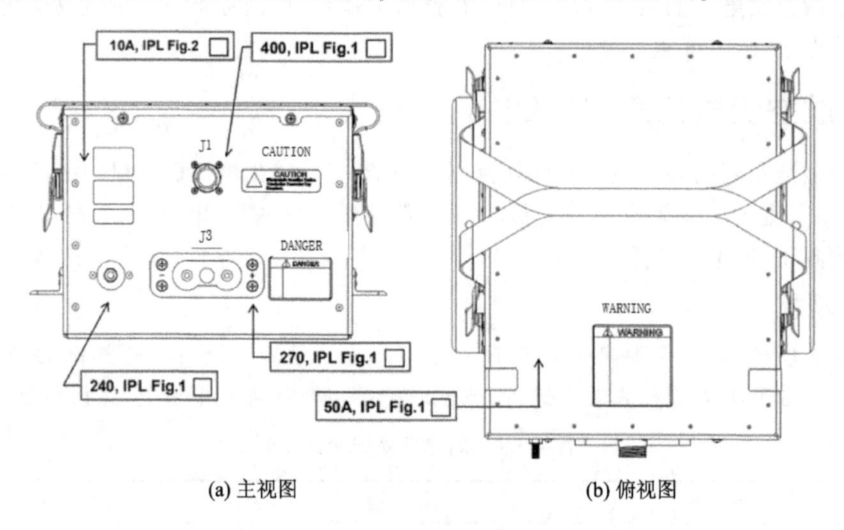

(a) 主视图　　(b) 俯视图

图 4.3.11　蓄电瓶外观检查示意图

外观检查后,根据表 4.3.6 的 6～8 项需要进行力矩测试,主要测试的是如图 4.3.12 所示的螺母力矩。

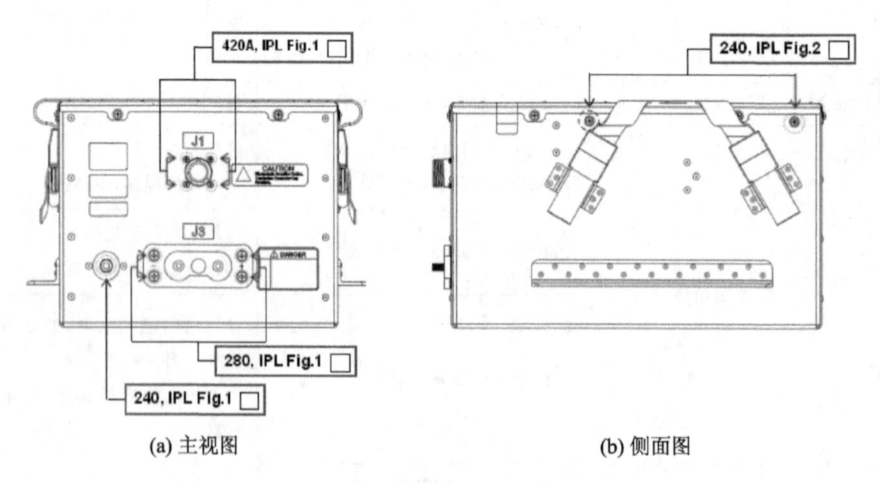

(a) 主视图　　(b) 侧面图

图 4.3.12　螺母力矩检测图

2. 蓄电瓶总电压测试

如图 4.3.13 所示是蓄电瓶电压测试示意图，用精密数字电压表测试蓄电瓶输入/输出 J_3 连接器上的电压。测试时，需拆下防尘盖，测试完毕后盖上防尘盖。

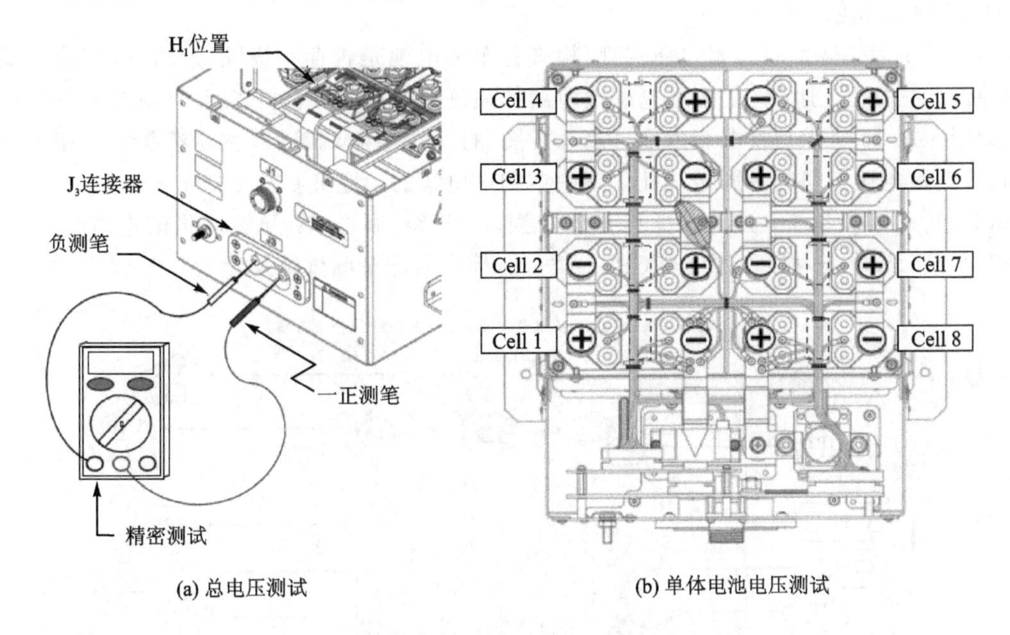

(a) 总电压测试　　(b) 单体电池电压测试

图 4.3.13　蓄电瓶电压测试设置图

需要注意的是，当上述测试结果超出标准时，可测量图 4.3.13(a)中 H_1 位置的电压。H_1 位置的电压是指单体电池 1 的负端与单体电池 8 的正端之间的电压，也就是蓄电瓶的总电压。

3. 单体电池测试

单体电池测试主要是电压测试和交流 1 kHz 阻抗测试。测试每个单体电池的电压，可知电池间是否平衡，请按图 4.3.13(b)电路连接，按表 4.3.7 所列内容测试和记录。

表 4.3.7　单体电池电压和电阻测试

序　号	电池编号	单体电池电压				电阻(交流 1 kHz)			
		结果/V	范围/V	合　格	不合格	结果/Ω	范围/Ω	合　格	不合格
1			2.1～4.2				≤0.1		
2									
3									
4									
5									
6									
7									
8									

4. 蓄电瓶箱体内部目测检查

蓄电瓶箱体内部目测的目的是检查蓄电瓶内部部件的配置是否良好。测试步骤如下：

① 将蓄电瓶放在测试平台上；

② 拆下蓄电瓶背带和背带调节器；

③ 拆除电池箱盖；

④ 除去上部绝缘盖。

拆下蓄电瓶端盖后目测蓄电瓶端部，检查各单体电池是否存在烧蚀、短路、电解液泄漏或其他冲击和损坏，特别关注是否有电解液泄漏的痕迹。如果都符合要求，请继续检查其他项。

如图 4.3.14 所示是蓄电瓶内部目测示意图，打开蓄电瓶端盖后，主要察看蓄电瓶内部的端面、检查蓄电瓶电缆的各固定线扎。图中主测试电缆的固定夹 CPT1(Cable ties for fixation of ain harness)共 6 个，主要检查其有没有损坏、开裂、腐蚀、断开等。测试电缆的固定夹 CTP2 共 11 个，检查内容和方法与 CPT1 类似。检查后记录测试结果。

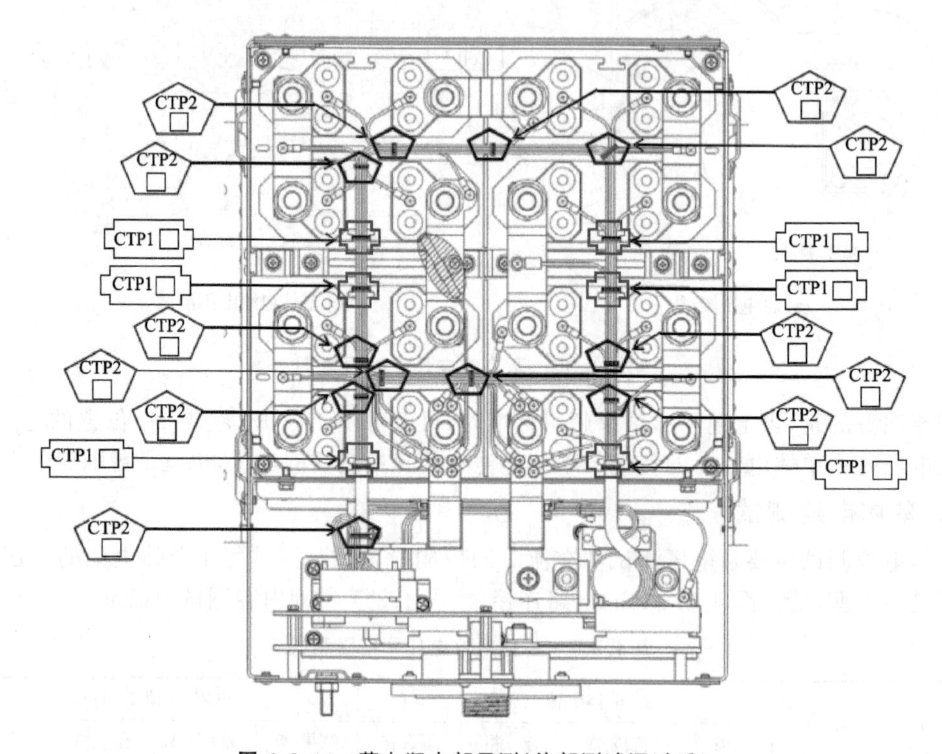

图 4.3.14　蓄电瓶内部目测(外部测试通过后)

当完成各测试电缆的线扎后，再检查单体电池间的连接条，如图 4.3.15 所示是蓄电瓶内部力矩标记检查，主要针对图中标记的螺母检查其力矩是否符合规定。需要检查的螺母共有 34 个，其中正方形标记的有 14 个，五边形标记的有 8 个，圆形标记的有 12 个。

此外内部检查还需检查蓄电瓶与蓄电瓶监视单元之间的连接导线(导线束)及其固定螺母，特别是对有力矩要求的螺母，需要进行力矩检查，限于篇幅，不再详述。

5. 接地电阻测量

为了测试蓄电瓶箱体的接地是否良好，必须对接地桩进行接触电阻测试。如图 4.3.16 所示是接触电阻测试图。测试步骤如下：

① 把电池放在平桌子上；

② 按照图 4.3.16 进行测试设置；

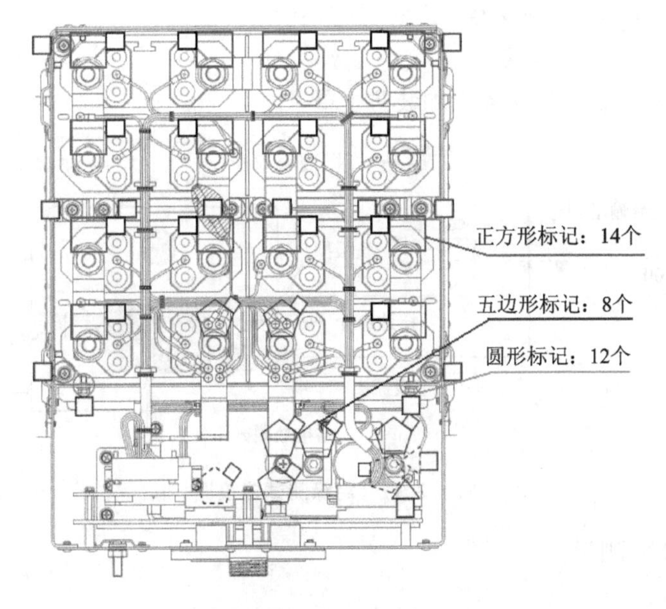

图 4.3.15　蓄电瓶内部力矩标记检查(通过外部检查)

③ 用毫欧表测量接地桩与无涂层区域之间的接触电阻；

④ 将结果记录在相关检查单中；

⑤ 测量的接触电阻≤0.001 Ω 表示合格。

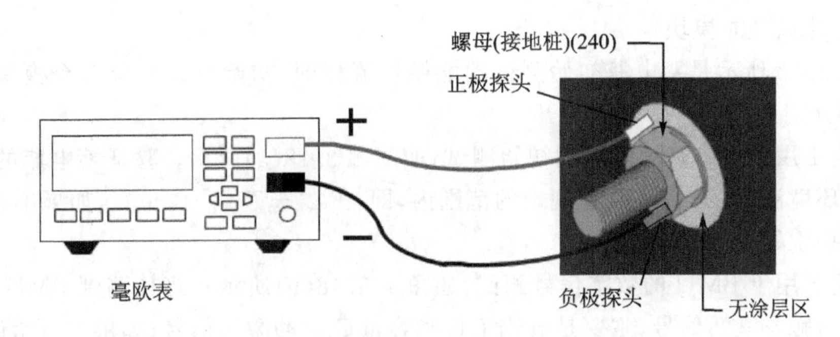

图 4.3.16　接触电阻测试图(接地桩与无涂层区)

6. 蓄电瓶绝缘测试

蓄电瓶的正、负极柱不应与蓄电瓶箱体有短路现象，通常用兆欧表进行绝缘测试。在使用兆欧表前必须了解兆欧表的选择和使用方法。由于兆欧表的输出电压会很高，谨防触电。

如图 4.3.17 所示是蓄电瓶绝缘测试连接图，用兆欧表对已经装配好的蓄电瓶进行绝缘检查，其主要测试步骤如下：

① 从蓄电瓶输入/输出连接器上拆下灰尘盖；

② 按照图 4.3.17 绝缘测试连接图进行连接；

③ 耐压测试仪的“正极探头”与单体电池的“负极”连接；

④ 耐压测试仪的“负”端子与“接地桩”连接；

⑤ 将 2 130 V 的直流电压加在单体电池上 1 min；

⑥ 将结果记录在相关检查表中；

⑦ 泄漏电流≤0.5 mA 合格；

⑧ 在蓄电瓶输入/输出连接器上加装防尘罩。

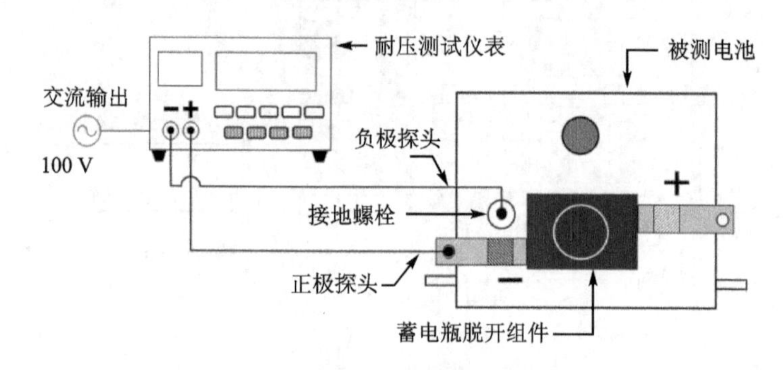

图 4.3.17 绝缘测试连接图

7. 蓄电瓶初始测试

1）初始测试连接

航空锂电池通常要进行初始测试，主要是检查热敏电阻、BMU 的自检、连接器、蓄电瓶电压值和霍尔电流互感器等的工作状况。通常初始测试需要使用地面支持设备 GSE 进行，GSE 周围 50 cm 的范围内，应清除杂物。请参考图 4.3.7 所示的航空锂电池测试连接图，更详细的操作请参考使用说明书。

2）初始测试功能模块

如图 4.3.18 所示是蓄电瓶初始测试功能模块流程图，初始测试共分 5 个模块进行，5 个模块的功能分别是：

① 模块 1 用于 1 号热敏电阻的初始测试，如图 4.3.18(a)所示。验证蓄电瓶的温度 T_{BAT} 与 BMU 的环境温度 T_{AMB} 是否在规定的范围内，即 $|T_{BAT}-T_{AMB}|<5$ ℃，如果不在规定的范围内，则参阅相关的故障隔离表。

② 模块 2 用于 BMU 的数字信号测试，如图 4.3.18(b)所示。当检测到 BMU 无故障时，输入 BMU 的触发激活信号，主要是电流 I 位和容量 C 位的激活信号；如果发生错误将生成错误代码。

③ 模块 3 用于接触器的检查，如图 4.3.18(c)所示。使用时先使“充电”接通，接触器断开，检查 BMU 的 C 位。如果有错误，则生成错误代码；如果没有错误，则闭合接触器，进行 BMU 的 C 位检查。完成后进入模块 4 的流程，如果有错误，则生成错误代码。

④ 模块 4 用于测量蓄电瓶电压，如图 4.3.18(d)所示。如果实测电压 U_p 与给定电压 U_s 满足 $|U_p-U_s|<0.03$ V，则进入下一步测试；如果不合格，则生成错误代码。

⑤ 模块 5 用于在短时间内放电电流测试，如图 4.3.18(e)所示。如果蓄电瓶放电电流 I_{BAT} 与 GSE 的测试电流 I_{GSE} 不在规定的范围内，即 $|I_{BAT}-I_{GSE}|\geqslant 3$ A，则生成错误代码。如果在规定范围内，则进入下一步测试。

完成上述模块测试后，需要对 2 号热敏电阻进行检查，如图 4.3.18(f)所示。检查方法是，打开蓄电瓶端盖，加热 2 号热敏电阻，热敏电阻加热可使用手持干燥器（例如电吹风）。如果符合手册要求，则测试结束，盖好蓄电瓶端盖。

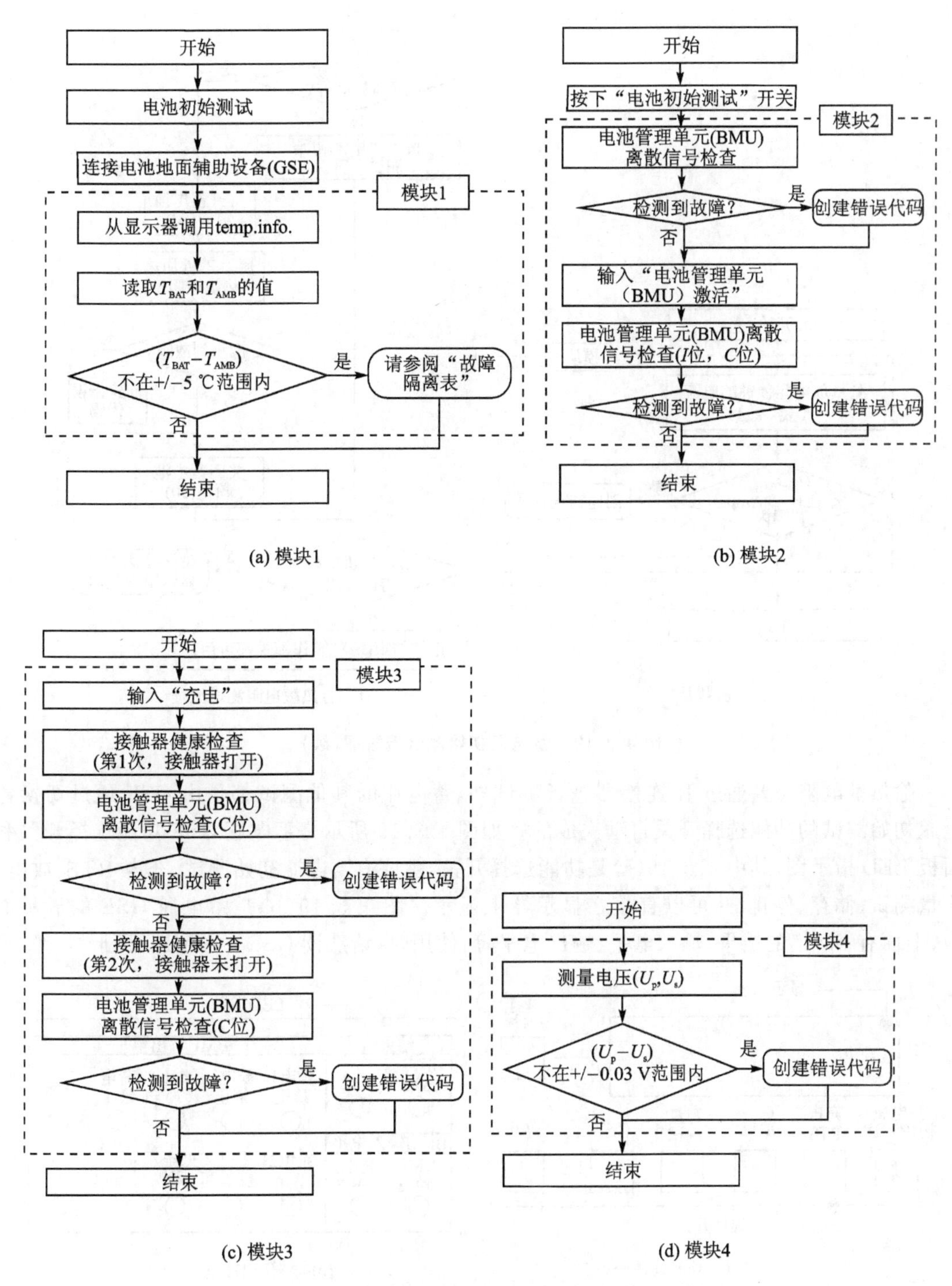

图 4.3.18　蓄电瓶初始测试流程图

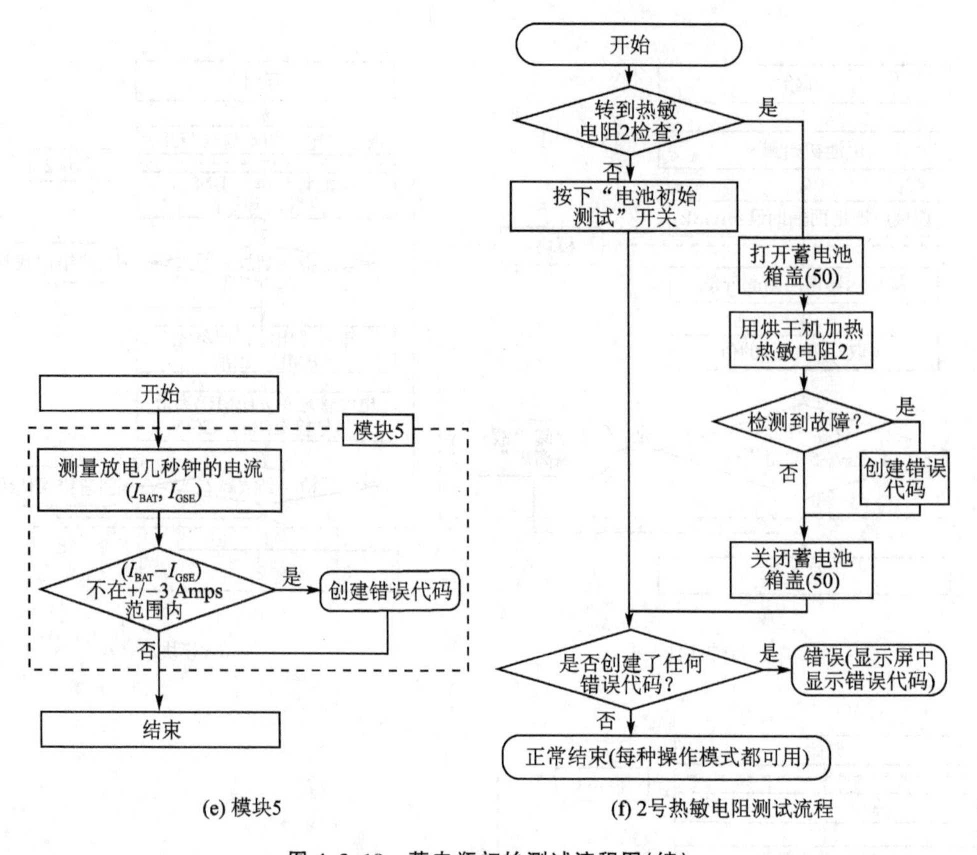

图 4.3.18　蓄电瓶初始测试流程图(续)

除热敏电阻 1 要通过 J_1 连接器进行测试外，蓄电瓶的其他测试都是由 GSE 通过切换蓄电瓶初始测试的功能选择开关自动完成的。如图 4.3.19 所示是蓄电瓶 GSE 功能选择开关和面板 LED 指示图，其中 4.3.19(a)是功能选择开关，主要有蓄电瓶初始测试、充电 RTS、放电、容量测试、储存、停止，并可以直接在显示器上显示。图 4.3.19(b)是蓄电瓶 GSE 的显示面板，上面有 BMU 的结果、输入电平、输出电平等，使用时，请熟读 GSE 的 CMM 手册。

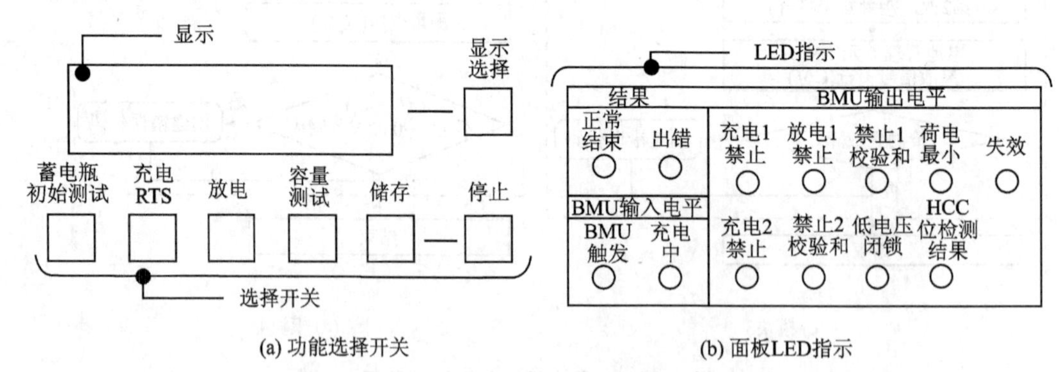

图 4.3.19　蓄电瓶 GSE 功能选择和指示

如表 4.3.8 所列是蓄电瓶初始测试的判断准则，例如 1 号热敏电阻的检查，只有当电瓶温度和 GSE 的环境温度差小于±5 ℃时合格，才能进入下一步的测试。

表 4.3.8 蓄电瓶初始测试的判断准则(B3856)

<table>
<tr><th>序 号</th><th>测试内容</th><th colspan="2">判断准则</th></tr>
<tr><td>1</td><td>1 号热敏电阻检查</td><td colspan="2">蓄电瓶的温度与 GSE 环境温度的范围是：$|T_{BAT}-T_{AMB}|<5$ ℃</td></tr>
<tr><td rowspan="12">2</td><td rowspan="12">蓄电瓶和 BMU 工况检查</td><td colspan="2">电池 BMU 输出电平信号</td></tr>
<tr><td>BMU 输出电平</td><td>LED 指示灯状态</td></tr>
<tr><td>充电禁止 1 * 1</td><td>亮</td></tr>
<tr><td>放电禁止 1 * 1</td><td>亮</td></tr>
<tr><td>禁止校验和 1 * 1</td><td>亮</td></tr>
<tr><td>蓄电瓶荷电最小 * 1</td><td>取决于电池电压。
蓄电瓶电压≥31.85 V 时亮
31.75 V$\leqslant U_{BAT}\leqslant$31.85 V 时，可亮也可灭
蓄电瓶电压≤31.75 V 时灭</td></tr>
<tr><td>蓄电瓶失效 * 1</td><td>亮</td></tr>
<tr><td>充电禁止 2 * 1</td><td>亮</td></tr>
<tr><td>禁止校验和 2 * 1</td><td>亮</td></tr>
<tr><td>低电压闭锁 * 1，* 2</td><td>亮</td></tr>
<tr><td>大电流充电 BIT 结果 * 1，* 2</td><td>亮</td></tr>
<tr><td colspan="2">* 1：LED 指示灯的状态与主 BMU 信号输出状态的关系
- LED 灯“ON”表示 U_{BAT} 信号电平高
- LED 灯“OFF”表示 U_{BAT} 信号电平低(0 V)
* 2：专门用于蓄电瓶 GSE 的 BMU 输出电平</td></tr>
<tr><td>3</td><td>接触器检查</td><td colspan="2">蓄电瓶 BMU 接收来自 GSE 的首次充电信号，而使接触器接通
蓄电瓶 BMU 接收来自 GSE 的下一个充电信号，因此不发出接触器动作信号
请注意：接触器动作与否是通过立即切断或接通蓄电瓶功率输出线路实现的</td></tr>
<tr><td>4</td><td>蓄电瓶电压精度检查</td><td colspan="2">功率输出端的电压 U_p 和通过 BMU 测得的电压 U_s，其差别在±0.03 V 范围内</td></tr>
<tr><td>5</td><td>霍尔电流传感器检查</td><td colspan="2">蓄电瓶内部测得的电流 I_{BATT} 和蓄电瓶 GSE 内部测得的电流 I_{GSE} 之间的差在±3 A 范围内</td></tr>
</table>

当完成初始测试后，才能对蓄电瓶进行各功能测试。

3) 初始测试的操作

① 根据图 4.3.7 所示的蓄电瓶初始测试连接图，将蓄电瓶(BU)、GSE、直流电源和计算机连接放置好；

② 根据图 4.3.7，将带插头的蓄电瓶功率输出电缆、蓄电瓶信号电缆、直流电源线一起与蓄电瓶 GSE 对应的端口相连；

③ 开启直流电源，并在直流电源面板上进行设置，使其输出为“28 V，10 A”；

④ 按下直流电源面板上“输出”开关，就可以向蓄电瓶 GSE 提供 28 V 的直流电源了；

⑤ 启动 GSE，进行“自诊断”，为正常测试做准备；

⑥ 利用 GSE 对被测蓄电瓶进行测试，测试时应注意确保佩戴抗静电腕带，且抗静电腕带与地线连接。实验完成后，把抗静电腕带拆下。

初始测试全部完成后，请保存测试结果，进行分析和判断。

8. 蓄电瓶容量测试

蓄电瓶容量测试的目的是验证使用中的蓄电瓶的电池容量。通常在容量测试前要进行蓄电瓶的初始测试，利用地面支持设备 GSE 可以进行容量测试和判断。蓄电瓶的容量测试流程请按图 4.3.20 所示进行。

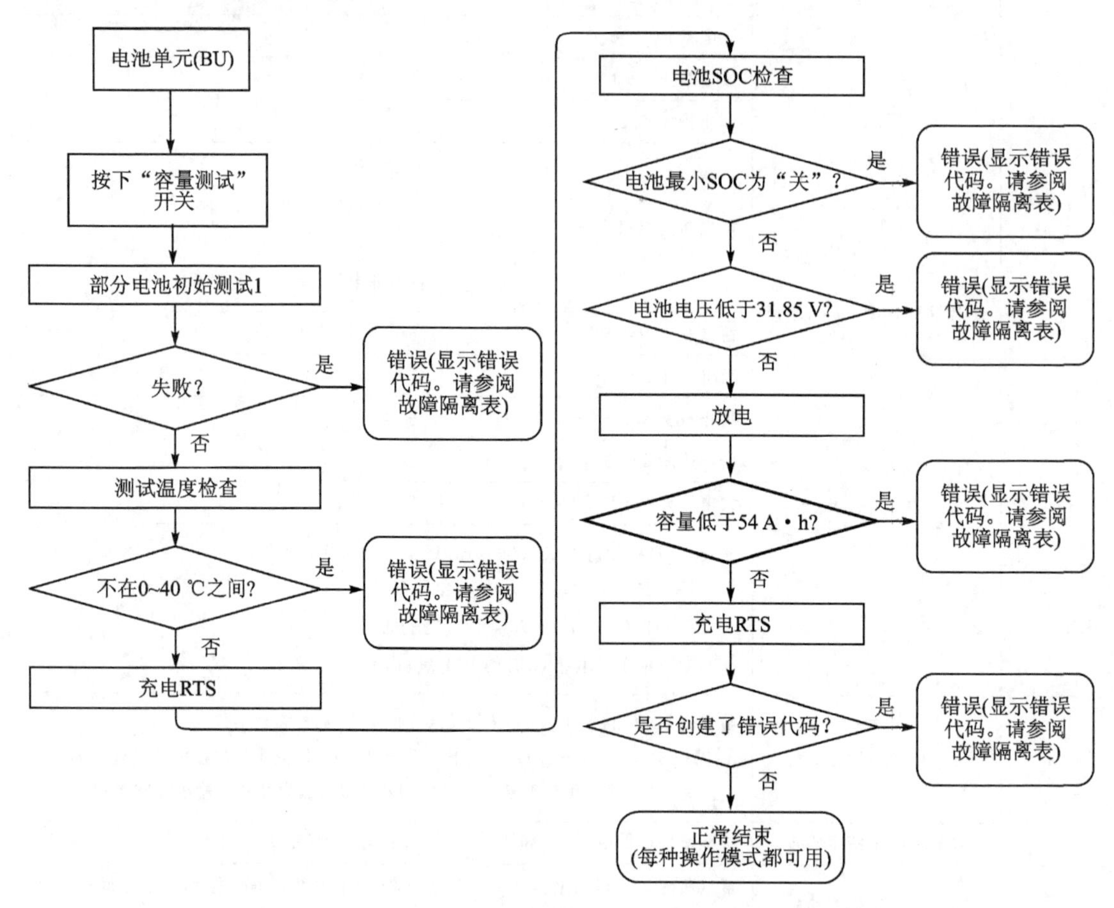

图 4.3.20 蓄电瓶容量测试流程图(B3856)

蓄电瓶容量测试按表 4.3.9 蓄电池容量测试的判断准则所列内容进行。

表 4.3.9 蓄电池容量测试的判断准则

序 号	测试内容	操作及其判断条件
1	蓄电瓶部分初检	蓄电瓶、BMU 和接触器是否良好，蓄电瓶电压检查。根据蓄电瓶初检要求判断
2	测试温度校验	试验温度由下列温度确定，即 * 1：T_{BAT} 是通过 J_1 连接器测量的 * 2：T_{AMB} 是蓄电瓶 GSE 工作的环境温度。温度范围为 5～40 ℃
3	维护时的充电 RTS	充电条件和充电方法：恒流 50 A 充电、恒压 32.2 V 充电、充电结束电流 5 A；利用 BMU 监测蓄电瓶的状况，充电期间监测 HECS 的信号
4	荷电 SOC 检查	满足蓄电瓶最小荷电量要求，或者蓄电瓶端电压大于 31.8 ℃

续表 4.3.9

序　号	测试内容	操作及其判断条件
5	蓄电瓶放电状况检查	(1) 放电条件和方法：恒阻放电(电流接近 50 A) (2) 停止放电条件：蓄电瓶电压低于 22 V，或检测到禁止放电信号 (3) 用电池 BMU 监测电池健康 (4) 充电期间监测 HECS 的信号
6	蓄电瓶容量检查	蓄电瓶容量认证是指蓄电瓶工作到下次 RTS 前必须具有的容量

蓄电瓶容量测试时，需要充足电，然后按一定的要求放电。例如按 1*C* 恒流放电时，测试放电时间，放电时间与放电电流的乘积就是蓄电瓶的容量。进行蓄电瓶容量测试时，两次试验的时间间隔有规定。表 4.3.10 和图 4.3.21 示出了蓄电瓶容量与其试验最大允许时间间隔之间的关系。

表 4.3.10　蓄电瓶容量测试与电池容量对应的最大允许间隔(B3856)

序　号	蓄电瓶容量/(A·h)	最大时间间隔/年	序　号	蓄电瓶容量/(A·h)	最大时间间隔/年
1	＞68	2.0	4	＞53	0.5
2	＞59	1.5	5	＞50	＜0.5
3	＞57	1.0	6	⩽50	寿命到

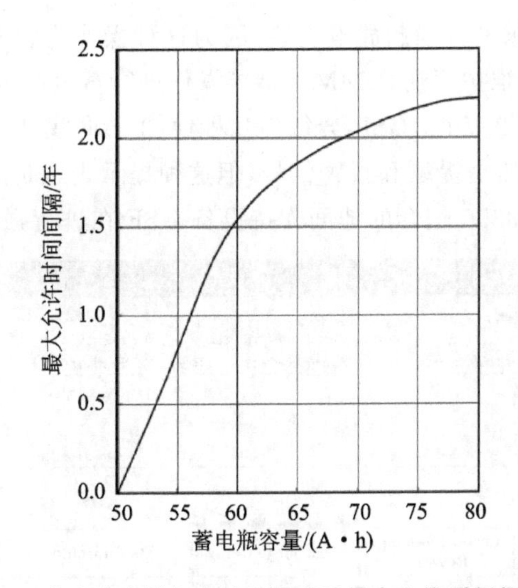

图 4.3.21　蓄电瓶容量与电池容量试验最大允许时间间隔的关系

9. 单体电池电压测试

单体电池电压的测试目的是检查电池是否平衡，为蓄电瓶投入使用做准备。测试方法较为简单，不再详述。

10. 充电后投入使用 RTS

蓄电瓶应充足电后才能投入使用，充电的蓄电瓶必须是经过初始检测后的蓄电瓶，根据地面支持设备 GSE 上的提示进行操作。更详细的操作请查阅 GSE 的操作使用说明书。

11. 放　电

蓄电瓶放电有两种，即正常放电和强制放电(见表 4.3.11)。

表 4.3.11　蓄电瓶放电情况

序　号	工作模式	GSE 的应用方式	蓄电瓶状况	放电方法
1	正常放电	放电模式	正常工作	恒阻放电(CR 放电)，电流接近 50 A，终止放电条件是电池电压达到 22 V 用蓄电瓶 BMU 对其进行健康监控 操作过程中用 HECS 进行电流监控
2	强制放电	维修模式	蓄电瓶失效 BMU 发出 禁止放电信号	恒阻放电(CR 放电)，放电电流接近 50 A，放电终止条件是蓄电瓶电压达到 22 V，BMU 发出禁止放电信号

1) 正常放电

在蓄电瓶初始检查、容量测试等过程中需要进行放电，称为正常放电，锂电池常采用恒阻放电模式，B3856 的放电电流为 55 A，接近 22 V 时放电终止。

蓄电瓶放电采用地面支持设备 GSE 进行放电，请仔细阅读操作说明书。

2) 强制放电

请不要用完好的蓄电瓶进行强制放电实验，因为这种操作有害蓄电瓶。请仔细阅读蓄电瓶的 GSE 指令手册和部件维护手册(CMM)，指导操作进行蓄电瓶的强制放电。

当蓄电瓶电压接近 34.2 V 时，GSE 会每隔几秒钟(3 s)向操作人员发出一次声音报警和 LED 信号灯闪烁提示。虽然是提醒和报警信号，但这种提示表示是正常的强制放电实验。

如图 4.3.22 所示是 B3856 配套的地面支持设备 GSE 在进行强制放电时的操作界面。

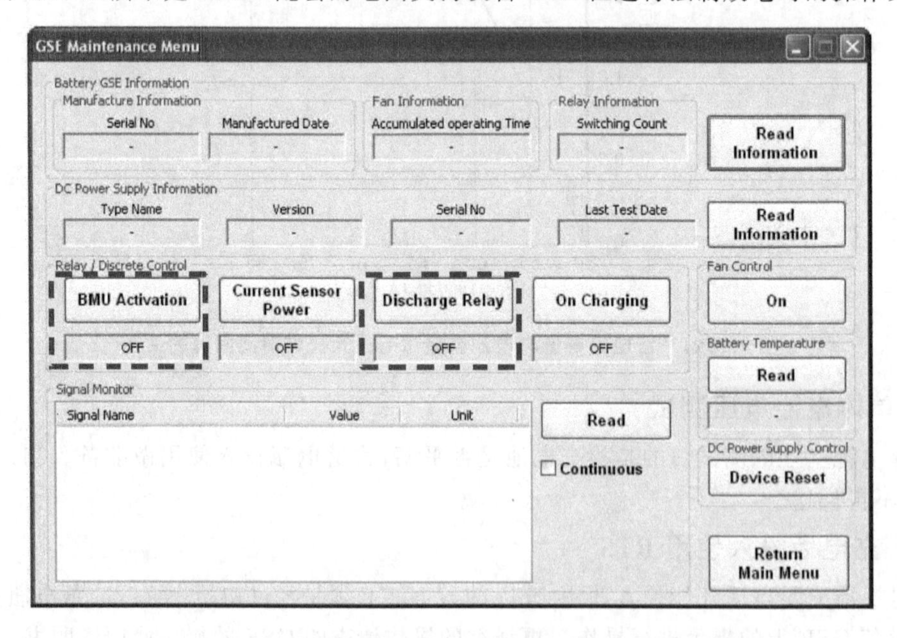

图 4.3.22　B3856 配套的地面支持设备 GSE 操作界面

使用时请按图 4.3.6 连接好设备，启动 GSE 的计算机，启动维修软件，选择维修模式，进入维修界面，如图 4.3.22 所示。

当蓄电瓶的端电压低于 22V 时，必须停止手动放电。但是，即使没有停止放电，蓄电瓶的 GSE 也会通过检测"停止放电"的信号状态，去停止"强制放电"。

4.4　航空锂离子蓄电瓶维护

航空锂离子蓄电瓶是时控件，需要定期离机维护。维护中，通常需要对蓄电瓶进行分解、清洁、检查和绝缘测试等，下面以 B3856 为例进行介绍。

4.4.1　蓄电瓶分解

在分解蓄电瓶前，请仔细阅读蓄电瓶的维修手册，找出可能发生故障的零部件。拆卸流程是拆除缺陷部件和纠正故障必须执行的操作步骤。

航空锂电池能产生高能量放电，在进行电瓶分解时要十分小心，谨防短路，避免发生失控的电化学反应和热能释放。使用 GSE 地面支持设备进行放电的蓄电瓶操作，同样也会产生失误。还需要注意静电放电敏感装置的正确使用，保护蓄电瓶免遭静电放电。

拆卸过程中应注意安全警告，执行注意事项，如有其他不同安全规定也必须执行。

1. 分解中的危险

蓄电瓶分解时有 3 种危险因素，即搬运危险、电气危险和化学危险。

1）搬运危险

搬运蓄电瓶时，由于蓄电瓶很重，搬运时请注意姿势，不能伤着搬运者的身体部位。

2）电气危险

锂电池具有很高的放电能力，请不要佩戴戒指、手表、链条、皮带扣和其他导电物；蓄电瓶有静电敏感装置(ESD)，必须采取措施保护电池组件免受静电放电影响，避免对电池组件中的静电敏感装置造成损害；摆放蓄电瓶时，请摆放防静电垫，工作时戴上防静电腕带；使用的工具应绝缘和隔热。

3）化学危险

电解液是碱性的，对皮肤和眼睛有伤害，请不要触碰。如果其接触皮肤，用清水冲洗。如果眼睛受到电解液的溅入，请立即用清水冲洗，冲洗时间在 15 min 以上，并立即就医。

在蓄电瓶拆卸过程中需要注意的是，需要列出工具、夹具、耗材、设备的清单以及需要参考的零件图纸等，在拆卸蓄电瓶前用万用表测量每节单体电池，确保各单体电池的电压值低于 3.8 V。

2. 蓄电瓶分解程序

在进行蓄电瓶分解前，要仔细阅读 CMM 手册，准备好分解工具、工装夹具、耗材、测试仪表、防静电装置、零部件图纸以及分解时的安全防护装置等，如表 4.4.1、表 4.4.2 所列。

表 4.4.1 工具、固定装置和设备

序号	名称	规格或零件代号	来源
1	精密万用表	测量范围 0～5 V 和 0～50 V 精度：±0.5%	市售
2	钳子	类型：切断塑料导线 注：建议用小型号的	市售
3	防静电腕带	电阻：R_p<0.1 MΩ 邦迪腕带电阻：0.75 MΩ<R_e<5 MΩ	市售
4	抗静电垫子	表面电阻：10 kΩ<R_s<10 000 MΩ	市售
5	单体电池盖子	材料：聚氨酯管；外径：12 mm；内径：10 mm 管长：(25±1) mm；参见图 4.4.1	市售
6	单体电池外端盖	材料：聚氨酯薄板；尺寸：50 mm×120 mm 厚度：(1±0.1) mm；参见图 4.4.2	市售
7	线束套管	材料：聚氨酯管；尺寸/厚度：AWG 5/AH－6 管长：(25±1) mm	市售

表 4.4.2 耗材清单

序号	名称	零件代号	来源
1	硅橡胶	KE3498W，KE3498	市售
2	机械工具	标准机械工具	市售
3	涂覆材料	聚氯乙烯树脂、搪瓷	市售
4	有扭力矩的非金属材料	具有一定的扭矩力	市售
5	胶带	厚度 0.025 mm 或以上，宽度 30 mm	市售
6	缆绳	T18R－V0	市售

通常有下列拆卸内容和步骤。

1）拆卸蓄电瓶的上部零件

如图 4.4.1 所示是拆卸蓄电瓶上部零件示意图。主要要拆卸下面三个零部件。

① 拆下背带和调节器；

② 拆下蓄电瓶箱盖；

③ 拆下蓄电瓶上层绝缘端盖。

2）拆开蓄电瓶监视单元主 BMU 和从 BMU 之间的连接

如图 4.4.2 所示是拆卸电瓶的导线束与连接器示意图，将导线束与连接器断开之前，应拆除线束的第 43－I 和 33－A 端子；否则，由于锁存功能被激活，蓄电瓶的 BMU 遭损坏。

3）拆除连接电缆

如图 4.4.3 所示是电缆连接示意图，在拆除电缆时请按照图 4.4.3 拆除。图中示出了各 CTP(Cable Tie Position)对应的位置。拆卸蓄电瓶时应十分小心电缆连接位置的接头。蓄电瓶维护好后，还要把它们安装好，并通过测试。

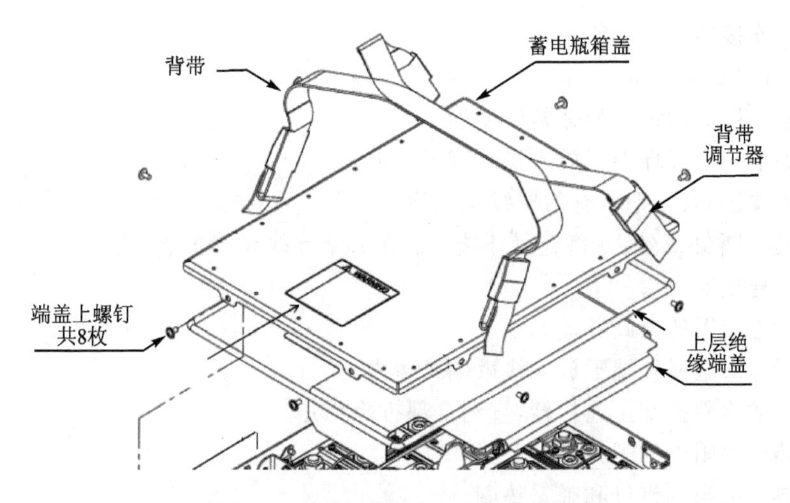

图 4.4.1 拆卸蓄电瓶上部零件示意图

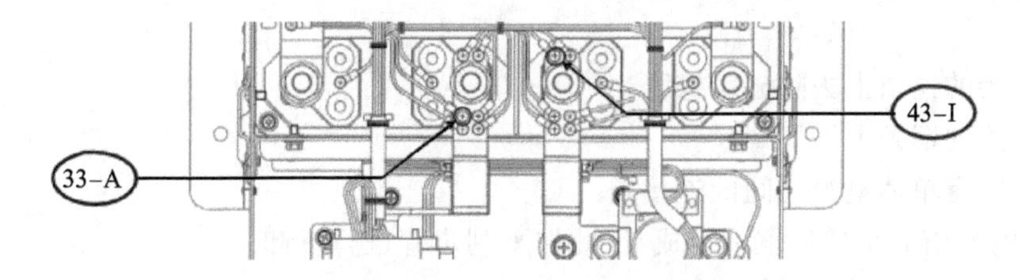

图 4.4.2 拆卸电瓶的导线束与连接器(B3856 示例)

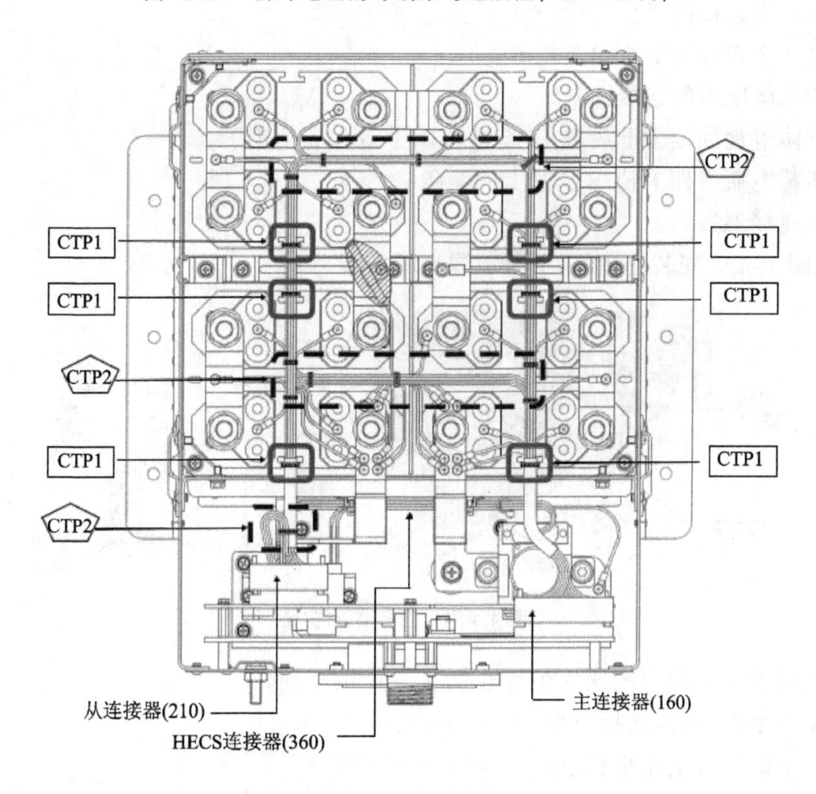

图 4.4.3 电缆连接示意图(B3856)

4）拆卸从连接器

根据图 4.4.2 进行拆除。

① 拆除从连接器的线束的金属环端子。

② 将拆卸下的金属环端子放入线束端子盖内。

③ 重复步骤①和②，把所有的导线束拆除。

注意：请逐个拆卸螺丝，并将金属环端子放在一个导线束端子盒内。

5）拆卸主连接器

① 拆卸主连接器的金属环端。

② 将已拆卸的金属环端子放入线束端子盖内。

③ 重复上述步骤拆卸主连接器，直到全部拆除为止。

④ 拆卸热敏电阻上的螺钉。

⑤ 取下热敏电阻的螺母和弹簧垫圈。

⑥ 拆除连接铜条上的主连接器。如果需要将硅胶从连接的铜条中分离并更换，则应继续拆卸。

⑦ 从连接的铜条上去除硅胶橡胶。

⑧ 从连接的铜条上拆下螺丝。

6）拆除所有单体电池之间的连接条

航空锂电池由 8 个单体电池组成，因此按下列步骤进行拆卸。

① 拆卸 8 个螺母及其弹簧垫圈。

② 拆卸 4 根连接铜条。

③ 取出 2 个螺母和 2 个弹簧垫圈。

④ 拆卸热敏电阻的连接铜条。

⑤ 在单体电池的端子上放置 16 个电池端子盖和 8 个盖子。

⑥ 拆卸蓄电瓶组件 HECS 及其上的铜条。

7）安装连接器

请根据图 4.4.4 安装连接器，不要遗漏垫圈安装。

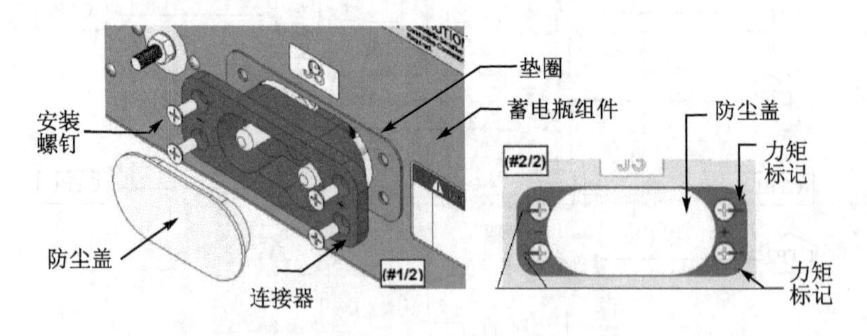

图 4.4.4 连接器的安装

① 将连接器和垫圈与螺丝放在蓄电瓶组件 J_3 的正面；

② 拧紧 4 个螺钉，使其扭矩为 26 in・lb(2.9 N・m)；

③ 给 4 个螺钉加上扭矩标记；

④ 安装防尘盖。

8）组件和霍尔电流传感器 HECS 铜条的安装

如图 4.4.5 所示是 HECS 线束、汇流条和连接铜条的连接与安装示意图。安装 HECS 线束、HECS 汇流条和连接铜条时，注意各平垫片、弹簧垫片的安装，请不要遗漏，安装过程中应采用合适的力矩扳手，如果在紧固螺母时采用的力矩不合适，会造成不合适的应力。

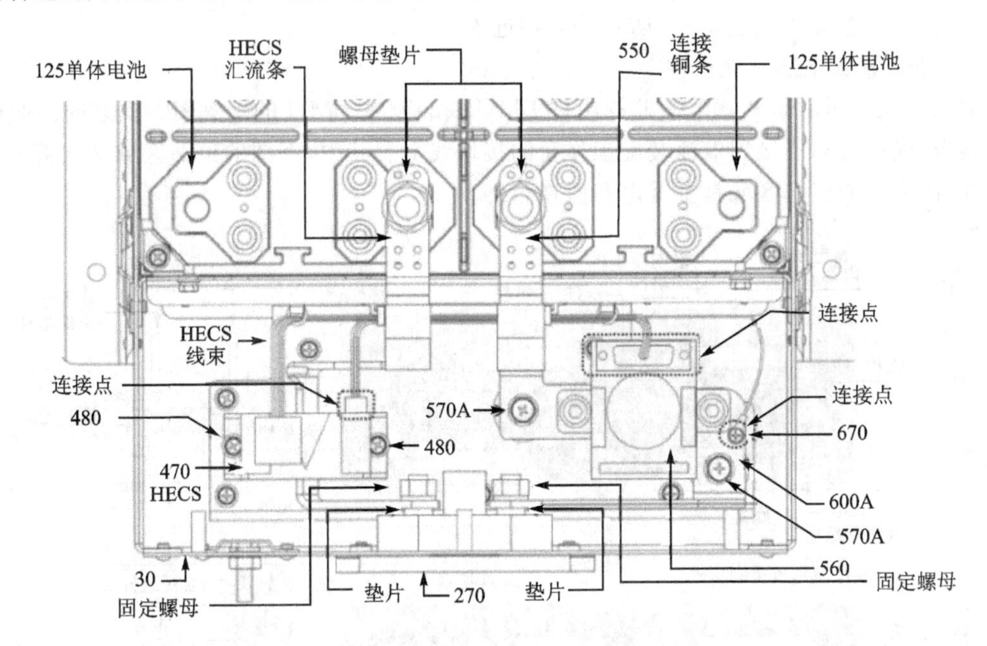

图 4.4.5　HECS 线束、HECS 汇流条和连接铜条的连接与安装示意图

9）安装蓄电瓶主监视组件

如图 4.4.6 所示是蓄电瓶箱内前部的主蓄电瓶监视组件 BMU 的安装示意图，安装时请参考。注意平垫片和弹簧垫圈不能缺失。安装的步骤如下：

① 佩戴防静电腕带，并将腕带接到蓄电瓶装配工作台的接地线上；

② 取出导电塑料袋中的主 BMU；

③ 从主 BMU 的 J_1 连接器上拆卸导电连接器盖；

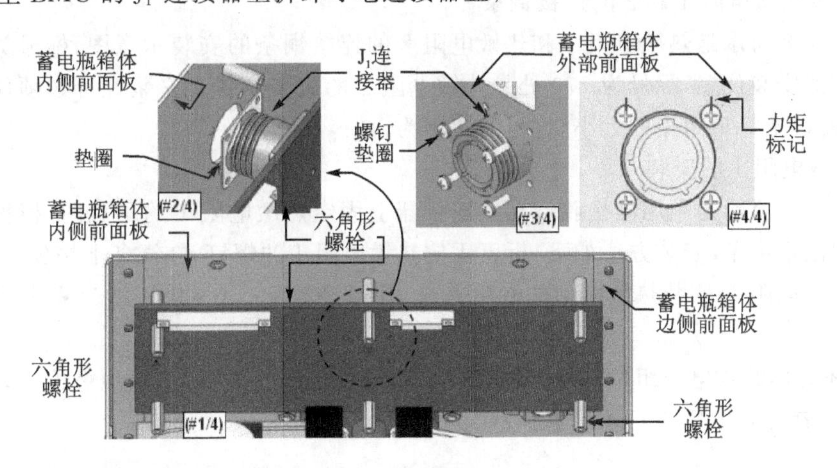

图 4.4.6　蓄电瓶箱内前部的主蓄电瓶监视组件 BMU 的安装

④ 用六角形螺栓及其垫片把主 BMU 和蓄电瓶箱体固定；

⑤ 在 J_1 连接器接头上安装螺钉和垫圈以固定，并用 5 in・lb(0.6 N・m)的力矩扳手拧紧螺钉和垫圈，给螺钉贴上扭矩标记；

⑥ 用 5 in・lb(0.6 N・m)的力矩扳手拧紧六角形螺栓，并贴上扭矩标记；

⑦ 在 J_1 连接器上盖上盖子，防止外来物进入。

10）安装从蓄电瓶监视组件

如图 4.4.7 所示是从蓄电瓶监视组件 BMU 安装到主 BMU 的示意图。安装时请佩戴防静电腕带，确保将其连接到电池装配工作台的接地线上。其中，下图的顶部区域是从蓄电瓶监视组件，而上图的底部区域是主蓄电瓶监视组件。

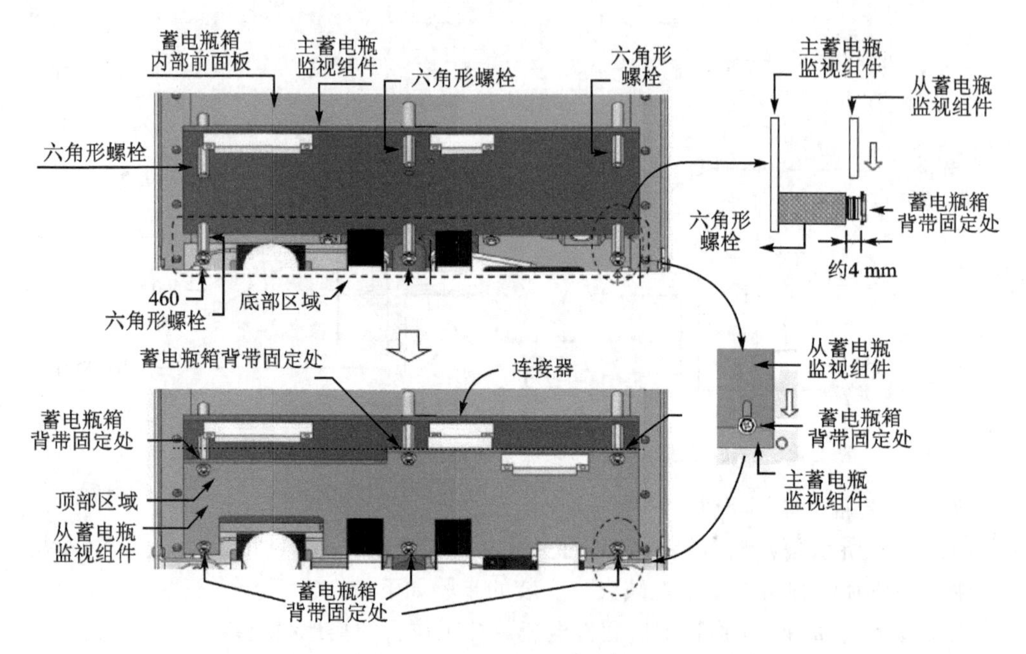

图 4.4.7　从蓄电瓶监视组件 BMU 安装到主 BMU 的示意图

11）安装热敏电阻 1 和 2 的连接铜条

如图 4.4.8 所示是热敏电阻 1 和热敏电阻 2 的连接铜条的安装示意图，标号为 740 处是热敏电阻 1 的安装位置，标号为 770 处是热敏电阻 2 的安装位置。安装螺母必须压在弹簧垫片上，并在螺母上标记扭矩的大小，这里的扭矩为 15 N・m。

12）热敏电阻 1 的安装

如图 4.4.9 所示是利用硅橡胶堆在主连接器上固定热敏电阻 1 的示意图，根据图安装热敏电阻 1 的固定夹子，安装方法如下：拆下固定热敏电阻 1 的螺钉，在铜条上挤放 2 处硅橡胶，用于固定热敏电阻 1，安装热敏电阻的专用夹具，并用扭矩为 5 in・lb(0.6 N・m)的力矩扳手固定螺钉。

此外还有拆卸蓄电瓶组件的接触器、连接器、电瓶组件的极板组、接地螺栓等，限于篇幅，不再介绍，请参考蓄电瓶的 CMM 手册。

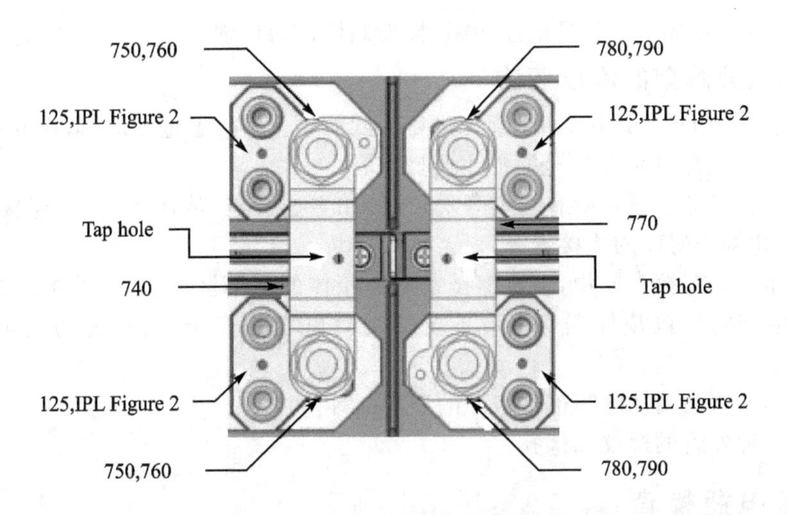

图 4.4.8　热敏电阻 1 和 2 的连接铜条的安装

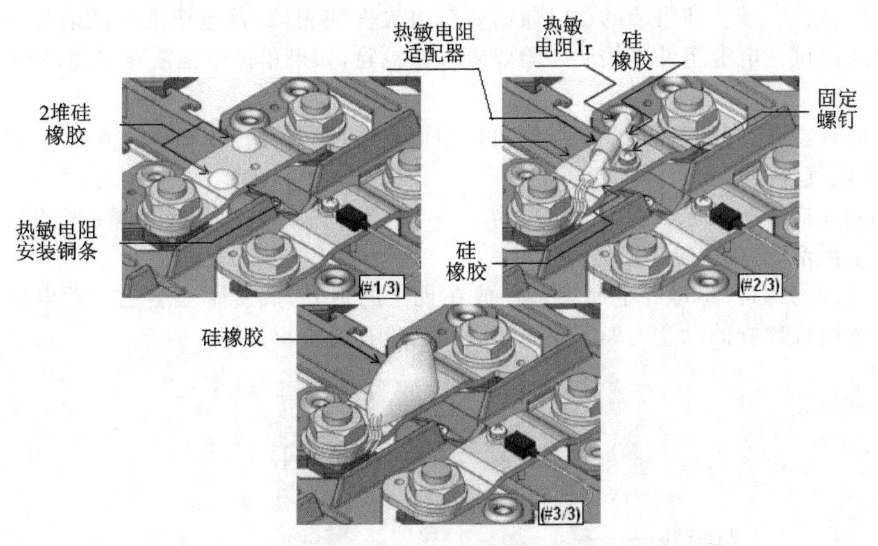

图 4.4.9　利用硅橡胶堆在主连接器上固定热敏电阻 1

4.4.2　蓄电瓶清洁

蓄电瓶在受到电解液泄漏污染、灰尘、碳酸盐结晶时，必须进行清洁。锂电池会产生高能量放电，在电瓶清洁时要谨慎处置，以避免短路或不正确操作而导致的不受控制快速电能、化学能或热能释放。航空锂电池还需要注意静电放电敏感装置的正确使用，保护蓄电瓶免遭静电放电的破坏。

在蓄电瓶清洁时可以根据实际情况使用有效的替代品，专用工具、固定装置、材料和设备请查阅有关手册。

清洁蓄电瓶时，主要的耗材有无纹路的棉布、空气除尘器、异丙醇酒精、软毛刷及力矩扳手等，这些市场上容易购得。

1. 电池组件的简单清洁

用空气除尘器从蓄电瓶输出连接器 J_3 和 J_1 连接器的外露部分吹走所有灰尘异物，再用

棉布擦去蓄电瓶的外部、端盖、导电连接帽、接地螺栓、螺钉、螺母等部位的所有异物。

2. 蓄电瓶分解前的深度清洁

如果要对蓄电瓶进行拆卸，则必须先进行深度清洁。清洁蓄电瓶时，请用专用工具进行操作，否则会损坏蓄电瓶。清洁蓄电瓶的主要操作有：

① 用压缩空气除尘器将所有灰尘等吹走，例如主连接器、从连接器、J_3 连接器、输入输出插头座及与蓄电瓶 BMU 的连接器等。

② 用干净的软布擦去异物，主要擦拭蓄电瓶箱体的前部区域、上层的绝缘端盖、接插头、HESC、支撑条、底板、包装外壳等。请不要转动蓄电瓶的安全阀门，谨防蓄电瓶的电解液泄漏。

③ 使用异丙醇酒精擦除零部件表面的润滑剂等。

④ 洗刷各种外露的螺纹和螺孔。

4.4.3 蓄电瓶检查

经分解、清洁、维修和组装的蓄电瓶需要全面检查和测试，蓄电瓶的测试请参照 4.3 节航空锂电池的测试。电池组件应按照检验要求进行检验，如果单体电池需要修理，则修理后应再次检查。

除了外观检查、内部目测、各单体电池目测检查外，需要检查各单体电池间的连接、检测线路等，称为电气连续性检查。

在拆卸前应将图 4.4.2 所示的编号为 43－I 和 33－A 导线束的连接螺钉松开；否则，蓄电瓶的锁存会激活，导致 BMU 损坏。

请把拆卸的螺钉、螺母等金属零部件放在规定的地方，放置不当会出现蓄电瓶短路的现象。电气连续性检查的示意图如图 4.4.10 所示，检查的步骤如下。

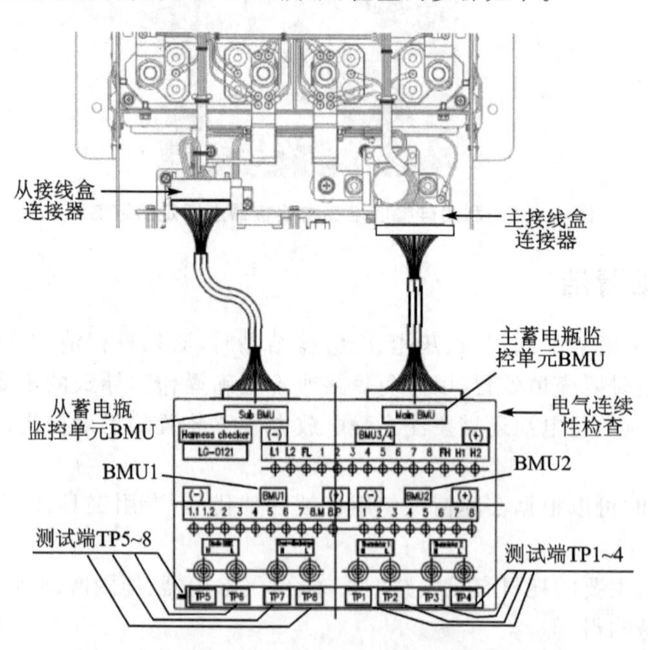

图 4.4.10 蓄电瓶电气连续性检查示意图(B3856)

1. 电气连续性检查

由于航空锂离子蓄电瓶由 8 节单体电池组成，因此检查必须从负极开始，逐步按电路顺序检查 8 节电池是否连接完好，蓄电瓶机箱上的 J_1 连接器的负极与正极分别与 8 节单体的第一节电池的最低电位点与最后一节的正极的最高电位点连接，按维修手册要求完成电气连续性检查。此外还需分别连接检查主蓄电瓶监控单元 BMU 与从蓄电瓶监控单元 BMU。

2. 热敏电阻的检查

热敏电阻是用来监测蓄电瓶发热情况的，根据测试温度对蓄电瓶实现过热保护，因此对它们的测试十分重要。航空锂电池 B3856 有 2 个热敏电阻。图 4.4.10 中的测试端子 TP1 和 TP2 可用于 1 号热敏电阻的测试，端子 TP3 和端子 TP4 可用于 2 号热敏电阻的测试。测试时用高精度万用表测量热敏电阻的阻值，检查其是否合格。两个热敏电阻的温度特性不同，需要分别检查。

1）1 号热敏电阻检查

表 4.4.3 所列是 1 号热敏电阻的感受温度与电阻的对应关系。

表 4.4.3　1 号热敏电阻的温度与电阻的对应关系(B3856)

温度/℃	电阻/kΩ	温度/℃	电阻/kΩ	温度/℃	电阻/kΩ	温度/℃	电阻/kΩ
−20	2.45	1	2.67	21	2.91	41	3.16
−19	2.46	2	2.68	22	2.92	42	3.17
−18	2.47	3	2.70	23	2.93	43	3.19
−17	2.48	4	2.71	24	2.94	44	3.20
−16	2.49	5	2.72	25	2.96	45	3.22
−15	2.50	6	2.73	26	2.97	46	3.23
−14	2.51	7	2.74	27	2.98	47	3.24
−13	2.52	8	2.75	28	2.99	48	3.26
−12	2.53	9	2.76	29	3.01	49	3.27
−11	2.54	10	2.78	30	3.02	50	3.28
−10	2.55	11	2.79	31	3.03	51	3.30
−9	2.56	12	2.80	32	3.04	52	3.31
−8	2.57	13	2.81	33	3.06	53	3.33
−7	2.58	14	2.82	34	3.07	54	3.34
−6	2.60	15	2.83	35	3.08	55	3.35
−5	2.61	16	2.85	36	3.10	56	3.37
−4	2.62	17	2.86	37	3.11	57	3.38
−3	2.63	18	2.87	38	3.12	58	3.40
−2	2.64	19	2.88	39	3.14	59	3.41
−1	2.65	20	2.89	40	3.15	60	3.42
0	2.66						

从表 4.4.3 所列可以看出，1 号热敏电阻是正温度系数电阻。还可以用曲线更直观地表示其电阻-温度特性，如图 4.4.11 所示是 1 号热敏电阻阻值与温度的对应关系曲线。

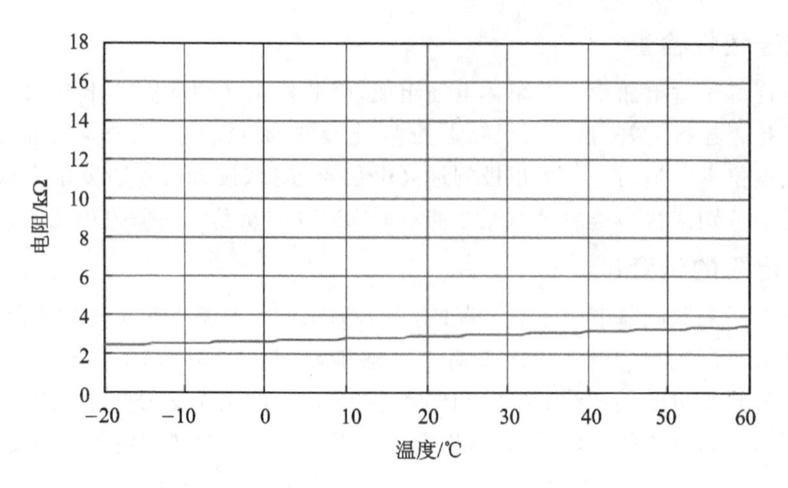

图 4.4.11　1 号热敏电阻阻值与温度的对应关系(B3856)

2）2 号热敏电阻的检查

在对 2 号热敏电阻进行测试时，可以用干燥的热空气作为热源进行实验。如图 4.4.12 所示是 2 号热敏电阻实验示意图。使用电吹风给 2 号热敏电阻加热，但是电吹风与 2 号热敏电阻之间的距离会影响测试精度。

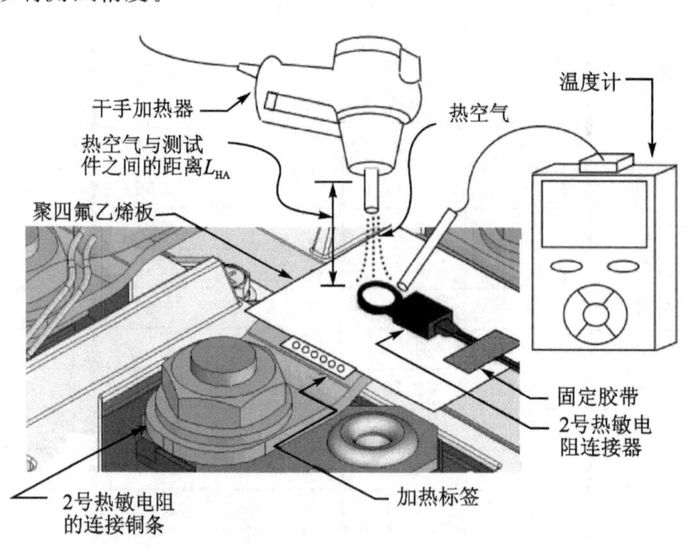

图 4.4.12　2 号热敏电阻实验示意图

如图 4.4.13 所示是热空气流与 2 号热敏电阻之间不同间距下的温度变化，实验时请注意，其会影响到测量精度，需要分析与校正，才能减小测试误差。

2 号热敏电阻在不同的温度下的等效电阻，随温度变化是非线性的。如图 4.4.14 所示是 2 号热敏电阻阻值与温度的对应关系曲线。

从图 4.4.14 可以看出，在低温时，热敏电阻的阻值很大，随着温度的升高，2 号热敏电阻的阻值呈非线性下降趋势。表 4.4.4 所列是 2 号热敏电阻的温度与电阻的对应关系，在具体测量时应根据测试获得的阻值通过查表得到相应的温度值。

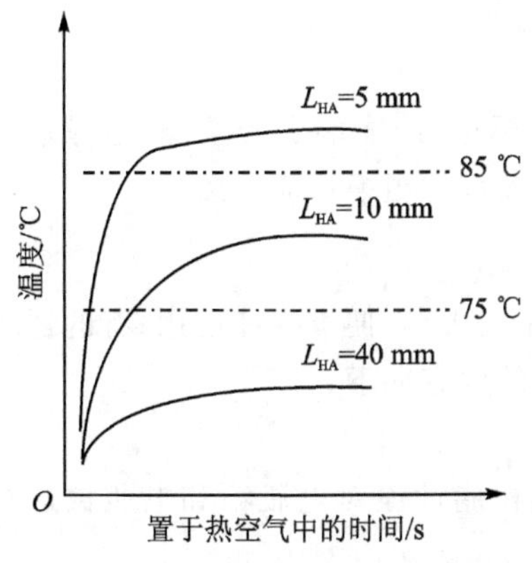

图4.4.13　热空气流与2号热敏电阻之间不同间距下的温度变化(B3856)

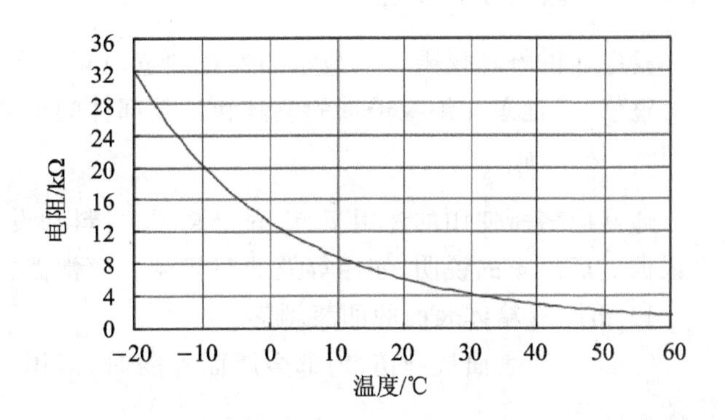

图4.4.14　2号热敏电阻阻值与温度的对应关系(B3856)

表4.4.4　2号热敏电阻的温度与电阻的对应关系(B3856)

温度/℃	电阻/kΩ	温度/℃	电阻/kΩ	温度/℃	电阻/kΩ	温度/℃	电阻/kΩ
−20	32.0	1	12.7	21	5.80	41	2.88
−19	30.7	2	12.2	22	5.60	42	2.79
−18	29.3	3	11.7	23	5.40	43	2.70
−17	28.0	4	11.2	24	5.20	44	2.61
−16	26.7	5	10.7	25	5.00	45	2.52
−15	25.4	6	10.4	26	4.84	46	2.45
−14	24.3	7	9.96	27	4.67	47	2.37
−13	23.3	8	9.57	28	4.51	48	2.30
−12	22.3	9	9.19	29	4.35	49	2.23
−11	21.3	10	8.80	30	4.19	50	2.15
−10	20.3	11	8.49	31	4.05	51	2.09
−9	19.5	12	8.18	32	3.92	52	2.03
−8	18.7	13	7.87	33	3.79	53	1.97
−7	17.9	14	7.56	34	3.65	54	1.90
−6	17.1	15	7.25	35	3.52	55	1.84
−5	16.3	16	7.00	36	3.41	56	1.79
−4	15.7	17	6.75	37	3.30	57	1.74
−3	15.0	18	6.50	38	3.19	58	1.69
−2	14.4	19	6.25	39	3.08	59	1.63
−1	13.8	20	6.00	40	2.97	60	1.58
0	13.2						

值得注意的是，在对蓄电瓶进行操作前，必须认真阅读蓄电瓶和地面支持设备的组件维护手册和使用说明书，以免引起意外。

4.4.4 蓄电瓶修理

蓄电瓶的修理仅限于电池箱的外观和电池箱的盖、扭矩标记、绝缘端子的整修、绝缘端子带的整修、电池单元绝缘子带的整修和失效部件的更换。失效部件更换后应报废。

1. 维　修

通常应将所使用的专用工具、固定装置、材料和设备列于表中，以便查找和使用；有的还可以根据生产厂家的说明，使用等效的替代品。通常需要维修的内容如下。

1）蓄电瓶箱体表面的油漆剥落

① 当油漆表面被刮伤、内部金属面外露时，请用聚氨酯树脂油漆对电瓶箱和电瓶盖进行涂漆。

② 蓄电瓶箱的支撑架范围、蓄电瓶箱及其箱盖的接触部位、用螺母固定的蓄电瓶箱盖范围内不能用油漆修补。

2）进行扭矩标记

① 重新旋紧的螺母、螺钉或螺栓以前的扭矩标记等，请用酒精擦洗干净。

② 用油漆对重新固定的螺母、螺钉或螺栓做扭矩标记。

3）绝缘处置

绝缘处置适用于霍尔电流传感器 HECS 的连接导体及电瓶之间的连接导体。如图 4.4.15 所示是它们的绝缘处置方法，都是用热缩套管。

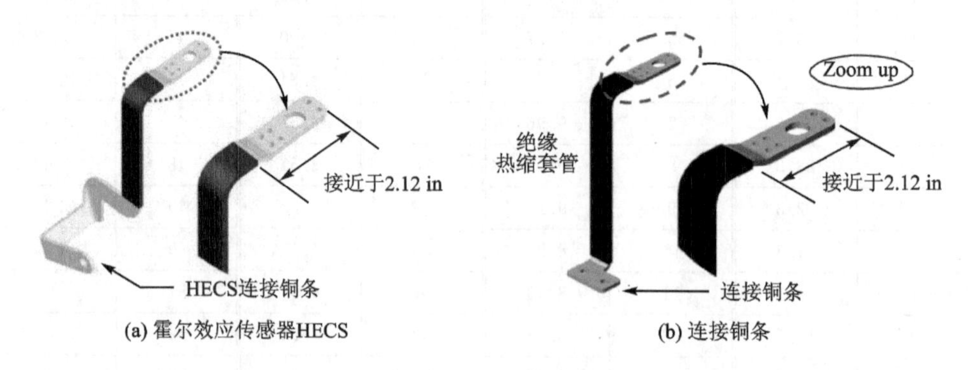

图 4.4.15　绝缘处置

4）贴绝缘胶带

需要贴绝缘胶带的地方主要有连接铜条和单体电池上，其安帖部位及方法如下：

① 从连接铜条上拆下失效的胶带标签。

② 根据图 4.4.16，将新的绝缘胶带(约 30 mm 长)贴在连接铜条上。

③ 将失效的胶带从单体电池上取下，将新的胶带裁剪成 30 mm 宽，制作方式如图 4.4.17 所示。制作好的新绝缘胶带贴在单体电池的规定部位，如图 4.4.18 所示。

5）更换故障零部件

如果需要更换故障的零部件，则先拆卸失效的零部件，拆卸后必须安装新的零部件，替换拆下的零部件。拆卸和安装的方法请按照手册规定进行。

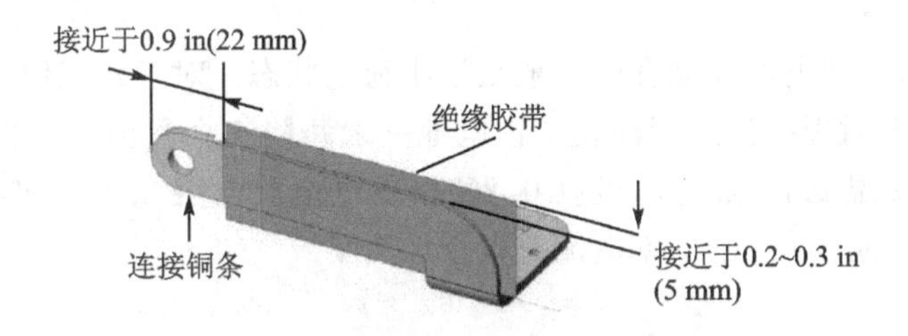

图 4.4.16　连接条铜条的绝缘标签安装

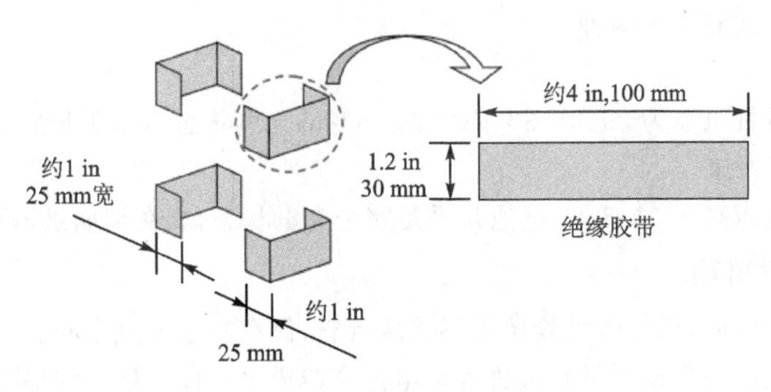

图 4.4.17　绝缘胶带的制作

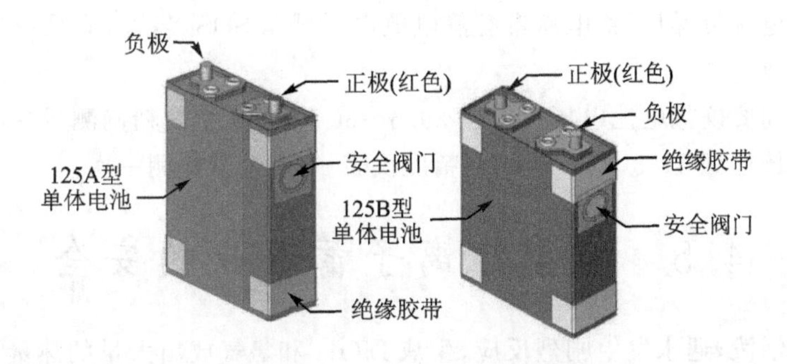

图 4.4.18　绝缘胶带粘贴位置

4.4.5　储　存

1. 储存的环境要求

锂电池的储存特性是指锂电池在开路状态下，在一定的环境条件下，如温度、湿度和压力等储存时，锂电池的容量、内阻、循环性能等的变化情况。

虽然航空锂离子蓄电瓶电池在正常运行和环境温度范围内都能保持性能。但是高温会使蓄电瓶性能下降。限制蓄电瓶暴露于高温的时间是必要的。因此规定了下列储存条件。

(1) 储存温度

锂电池的长期储存温度一般为−5～5 ℃范围内，在该储存温度下储存锂电池的年容量损失一般≤2%。B787 机载锂电池推荐储存的温度范围为−10～25 ℃(14～77 ℉)。

(2) 储存湿度

锂电池储存环境一般要求相对湿度小于 60%，其目的是增加锂电池的绝缘电阻，降低锂电池的自放电。

储存状态与活化：锂电池在储存时一般处于半荷电状态。对于长期储存的锂电池，为了保持锂电池的性能一般对锂电池进行活化。锂电池一般每隔 6 个月活化一次。活化步骤如下：在(20±2) ℃的环境温度下，蓄电池组以 0.2C 倍率电流放电至 3.0 V，再以 0.2C 倍率循环 1～3 周，然后将锂电池以 0.2C 倍率电流充电至 3.8 V。

2. 储存方式

航空锂离子蓄电瓶的储存通常是满足某种任务要求下的存储，通常用蓄电瓶的端电压大小来描述。储存方式有下列两种。

(1) 常规储存

常规存储的设置电压为 29.6～30 V(大约 25%的充电状态)，用于长期储存。

(2) 任务准备存储

任务储存的电压高于 31.8 V，电池几乎是完全充电状态，能在地面迅速更换电池。

3. 储存注意事项

锂电池是碱性电瓶，任何酸性物质都不能接近它，储存时应十分小心。

铅酸电池产生的烟雾或少量硫酸进入锂电池会造成永久性损坏。镍镉电池产生的烟雾或少量的氢氧化碱溶液进入锂电池会造成永久性损坏。

请佩戴抗静电腕带操作，蓄电瓶带有静电放电敏感(ESDS)装置，应采取适当措施保护电池组件免受静电放电。

常规储存期间要确保电池电压保持在 29.6～30 V，每 6 个月精确测量一次。任务型储存时要确保电池电压达到 31.8 V，可采用高精度仪表，每 1 个月检测一次。

4.5 航空锂离子蓄电瓶的安全

金属锂极为活泼，遇水发生剧烈反应，生成 LiOH 和氢气放出大量的热量。锂量多时有遇水发生剧烈燃烧和爆炸的危险。此外，由于锂的熔点较低(180.5 ℃)，因此必须避免电池内部出现高温。同时由于锂电池的某些成分是有毒的甚至是易燃的，因此安全性对于锂电池显得格外重要。

4.5.1 影响因素

锂电池的安全取决于电池的下列诸因素：

① 电化学体系。特定的电化学体系和电池组件影响着电池工作的安全。

② 电池组的尺寸和容量。通常小尺寸电池所含材料较少，总的能量比较小，因此它比同结构和化学配方相同的较大尺寸的电池安全。

③ 电池锂用量。锂用量越少，意味着电池能量越小，电池也就越安全。美国政府在锂电池运输中规定的单体电池含锂量的限值就是此因。

④ 锂电池设计。能高倍率输出电能的锂电池，显然比只能低功率输出电能的锂电池安全性差。

⑤ 安全保护装置。防止电池内部产生过高压力的电池排气系统，防止温度过高的热切断

装置及电气保险丝,防止过充电的单向保护装置。这些保护装置不同程度地提高了电池的安全性。

⑥ 单体电池和电瓶箱。满足单体电池和电瓶箱使用的机械与环境要求,即使电池在工作和操作中要遇到高冲击、强振动、极端温度或其他严苛条件,也必须保证其完整一体性。为此电池容器应该选择即使在火中也不会燃烧或燃烧产物无毒性的材料,电瓶箱设计应该最有利于放电时产生的散热量以及所释放气体的解压。

4.5.2　需要考虑的安全事项

1. 高倍率放电或短路

小容量电池或者指定以低倍率放电的电池可以自行加以控制,只要不以高倍率放电,轻微的温度升高不会带来安全问题。较大的电池和/或高放电率电池,如果短路或以过高倍率工作会产生高的内部温度。一般要求这些电池必须具有安全排气机构,以避免更严重的危害。这样的电池或电池组应采用用以限制放电电流的保险丝保护,同时还应采用热熔断器或热开关以限制最大温升值,正温度系数(PTC)器件可应用于电池和电池组中以提供这种保护。

2. 强迫过放电或电池反极

电压反极可发生在多只单体电池串联的电池组中。由于单体电池性能不一致,当正常工作的电池可以迫使电压为零以下的坏电池放电时电压就会出现反极,甚至电池组放电电压趋向零。这种强制放电可能导致电池排气或电池破裂的严重后果。这种情况防范不易,危险度较高。可以采用低电压电池组(只有几个电池串联,不太可能发生这种电压反极现象)并限制放电电流,因为高放电率强制放电的影响格外显著。此外,负极的集流体既用于保持锂电极的完整性,也可以提供一个内部短路机构,以限制电池反极时的电压。

3. 充电危险

对一次电池充电可能会产生危险的产物和气体,使电池温度升高、内压增加而发生安全问题。这种情况防范容易,危险度不高。并联连接或可能接入充电电源的电池(如在以电池组为备用电源的 CMOS 记忆保存电路中)应有二极管保护以防止充电。

4. 过热危险

过热情况下电池反应剧烈,使电池温度过高、内压过大而发生安全问题。这可在电池组中通过采用限制放电电流的安全装置,例如熔断器和热敏继电器以及设计散热措施来实现。

通过短路、过充、高温性能测试等实验,对锂电池的耐过充性和热稳定性进行研究发现,当电池温度升高时,电池内部可能的放热反应有:

① 负极与电解液的反应;

② 电解液的热分解;

③ 电解液与正极的反应;

④ 正极的热分解;

⑤ 负极的热分解。

5. 焚烧危险

在无适当保护条件下,不应焚烧电池,否则在高温下很容易造成爆炸。爆炸的威力十分巨

大。例如 200 A·h 的 Li/$SOCl_2$ 电池焚烧引起的爆炸可使 400 m^2 的防爆房剧烈振动。

锂电池的运输有专门的方法，电池组的使用、储存、保管也都有适当的措施，对一些废锂电池的处置也有规定。应当指出，解决锂电池的安全问题实际上是一个包括设计、生产到使用全过程的系统工程。

6. 电解液的热安全问题

锂电池的电解液为锂盐与有机溶剂的混合液。$LiPF_6$ 是最常用的电解质，但它在高温下容易发生热分解，且在微量水存在的条件下，锂盐就会分解释放出路易斯酸物质，还会在水的影响下释放出 HF 生成 POF_3，与溶剂反应生成 CH_3F 等物质。

电解液的有机溶剂多为碳酸酯的混合溶剂，常由链状和环状碳酸酯混合构成。其中链状碳酸酯的介电常数、黏度较低，挥发性强。而环状碳酸酯的介电常数和黏度较高，易于锂盐的溶解和解离。

为了保证电解液中锂盐的高解离度，同时保证电解液与电极、隔膜的良好浸润，一般来说，电解液需要具有高介电常数和低黏度的特点，因此常选择环状、链状碳酸酯的混合溶剂作为有机溶剂。

7. 锂电池的火灾危险性

锂电池一旦发生事故，容易引起火灾，并对测试设备、人员造成不可估量的伤害。锂电池的安全性是与电池的大小、容量相关的。当电池应用的规模扩大、单位空间内的比能量增强时，电池数量、质量的显著增加也会大大提高事故发生的可能性，增大事故的危险。

8. 热安全的研究趋势

大量研究表明，温度是影响锂电池热危险性的重要原因。已经通过电池材料的改性、热行为模拟、热管理系统设计，以及阻燃添加剂和过充保护添加剂的研发等方式来提高锂电池的安全性能。

4.5.3 主要安全测试指标

由于锂电池在生产和使用中存在诸多安全隐患，许多国家和机构出台了一系列标准和规范，以保障使用者的安全。下面以国际电工委员会(IEC)为例介绍。

IEC 61960 标准给出了标准的电池型号的描述，并提供了在多种不同条件下评估电池性能的方法，主要有不同温度、不同放电速率或者在长期的电池循环使用后等。

国际电工委员会(IEC)发布了一项明确解决可再充电池和电池组安全需求的标准 IEC 62133。IEC 62133 包含一整套设计和生产要求，以及一系列的安全测试，如表 4.5.1 所列。

表 4.5.1 锂电池的设计要求和安全测试(摘自 IEC 62133)

序　号	测试项目	设计要求	测试条件(温度)	备　注
1	绝缘与接线	电池组正极端子和内部线路绝缘最小电阻的要求	—	—
2	排气	电池压力释放机制的要求	—	—
3	温度/日常管理	预防异常温升的要求(限制充放电电流)	—	—
4	终端触点	两级标识、机械强度、载流量和抗腐蚀性的要求	—	—

续表 4.5.1

序　号	测试项目	设计要求	测试条件(温度)	备　注
5	电池装配到电池组	电池容量匹配、装配到电池组内的兼容性以及防止电池装反的要求	—	—
6	品质计划	生产商质量把关的要求	—	—
7	短路测试	用最大 0.1 Ω 的电阻进行短路测试	20 ℃(68 ℉) 55 ℃(131 ℉)	新电池
8	异常充电测试	过流充电测试(恒定电压、电流限定在 3 倍最大充电电流以内)	20 ℃(68 ℉)	新电池
9	强制放电测试	仅适用于多元电池;过放电测试	20 ℃(68 ℉)	新电池
10	挤压测试	电池置于两块平板之间以 13 kN(3 000 lbf)的力进行挤压	—	新电池
11	冲击测试	用最小平均加速度 75g 进行三次冲击测试;最大加速度为 125～175g;每次冲击均作用在中轴线上	20 ℃(68 ℉)	新电池
12	振动测试	在三个垂直方向上对电池进行谐和振动测试;频率在 10～55 Hz 区间变化	70 ℃(158 ℉)	新电池
13	加热测试	将电池或电池组置于烘箱里	烘箱初温:20 ℃(68 ℉) 温度上升速率:5 ℃/min 达到温度:130 ℃(266 ℉), 稳定时间 10 min 后 恢复到室温	新电池
14	温度循环测试	电池在高温和低温之间循环,共循环 4 次	75 ℃(167 ℉):4 h 20 ℃(68 ℉):2 h −20 ℃(−4 ℉):4 h 恢复到 20 ℃	新电池
15	低压测试(高空模拟)	用最大 0.1 Ω 的电阻进行短路测试	20 ℃(68 ℉) 55 ℃(131 ℉)	新电池
16	持续低速充电	全充电池置于厂商制定的充电条件下 28 天	20 ℃(68 ℉)	新电池
17	高温环境下模制壳强度	将电池置于恒温且空气流通的烘箱内 7 h	70 ℃(158 ℉)	新电池
18	自由落体	每个电池或电池组都从 1 m 高处自由落体到水泥地面上,重复三次	—	—
19	过充	以最小 10 V 的电压对放电电池充电一段时间	—	—
20	包装跌落测试	包装好的电池或电池组从 1.2 m 高处坠落至水泥地面上,包装一角应首先撞击到地面	—	—

IEC 发布了另一项具体解决可再充电池或电池组运输过程中安全需求的标准 IEC 62281,涉及设计、生产、测试、包装标记及运输等规定。

4.6 航空锂电池安全问题案例

4.6.1 锂电池的安全案例

虽然锂电池替代传统蓄电池有一定的优势，但是由于锂电池误用或滥用时会引发内部剧烈的化学反应，产生大量的热，可能导致泄漏、放气、冒烟，甚至剧烈燃烧且发生爆炸。下面是几起锂电池起火事故案例。

【案例 4.4.1】2013 年 1 月，B787 飞机起火，发生在美国波士顿，是机载锂电池起火。

【案例 4.4.2】2010 年 9 月，一架美国 UPS 的 B747－400F 货机在装运锂电池时，货舱起火，在迪拜坠机，机组在最后失去联系之前都报告机舱里发生浓烈烟火。

【案例 4.4.3】2009 年 7 月，由中国深圳飞往美国芝加哥的飞机起飞前起火，也是由于电池自燃。

B787 采用了大量的新技术，机体材料有 50％的复合材料，20％为铝，15％为钛，10％为钢，5％为其他材料。B787 载客可达 240～300 人，巡航速度 0.85 *Ma*，航程达到 15 200 km。B787 的油耗降低 20％，噪声降低 60％。B787 是先进飞机的代表，是一种高度电气化的飞机，用电能取代了液压能、气压能和机械能，即把二次能源统一为电能的飞机。

为了以最小的空间和最轻的质量实现最大容量和放电电流，B787 选用了锂电池，减小质量 30％。如图 4.6.1 所示是 B787 电瓶的安装位置，B787 有两组锂电池，质量均为 28.5 kg，各含有 8 个 4 V 的单体电池，如图 4.6.2 所示，串联后达到 32 V 电压，容量为 75 A·h。

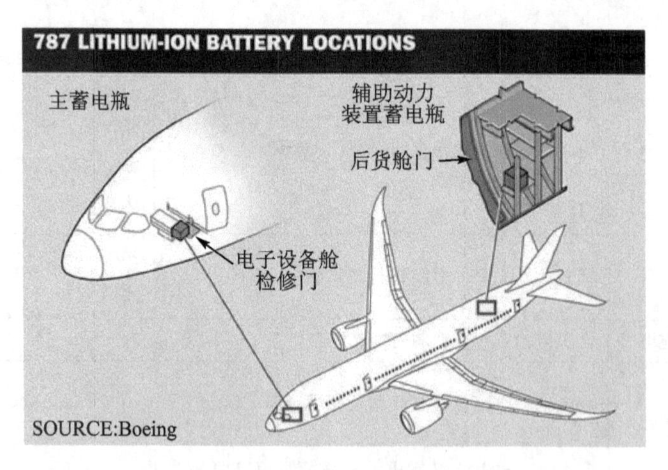

图 4.6.1　B787 电瓶安装位置

传统客机使用镍镉电瓶，相比锂电池，镍镉电瓶的体积大、质量轻、容量和放电电流不足、充电慢等，例如 B777 的镍镉蓄电瓶用 20 个单体电池串联而成，额定电压为 24 V，质量为 48.5 kg，容量为 16 A·h，B787 锂电池容量为 75 A·h。另外，镍镉电池有记忆效应，如长期充满电，可用容量会逐渐减小，需要定期深度放电，然后再深度充电。表 4.6.1 列出了 B787 锂电池和 B777 镍镉电池的参数对比。

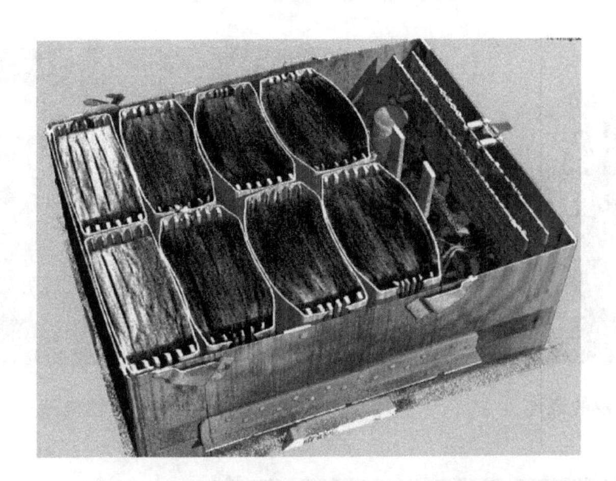

图 4.6.2　GS-汤浅锂电池 8 个单体电池

表 4.6.1　B787 锂电池和 B777 镍镉电池的参数对比

机型/电池类别	单体电池数量/个	容量/(A·h)	额定电压/V	质量/kg	记忆效应	热失控
B787/锂电池	8	75	32	28.5	无	有
B777/镍镉电池	20	16	24	48.5	有	有

4.6.2　锂电池事故

锂电池有全面取消镍镉电池的趋势，但锂电池容易起火。

【事故】2013 年 1 月 7 日，B787 在停机坪，机身后部电气室的辅助动力装置的 APU 电池发生冒烟事故。2014 年 1 月，B787 准备起飞，其主电池的 5 号单体电池发生放气事故，主电池与 APU 电池型号相同。为此调查人员检查 B787 的起火原因，如图 4.6.3 所示。

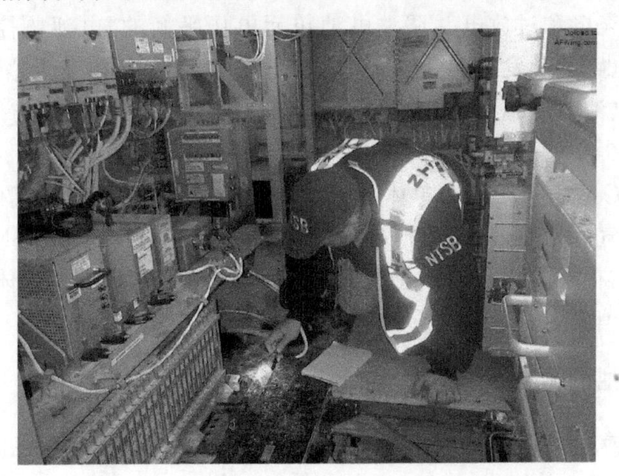

图 4.6.3　调查人员检查 B787 的起火原因

烧毁的锂电池如图 4.6.4 所示，并在电池内部发现了短路，如图 4.6.5 所示。图 4.6.6 所示为烧毁的锂电池与新锂电池外形比对。

图 4.6.4 烧毁的锂电池

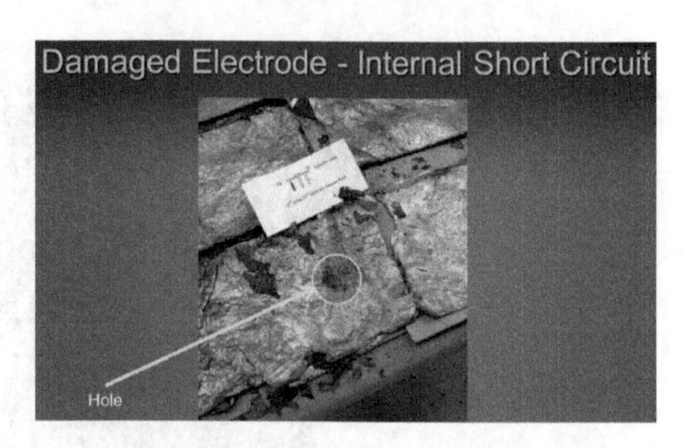

图 4.6.5 锂电池内部短路

(a) 烧毁的锂电池

(b) 新锂电池

图 4.6.6 烧毁的锂电池与新锂电池外形比对

B787 锂电池由法国 Thales Avionics Electrical System 公司生产，采用的是钴酸锂电池，内置 8 个单体电池，通过母线把 8 个单体电池串联连接(参阅图 4.3.3 可知)。各电池单元之间利用树脂垫片进行绝缘；另外，为防止电池外壳变形并固定电池单元，中央设置了不锈钢撑杆，还内置了保护过充电和过放电并调整电池单元电压平衡的“电池监控单元(BMU)”、过充电时切断充电器等电路的触发器，以及测量电流值的霍尔效应电流传感器(HECS)等。电池外壳与电池单元和电池监控单元(BMU)等内部物体绝缘，采用接地线与外部连接。额定电压为 29.6 V，容量为 75 A·h，质量为 28 kg。

当故障发生时，Cell 4 和 Cell 5 单体电池的安全阀门没有单开，而其他 6 个单体电池的安全阀门已经打开(放气)。主电池的电池外壳鼓包，外壳的接地线熔断，BMU、触发器和 HECS 及所有的单体电池均存在热损伤。受损最严重的是 Cell 3 和 Cell 6 单体电池，Cell 3 电池的正极熔断，部分母线消失，撑杆熔接，多处电弧灼伤等。

4.6.3 航空锂电池事故后措施

事故发生后，采取一些措施，主要是壳体得到极大的加强，增加隔离和耐热能力，如图 4.6.7 所示是增加厚重外壳的 B787 锂电池。

从图中看出，电池芯之间的空隙增加，并增加阻隔层，可降低连锁反应的可能性。接线和安装件加强防火能力，一旦发生火灾也不至于很快就被毁坏。

另外，使充电系统进一步精细化，精确控制充电电压，防止过度充电。泄放管直接通向机外，不仅有效泄放有毒烟雾，还确保电解液受热膨胀后不会溢出到其他部分，引起连锁反应，且

把热源带出机外。最重要的是，新的壳体不光隔热，还阻绝空气。燃烧的三要素是燃料、温度和空气。如果没有空气存在，燃烧是不能持续的。新壳体有效地阻绝了空气，具有阻燃的作用。在波音的试验中，电解液被有意释放，壳体受到强烈加热，但由于缺乏空气，壳体内无法引起燃烧和温度飞升。即使在引入空气后，由于空间有限，而且后续空气无法进入，燃烧也只持续了 200 ms 就熄灭了。修改使得质量增加了 60 kg，基本上抵消了锂电池相比于镍镉蓄电池的质量优势。

图 4.6.7　增加厚重外壳的 B787 锂电池

如果换成镍镉电池可以避开很多锂电池的烦恼，但这不仅增加质量，还需要重新设计电池舱，以提供足够的空间，修改需要 FAA 重新认证。锂电池修改导致的质量增加必将影响耗油，而安全性提高是必须的，停飞将造成巨大直接经济损失。

但值得注意的，波音的修改方案只涉及阻止火灾的蔓延，并没有达到确保不可能起火的本质安全。

4.6.4　故障原因分析

锂电池发热的原因有过充电、过放电、内部短路、外部短路等，由于发生异常前电池电压正常，因此过充电和过放电的可能性低。

如果是外部短路，外部电阻降低后，电池单元的正极集电体会立即熔断，不会出现高温。

如果是接触电阻过高，其连接器端部会烧坏，但回收的电池没有烧毁的痕迹。因此判断发生内部短路的可能性比较高。

有分析认为，“一个单体电池发生内部短路造成热失控，热量波及到其他电池单元，从而导致横踢烧毁”。为此，按照表 4.6.2 进行试验，试验时使 6 号单体电池短路。

表 4.6.2　6 号单体电池故障模拟试验

试验条件	条件 1	条件 2	条件 3
初期电池温度/℃	70	30	30
BMU 连接	连接	连接	未连接
电池外壳接地	接地	接地	未接地
试验现象	短路 15 s 后 6 号电池放气起火，5 min 后 5 号电池放气，8 min 后 4 号电池放气，5、7、8 号电池存在热失控痕迹。6 号电池和撑杆熔化，接地线流过 200～600 A 电流	短路 46 min 后，所有电池放气。6 号短路后立即放气冒白烟，温度迅速上升到 400 ℃以上，最高达到 500 ℃。接地线流过的最大电流为 1 630 A 而烧断	6 号电池发生放气，导致温度暂时上升，没有波及到其他电池单元。撑杆、外壳未发现过热损伤
试验结果	发生热传播，所有电池单元出现热损伤	发生热传播，所有电池单元出现热损伤	仅 6 号电池单元过热，没有发生热传播

根据母线和撑杆等烧毁情况、电弧灼痕、单体电池变形，可以推断电池热失控的过程，如

图 4.6.8 所示。

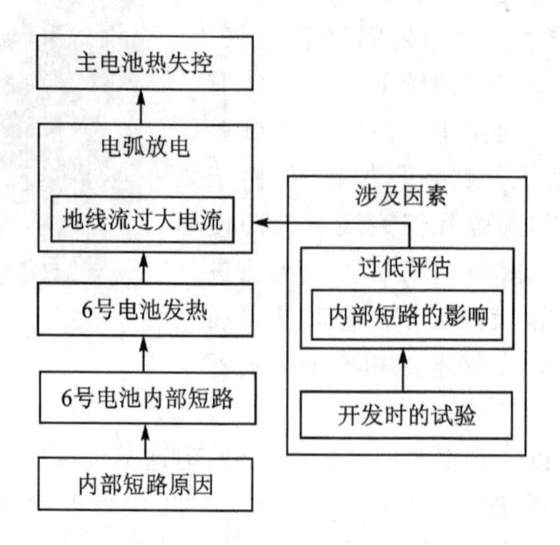

图 4.6.8　电池热失控过程

由于某种原因,6 号单体电池发生内部短路,膨胀后接触到撑杆,与接地的电池外壳发生短路,导致流过大电流,发生电弧放电。电弧放电加剧了向其他电池单元的热传播,最终造成热失控。如果在产品开发阶段进行充分的内部短路模拟使用环境试验,应该能预测到电弧放电等故障。另外,根据飞行记录器记录的电池电压数据分析,发生异常的 4 s 后,电压由 29 V 下降到 11 V,判断 6 号单体电池是最先发生内部短路的。

随着对锂电池的使用和研究的不断深入,终将解决好这一技术难题。

4.7　本章小结

航空锂离子蓄电瓶因其有体积、质量及其特性等优势已经在飞机上得到了应用。

锂电池技术是增长快速、前景看好的电池技术,由于有很高的能量质量比、没有记忆效应、自放电率低、对环境友好、循环寿命长等优点,正在被谨慎地用在飞机上。飞机上经常配备需要自主供电的系统,如紧急定位信标、救生筏和救生衣,用于烟雾探测器,发动机启动和紧急备用供电等。

锂电池有多种优越性,如寿命长、质量轻、维护少及充电时间短。其缺点是成本高、电解液易燃,不管是否使用,每年都会损失约 10%的存储容量。电池老化的速率受温度的影响,温度越高,老化也就越快。

在 B787 飞机航空锂离子蓄电瓶还带有两台蓄电瓶监视单元 BMU,对电池的充放电状态、温度等进行动态监视。对蓄电瓶的维护必须严格按照生产厂家的维护手册执行。

航空碱性锂离子蓄电瓶的安全使用十分重要,决不能误用和滥用,尤其是大功率的蓄电瓶的使用。

选择题

1. 飞机上用的锂电池,充足电时的正极材料通常是(　　)。

A. 单质锂　　B. 锂钴氧化物　　C. 碳化锂　　D. 石墨碳

2. B787 锂离子蓄电池进行容量测试间隔描述正确是(　　)。

A. 每隔 1 年进行一次容量测试

B. 容量不同,时间间隔则不同

C. 和其他航空碱性蓄电瓶一样按固定时间进行容量测试

D. 最长时间间隔为 2 年,最短为 3 个月

3. 锂离子蓄电池负极材料是(　　)。

A. 金属钴　　B. 金属锰

C. 金属锂　　D. 具有层状结构的石墨材料

4. 有关锂离子电池的比能量的说法正确的是(　　)。

A. 比能量是单位重量的功率　　B. 比能量是镍镉蓄电瓶的 3 倍

C. 比能量在 460～600 W・h/kg　　D. 比能量是铅酸蓄电池的 5 倍

5. 关于锂离子电池安全性的说法正确的是(　　)。

A. 锂离子电池的安全性较差,还没有完全达到航空电瓶的安全要求,因此绝对不能使用

B. 锂离子电池是密封型电池,维护时不需要加脱矿水

C. 锂离子电池大电流放电能力比镍镉电瓶强

D. 锂离子电池容易着火,飞机上不允许带锂离子电池,只允许托运

6. B787 机载锂离子蓄电池的充电方式的描述合理的是(　　)。

A. 恒压充电方式,充电电压为 28 V

B. 恒流充电方式,充电电流为 50 A

C. 恒流恒压充电方式,先恒流 50 A 充电,后用 32.2 V 电压恒压充电

D. 恒压限流充电方式,先限压 28 V 充电,后用 5 A 电流恒流充电

7. 锂离子蓄电池的放电测试时,正确的方法是(　　)。

A. 恒压放电方式　　B. 恒流放电方式

C. 先恒流后恒压放电方式　　D. 恒阻放电方式

8. 锂离子蓄电池进行容量测试和计算的方法正确是(　　)。

A. 放电电流和放电时间的乘积

B. 由于放电电流不固定,应采用电流对时间积分累计方法

C. 放电平均电流和放电时间的乘积

D. 由于放电电流不固定,应采用电流对时间微分的计算方法

第5章　航空电瓶维护与测试仪器使用

在内场对航空电瓶进行维护，通常有端电压测试、电瓶释压阀测试、电瓶温度控制元件测试和电瓶绝缘测试等。为了减轻维护人员的劳动强度，节约维护时间，提高维护效率，通常采用专门的仪器设备进行航空电瓶的维护。随着计算机技术和电子技术的发展，电瓶维护与测试仪器设备都实现了自动化，大大提高了工作效率。通常有航空电瓶充放电分析仪、航空电瓶释压阀测试仪、航空电瓶温度传感器校验仪、应急电池测试仪等。

航空电瓶的常用测量方法由电瓶生产厂家提供，在介绍航空电瓶各维护测试仪器的使用方法前，先对电瓶测量中的计量单位作介绍，主要介绍国际单位制即SI制和英制以及它们的转换关系。

5.1　航空电瓶充放电分析仪的使用

航空电瓶充放电分析仪(以下简称"充放电分析仪")是专门针对航空碱性镍镉蓄电瓶研制的仪器，同时也兼顾了铅蓄电瓶的充放电和测试。

航空镍镉电瓶通常是19节或20节，其中有3节以上不符合要求，整个电瓶必须报废，为此必须观察每一节单体电池的状况。例如对航空镍镉蓄电瓶进行充电、容量测试、深度放电等工作时，用传统的充放电设备进行检测，已不能满足航空镍镉电瓶的充放电要求。

5.1.1　能量回馈型航空电瓶充放电分析仪

由于在航空电瓶进行容量测试和消除镍镉电瓶的记忆效应时，必须让航空电瓶彻底放电，大量的电能必须通过电阻以发热的形式释放掉。特别是维护车间，如果有很多的电瓶同时需要放电或容量测试时，造成环境热污染和电能的严重浪费。带电瓶放电并网逆变器的航空电瓶充放电分析仪解决了这个工程应用问题。

如图5.1.1所示是能量回馈型充放电分析仪，是由电瓶放电并网逆变器(型号OXEN-5K，以下简称"并网逆变器")和充放电分析仪(型号：BCA-6)组成。

1. 充放电分析仪功能

充放电分析仪是专门为航空电瓶设计的，集充电、放电、检测和分析为一体的智能化设备，具有操作简单、精度高的特点，并配有并网逆变器进行能量回收，所以又称为能量回馈型充放电分析仪。根据航空电瓶维护手册要求，充放电分析仪能具有航空电瓶的恒压或恒流充电、放电、容量测试和深度放电，并在充放电过程中完成对所有电瓶的单体电池测试和监控，以发现单体电池的故障，充放电分析仪自带微型打印机，能打印测试结果。

能量回馈型充放电分析仪在蓄电瓶容量测试或放电时，将蓄电瓶的电能反馈给电网，可节约电能。充放电分析仪的主要功能如下：

① 参数设定后，蓄电瓶的充放电测试过程自动完成，并自动生成测试报表；

② 具有航空碱性和酸性蓄电瓶进行恒流充电、恒压充电、容量测试、电瓶补充电等功能；

(a) 电瓶放电并网逆变器　　(b) 航空电瓶充放电分析仪

图 5.1.1　能量回馈型航空电瓶充放电分析仪

③ 能够同时监测各单体电池的充放电状态,并给出欠压、过充等警告信息;

④ 能够实时显示电池测试所进行的阶段,便于操作人员灵活掌握电池的测试进程;

⑤ 实时监控电池充放电各阶段的时间、容量测试百分比等重要数据;

⑥ 设有充放电电流的上限值,防止操作失误。如果设定的电流值超出范围,系统会给出提示,重新设定,保证蓄电瓶和设备的安全;

⑦ 如果充放电电流过大,系统会自动警报或自动终止充放电操作;

⑧ 带有 USB 接口直接进行数据存储,保存蓄电瓶充放电和单体电池的测量数据。

2. 充放电分析仪主要技术指标

如表 5.1.1 所列是 BAC－6 充放电分析仪的主要技术指标,满足航空电瓶在地面进行分析的工作范围和技术要求。

表 5.1.1　BAC－6 充放电分析仪的主要技术指标

序　号	内　容	技术指标	测量精度/%
1	工作电源	市电 AC 220(1±5%)V ,50 Hz,10 A	—
2	环境温度/℃	0～40	—
3	充电电压/V	0～38	±0.5
4	充电电流范围/A	0.2～53,恒流充电:2～53	±0.5
5	放电电流范围/A	1～53	±0.5
6	测量单体电池数	19 或 20	
7	单体电池电压测量范围/V	0～2	±0.5
8	保护功能	过流、过压保护	
9	并网逆变器容量/(kV・A)	5(可用于 4 个电池同时放电)	
10	并网逆变器转换效率/%	≥82	

3. 专用适配器

通常航空碱性镍镉蓄电瓶由 20 节(19 节)单体电池组成,在进行电池检测和维护时通常要对每节单体电池进行分析和测量,将 20 节单体电池的端电压接出,可用专用接头导线或配套的盖板(为 SAFT40176 电瓶专配),如图 5.1.2 所示是航空镍镉蓄电瓶测试专用适配器。

采用专用的适配器测试装置，大大地减少了由于操作失误对充放电分析仪造成的损坏。

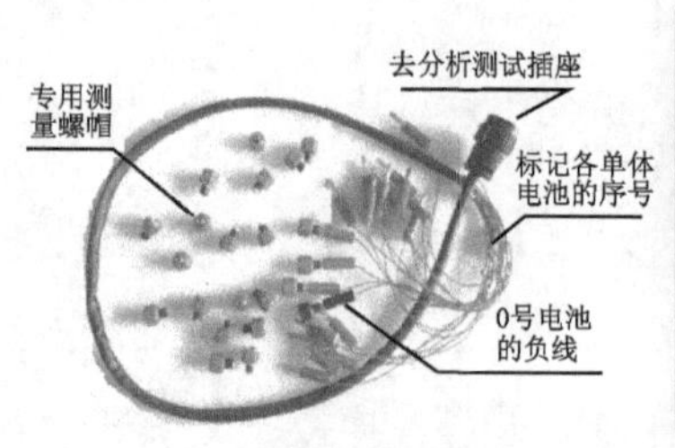

(a) 蓄电瓶通用接头

(b) 专用测量盖板(SAFT40176)

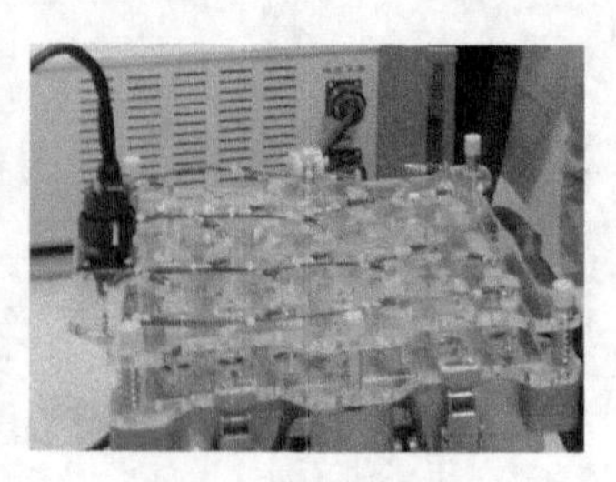
(c) 盖板连接示意图

图 5.1.2　航空镍镉碱性蓄电瓶测试专用适配器

需要说明的是在进行航空电瓶充电或容量测试时，必须接上电压测量线，酸性蓄电瓶或密封蓄电瓶可以不接电压测量线。连接方式通常有 2 种，如图 5.1.2(a)所示的是蓄电瓶通用接头，必须确保正确连接，否则会损坏充放电分析仪，也可以采用图 5.1.2(b)所示的电瓶专用测量盖板。

1) 通用接头与航空镍镉电瓶的连接

如图 5.1.3 所示是专用测量螺帽与电瓶的连接示意图，是将图 5.1.2(a)的专用测量螺帽分别依次拧在航空电瓶导电汇流条的各单体电池的螺柱上，规定电池负极接 0 号线(图 5.1.3 中黑色)，靠近负极为第 1 号电池，与 1 号电压测量线相联，根据导线上的标号依次插入专用测量螺帽，序列号为“20”的专用测量螺帽与电池的“+”相连，全部连接好后，再将电池电压测量线的插头端连接至充放电分析仪左侧面的“电压采集”插座处。

图 5.1.3　专用测量螺帽与碱性蓄电瓶的连接示意图

警告：测量线接错将造成充放电分析仪的测量线路板永久性损坏，请务必注意！

2) 专用电池测量盖板方法

采用专用测量盖板操作简单，不容易接错线，但每一块电瓶都不太一样，即使是同一型号的电池，因此必须严格检查才能使用。使用时，根据图 5.1.2(b)专用测量板的方向扣在被测电池上，测量板的卡口与电池的盖板卡口扣紧，将电源测量线与充放电分析仪相连，再将测量板的两个锁紧扳手压下。

如图 5.1.4(a)是型号为 SAFT410946 航空镍镉蓄电瓶实物图，电瓶 1～20 节的排列序号由于表面有污垢，必须认真清理，才能使用配套的专用盖板，否则造成接触不良，影响充放电及其测量。图 5.1.4(b)是它的标准排列图，端部连接条有 4 种，即 30、40、50、60，对应的蓄电瓶

排列名称为 A1。

(a) 镍镉蓄电瓶实物(旧)

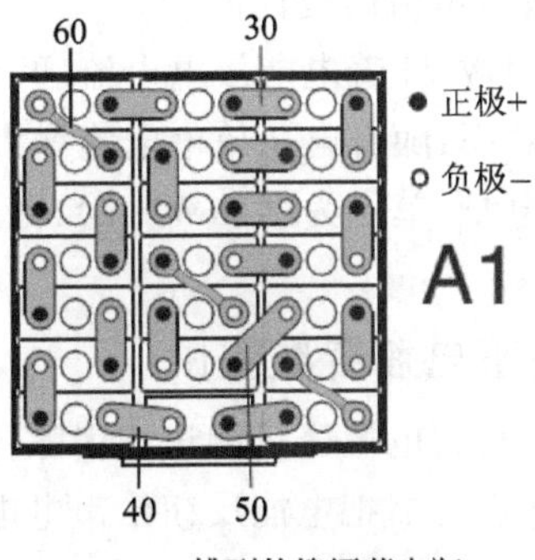

(b) A1排列的镍镉蓄电瓶

图 5.1.4　SAFT410946 电池

值得注意的是测量板只能用于同一件号，不能混用，否则容易烧毁充放电测试仪，即使是型号相同的航空电瓶也有可能单体电池排列不同，因此绝不能混用测量板，以免引起短路。此外电瓶电流汇流条生锈或不干净将影响导电性，必须清理干净。

5.1.2　OXEN－5K 并网逆变器

如图 5.1.5 所示是 OXEN－5K 电瓶放电并网逆变器，它与充放电分析仪在蓄电瓶放电时配套使用。使用时先打开面板上的并网开关，在参数显示屏上显示电压为 230 V，空载电流为 2 A，用于并网逆变器的供电与市电电网建立联系，但不消耗有功功率，随着蓄电瓶放电程度的改变，电流会增加。

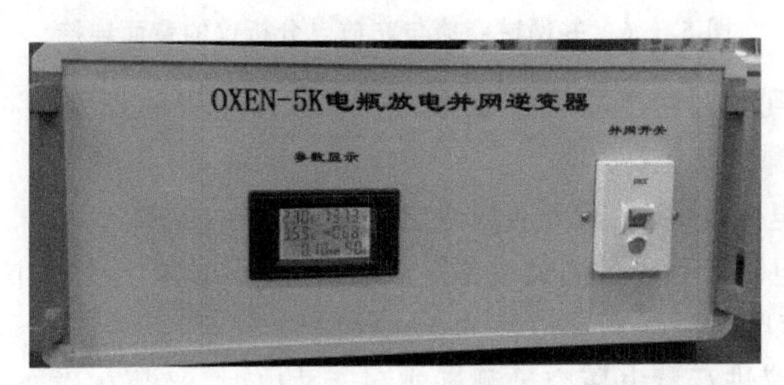

图 5.1.5　OXEN－5K 电瓶放电并网逆变器

1. 空载工作

① 空载电压：市电电网电压，额定值为 220 V，50 Hz；

② 空载电流：空载时约 2 A，用于与电网建立联系，但不消耗有功功率；

③ 功率因数：空载时接近于 0，随着蓄电瓶放电电流增大而增大；

④ 功率：空载时为 0，随着电瓶放电电流增大而增大；

⑤ 工作频率：50 Hz；

⑥ 回馈电量：累计返回电网的电度数即 kW・h，空载时为零。

2. 负载工作

① 输出电压：逆变器输出电压与市电电压一致，即为 220 V，50 Hz；

② 输出负载电流：除了建立与电网联系的空载电流外，还有回馈给电网的电流，电流的值将随着电瓶放电电流改变而改变；

③ 功率因数：随着电瓶放电电流增大而增大；

④ 回馈功率：随着电瓶放电电流增大而增大；

⑤ 回馈电量：单位为度（kW·h），即累计回馈电网的电度数，按压仪表板上的复位按钮可以清零。

3. 镍镉蓄电瓶容量测试

如果要进行蓄电瓶容量测试或消除镍镉蓄电瓶的记忆效应而放电，可采用将蓄电瓶的剩余电量经并网逆变器把电能反馈给市电电网，有利于节约能源。

并网逆变器最大回馈功率达到 5 kV·A，可以同时带 4 个 BCA-6 充放电分析仪，对蓄电瓶进行容量测试或电能回馈给电网，其连接方法是用专用电缆一头拧在 BCA-6 后面板的四针航空插座上，另一端拧在并网逆变器后面板的四个四针航空插座的任意一个上，如图 5.1.6 所示，注意一定要拧紧。

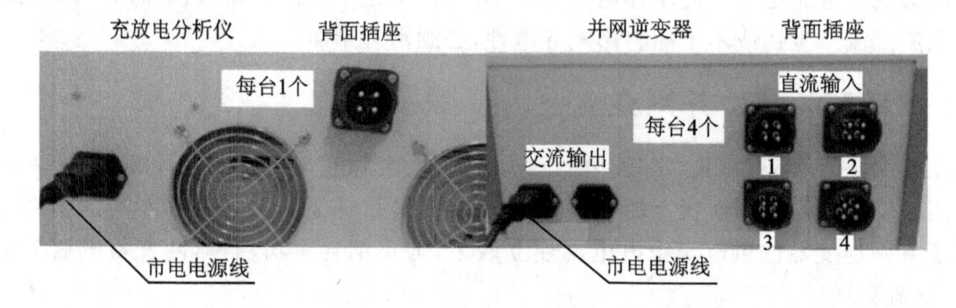

图 5.1.6 并网逆变器与充放电分析仪的背面连接

将市电电源线插到并网逆变器后面板的两个电源插座中的任意一个里，市电电源线另一端插头插到市电的电源插座上。

单台航空镍镉蓄电瓶放电时，需要回馈给电网电流约 5 A 左右。如果有 3 台或 4 台 BCA-6 充放电分析仪对航空电瓶进行容量测试或深度放电时，要同时插上两根市电电源线向市电电网回馈电能（通常单根市电电源线额定电流为 10 A）。

利用充放电分析仪进行蓄电瓶容量测试或深度放电时，必须在逆变器空载状态下，先打开并网逆变器前面板的并网开关，并网逆变器前面板的显示的读数正常，方可进行电能回馈。

4. 应用软件的使用

充放电分析仪接通电源后开机，启动进入主页面，如图 5.1.7 所示，主页面上有 4 个菜单，分别是恒压充电、恒流充电、容量测试和参数校准，其中参数校准属仪器本身调试。

充电方式通常有恒压充电、恒流充电，这里以恒流充电方式为例说明其操作使用。

1）恒流充电

按下图 5.1.7 中的“恒流充电”按钮后，则显示图 5.1.8 所示的恒流充电参数设定界面，根据界面提示进行下列参数设置。

图 5.1.7　BCA-6 软件页面

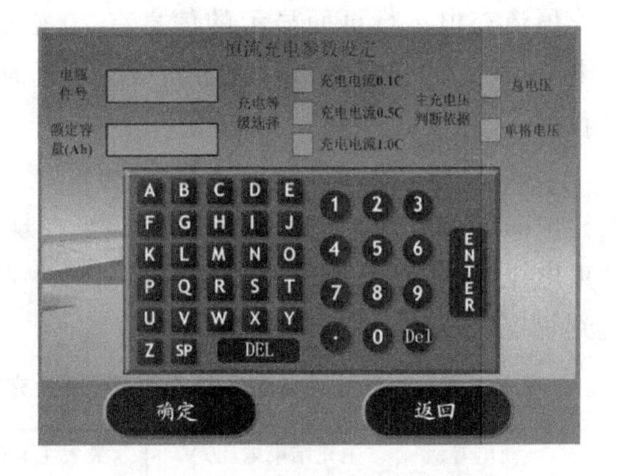

图 5.1.8　恒流充电页面设置

(1) 电瓶件号

电池件号可以为字母和数字的组合，最多只能输入 8 位，例如某实验室有教学专用的镍镉碱性蓄电瓶 20GNC36。

(2) 额定容量(A・h)

额定容量必须为数字，最高限制输入 50 A・h，例如某实验室教学用镍镉碱性电瓶为 36 A・h。

(3) 充电等级选择

充电等级通常设有 0.1*C*、0.5*C* 和 1*C* 三种方式，其中最小的充电电流为 0.1*C*，最大的充电电流为 1*C*，必须根据实际需求进行选择。如图 5.1.9 是选择 0.5*C* 的充电等级在充电中。

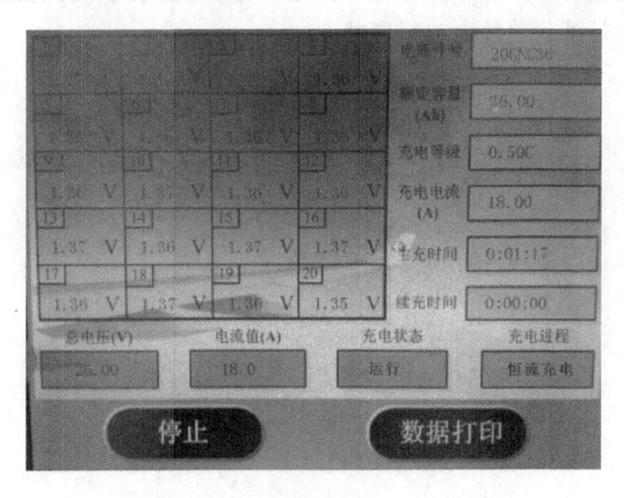

图 5.1.9　20GNC36 用 0.5*C* 充电中

(4) 充电完成判断依据

如图 5.1.9 所示，默认的充电完成判断依据是 20 节单体电池的电压总和，当充电电压达到被充电蓄电瓶规定充满值时，认为该种充电完成。同时页面上仍能显示 20 节单个电池的电压值，用以判断其中的单体电池是否损坏，判断单体电池是否需要更换。

参数设定可采用手动修改设定，当所有信息均输入完毕后，才能进入恒流充电页面。根据图 5.1.8 所示的界面，当单击“运行”按钮时，进入恒流充电方式，当单击“小电流续充”按钮时，则进入小电流续充方式。

恒流充电运行页面显示的信息有20格单体电池电压、电池序号、额定容量、充电等级、充电电流(设定的充电电流)、主充时间、续充时间、总电压(实时充电)电流值、充电状态和充电进程。

如表5.1.2所列是航空镍镉蓄电瓶(型号:SAFT40176)的充电等级与主充结束电压、最大充电时间和补充充电时间的关系。当在规定充电等级和充电时间内,电池电压达不到主充结束电压时,根据民用航空器维修CMM手册规定自动进行补充充电后进行0.1*C*续充,如果达到规定电压,直接进行0.1*C*续充。

表5.1.2 充电等级与主充结束电压、最大充电时间和补充充电时间的关系(型号:SAFT40176)

充电等级	主充结束电压/V	最大主充时间/h	补充充电时间/h	0.1*C*续充时间/h
0.1*C*	30.0	10	2	4
0.5*C*	31.0	2	30	4
1.0*C*	31.4	1	15	4

(5) 0.1*C* 小电流续充

小电流续充常采用0.1*C*的方式充电,充电时间持续4 h左右,这种充电方式是针对需要对维修后的航空电瓶或存储的航空电瓶进行充电而设置的。

(6) 单体电池故障报警

如果充放电分析仪检测到某单体电池高于1.75 V时,进行报警。当充电过程完成后,系统将自动停止并在充电进程中显示充电完毕。此时充放电分析仪会自动打印充电过程数据信息,如图5.1.10所示是某些单体电池报警状态。

图5.1.10 2号和12号单体电池报警

值得注意的是,在小电流充电结束前10~15 min,测量每个单体电池的电压,必须为1.5~1.7 V,有的航空电瓶规定为1.53~1.75 V,具体数值应根据CMM手册而定,如果在电解液液面高度符合要求时,蓄电瓶电压不在规定的范围内,必须更换单体电池,如果每组航空电瓶有3个单体电池故障,则必须更换整个蓄电瓶。

5. 容量测试

航空镍镉电瓶和铅酸电瓶的容量测试则不同,下面分别介绍。

1）航空镍镉蓄电瓶容量测量

由于航空镍镉电池的电解液不参与化学反应，因此只能用放电的方法进行容量测试。将充满电的蓄电瓶用 1C、$C/2$ 或 $C/4$ 放电，放到第一个单体电池电压等于 1 V 时，停止放电，放电电流乘以放电时间就是航空镍镉蓄电瓶的容量。

（1）页面设置

打开充放电分析仪电源开关，进入如图 5.1.11 所示的容量测试设置页面。根据提示信息输入有关数据。需要注意的是额定容量输入必须为数字，最高限制为 50 Ah，放电等级 0.5C、0.85C 或 1C。需要说明的是如果采用 0.85C 对航空碱性镍镉电瓶放电，达到一小时，则该航空电瓶就容量而言，可以满足适航条件，装备飞机使用。

只有所有信息均输入完毕后才能进入容量测试页面，如图 5.1.12 所示是容量测试显示页面。进入恒流界面后仪器将测量电池的单格电压和总电压并显示。单击运行按钮会进入容量测试过程，单击深度放电按钮则会进入深度放电过程。

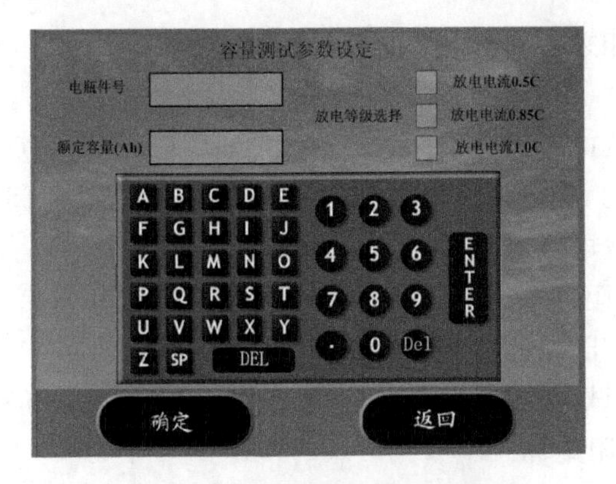

图 5.1.11　容量测试设置页面

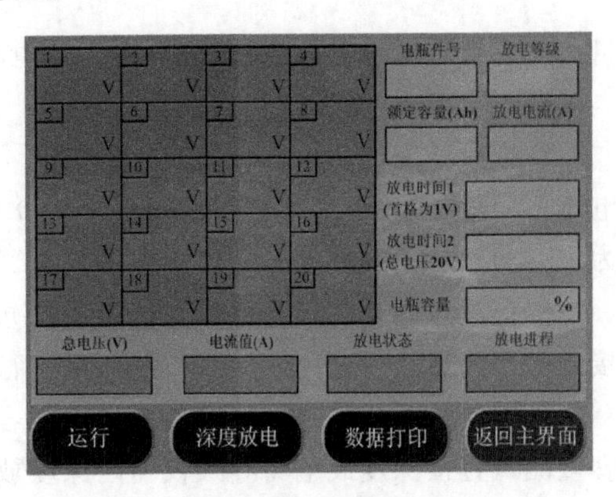

图 5.1.12　容量测试显示页面

（2）镍镉电池测试实例及分析

如图 5.1.13 所示是教学专用电瓶 20GNC36 采用 1C 恒流放电测试页面，显示页面上包括单体电池电压、总电压、放电电流值、放电时间 1，即首格达到 1 V 的时间，放电时间 2 为总电压到 20 V 的时间和电池容量等信息。当出现某个单体电池电压低于 1 V 或电池反极性后会显示报警，即图中的 3、7、8、9、10、11、12、17、19 号单个电池低于 1 V。

放电进程包括：恒流放电、快速放电和放电完毕。恒流放电表示电池正处于恒流放电状态，用于检测电池容量。电池容量为充满的电池，恒流放电到首格到达 1 V 放出的 Ah 数，首格到达 1 V 后，容量测量停止。快速放电也是恒流放电，表示首格到达 1 V 后，电池放电到总电压 20 V，对一些要求以总电压为容量测量的场合，可以通过电流和时间相乘得出 Ah，从而计算容量。如果放电完毕表示系统放电过程完成，当放电过程完成后，系统将自动停止并在放电进程中显示放电完毕，仪器会自动打印放电过程数据信息。

从图 5.1.13 中可以看出，采用总电压为判断放电结束依据，被测电池的容量为 117.75%，放电时间 1 历时约 1 h10 min，放电时间 2 历时 44 s，并显示被测电池已经放电完毕，可以进行数据打印。

2）铅酸蓄电瓶的电瓶容量测量

值得注意的是当不接电压测量线，如航空酸性蓄电瓶或封闭式铅酸蓄电瓶，仪器不显示容

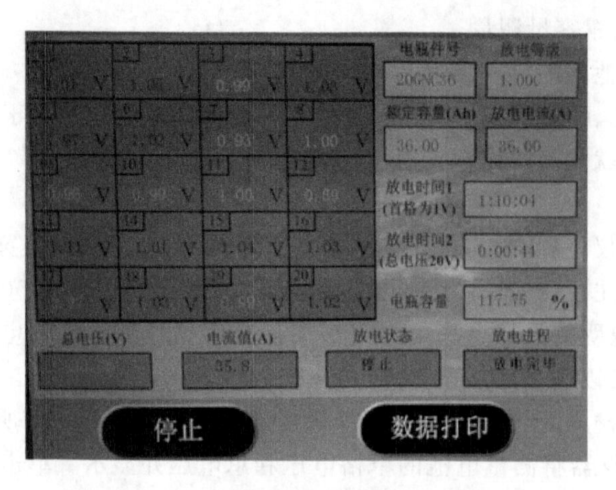

图 5.1.13　容量测试页面(1C 放电)

量。如要知道电瓶容量,将放电电流和放电时间相乘得到蓄电瓶的容量。

3) 深度放电

容量测试完成后,可以进行深度放电。深度放电过程中不再测量单体电池电压、总电压及电流值信息,将单体电池之间短接一个 1 Ω 的电阻,记录深度放电的时间,深度放电默认时间为 15 h,放电 15 h 后会自动停止深度放电,深度放电时可以无人值守。

值得注意的是重新开机后才能将 1 Ω 短接电阻断开。在进行下一个电池的充放电测试,接上电压测量线时,务必开机后进行,或进行一次开关机。

还需要注意的是深度放电前必须进行容量测试,将航空电瓶储存的电量彻底释放。未经容量测试直接深度放电将导致仪器内深度放电电阻烧坏。

6. 充放电分析使用注意事项

① 打开主机电源时,注意机箱侧面的冷却风扇必须正常工作;

② 进行深度放电后,在插上被测电瓶充放电电缆和电压测量线之前,务必先打开主机电源,以确保机内短接电阻放开,否则将造成设备损坏!

③ 充放电主线缆与电瓶的连接必须可靠,插头必须拧紧,如接触不良,会产生火花;酸性电瓶电缆正负千万不能夹错;

④ 电瓶单体电池电压测量线必须按顺序接好,单独一个黑或红插头必须接在电瓶的负极端,不能接错,否则会把采样板烧坏;用测量盖板,必须是该型号电瓶专用,否则会把测量盖板烧坏;

⑤ 深度放电时,当满足所有电瓶单元都低于 1 V 时,仪器自动将 1 Ω 电阻接到单个电池上,这时可以关闭仪器电源;重新开机后才能将 1 Ω 电阻断开,这样才能进行下一个电瓶的充放电!必须注意!

⑥ 在运行过程中,如故障灯亮,说明充放电电压或电流超过规定值,务必查出原因后方能继续运行;

⑦ 在拧开排气阀时,必须用专用工具,或工具外表有绝缘保护,防止造成单体电池的短路;电解液有强腐蚀性,注意防护;

⑧ 仪器内无任何调整装置,请不要自行打开机壳,以免造成危险;电源保险管在仪器后面

的电源插座上，更换时用螺丝刀挑开；

⑨ 仪器在停止使用后，请用防尘布遮盖，防止灰尘、水、金属屑等外来物进入设备内，影响设备的使用和操作安全；

⑩ 如果使用过程中出现紧急情况，请直接关闭电源。

5.2　航空电瓶释压阀测试仪

航空电瓶释压阀是航空碱性电瓶的重要元器件，电瓶在地面或飞行中工作时（充电或放电）会产生气体，当气压大于 10 psi（69 kpa）释压阀必须自动打开，否则会引起电瓶内压过大而爆炸；当气压小于 2 psi（13.8 kpa），释压阀必须自动关闭，防止电解液溢出、灰尘进入电瓶以及避免空气中酸性气体与电解液起反应而降低电瓶容量。因此，操作维护手册（Operating and Maintenance Manual 简称 OMM 手册）规定，释压阀必须定期进行检查。

1. 释压阀测试仪

如图 5.2.1 所示是 BVT－1 航空电瓶释压阀测试仪（以下简称“释压阀测试仪”），根据航空电瓶操作维护手册而设计开发的，专门用于航空镍镉电瓶释压阀测试的仪表，内置独立气泵，无须外接气源即可实现对电瓶释压阀的测试，并配有两种常用航空电瓶释压阀接口（SAFT 和 Marathon）。

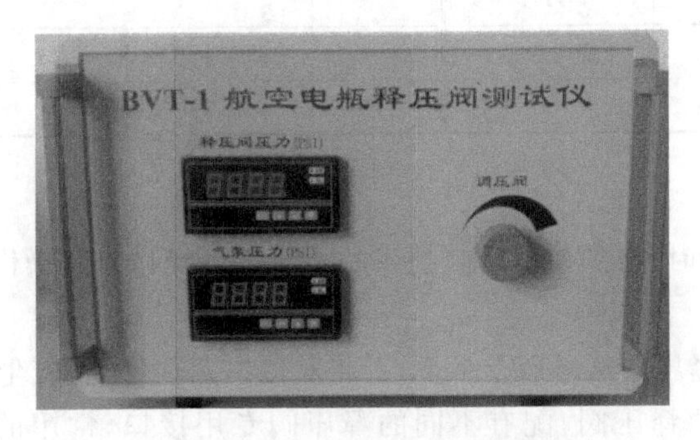

图 5.2.1　航空电瓶释压阀测试仪

如图 5.2.1 所示是 BVT－1 航空电瓶释压阀测试仪的前面板，面板上有释压阀压力指示表、气泵压力指示表和释压阀压力调压阀。

1）气泵压力指示

释压阀测试仪内部自带有专用气泵，其读数由气泵压力指示表显示，如图 5.2.1 所示，且接通电源时的气泵压力为 22 psi。

2）释压阀压力指示

待测的释压阀上的气压压力由面板上的“释压阀压力”指示显示，显示数据范围是 0～12 psi；

3）调压阀

前面板上的调压阀是用来调节施加到蓄电瓶释压阀上气压压力的。

4）后面板

如图 5.2.2 所示是释压阀测试仪的后面板，装有测试仪的电源开关和气压输出管路接头，通过接头与航空碱性蓄电瓶通气阀门连接。右上角是释压阀测试仪的铭牌。

(a) 后面板

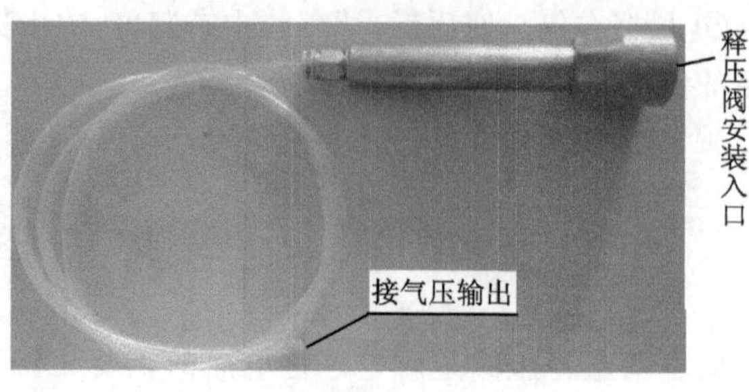

(b) 气压输出管路接头

图 5.2.2　BVT－1 航空电瓶释压阀测试仪后面板

2. 主要技术指标

如表 5.2.1 所列，是 BVT－1 航空电瓶释压阀测试仪的主要技术指标。

表 5.2.1　BVT－1 航空电瓶释压阀测试仪的主要技术指标

序　号	参数名称	参数值	序　号	参数名称	参数值
1	压力范围/psi	0～20	5	压力音响报警范围/psi	≤2
2	单次测量阀数/支	1			≥10
3	压力调节特点	连续可调	6	工作电源电压/V，Hz	交流 220(1±5%)，50
4	压力保护功能	最大气压保护	7	压力测量误差/%	≤1

3. 操作步骤

释压阀测试仪使用时，必须按照厂家提供的手册进行操作。其操作步骤如下：

1）测试准备

① 用专用工具把释压阀从电瓶上拆下，并将阀门口盖住，防止灰尘进入电瓶；

② 不同型号电瓶的释压阀，配有不同的释压阀专用接口，常用的航空碱性电瓶类别有 SAFT 和 Marathon；

③ 将专用气管一端插在释压阀测试仪后面(见图 5.2.2)的气压输出口，另一头连接至释压阀专用接口的快速插头上；

④ 将待测的“释压阀”拧到“释压阀专用接口”上并拧紧再将其没入装有水的容器中；

⑤ 连接并接通电源，并将压力调压阀拧到最小。

2）低压测试

观察释压阀压力指示的读数，通过调压阀调节其压力至略小于 2 psi 且保持不变，观察水中的释压阀是否漏气。

① 若有气泡冒出并有声音报警，则说明“释压阀”不符合要求需要更换；

② 若没有气泡冒出，说明释压阀的低压测试通过，需做进一步的高压测试。

3）高压测试

已经通过低压测试的释压阀必须进一步做高压测试。操作时缓慢顺时针转动调压阀，当释压阀的压力≥10 psi 时，根据出现的现象可以判断释压阀是否合格。

(1) 释压阀不合格

实验中，浸没在水盆中的释压阀没有气泡冒出，而测试仪伴有音响报警，说明释压阀故障，需要维护、清洗或更换释压阀，并将合格的释压阀装上航空碱性电瓶。

(2) 释压阀合格

实验中，浸没在水盆中的释压阀有气泡冒出，说明释压阀正常，高压测试通过；

需要说明的是不同型号的释压阀其测试压力值可能不一样，具体规定请参照有关工卡和维护手册的要求。

4) 测试完毕

逆时针旋转调压阀，调低释压阀压力指示表的读数，待读数基本接近 0.00 psi 时，关闭释压阀测试仪的电源。

5.3 航空电瓶温度传感器校验仪

航空电瓶的充放电特性都与温度有关，多数航空电瓶装有电瓶温度控制元件，以防止电瓶工作在超温状态而损坏电瓶，低温时造成电瓶输出容量不足。

安装电瓶温度控制元件可以在超温时停止给电瓶充电，以保护电瓶，低温时为电瓶加热，以提高充电效率和放电容量。

如图 5.3.1 所示是专门为航空电瓶制作的温度传感器校验仪(下称“温度校验仪”)，是航空电瓶热敏开关和温度传感器进行测试的专用设备。温度校验仪采用最先进半导体致冷和致热技术，并采用了工控机和美国 NI 数据采集卡，具有测量精度高，操作方便，能根据手册自动完成复杂的测试过程。校验仪包括两部分，即图 5.3.1(a)半导体冷热阱和图 5.3.1(b)传感器校验仪。

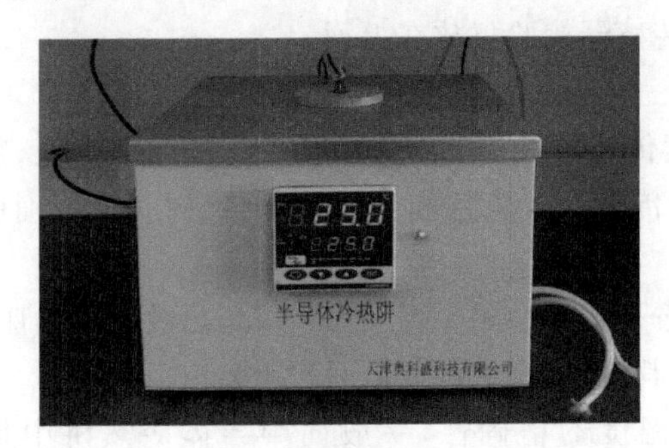

(a) 半导体冷热阱

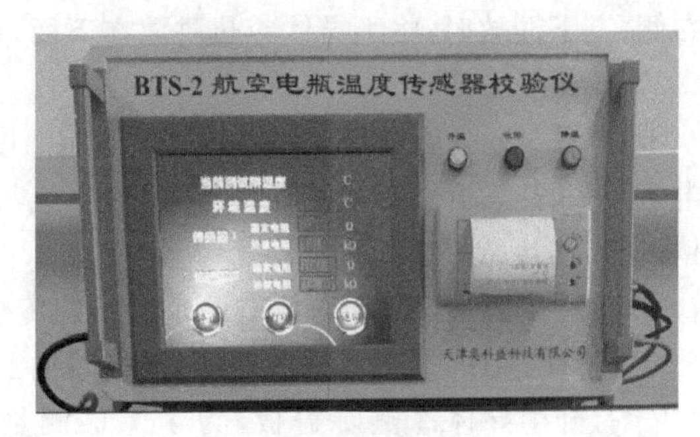

(b) 传感器校验仪

图 5.3.1 BTS-2 航空电瓶温度传感器校验仪

1. 温度控制方式

电瓶温度传感器校验仪通常有两种温度工作模式，即热敏开关模式和温度传感器模式。

1) 热敏开关

热敏开关通常有超温热敏开关和低温热敏开关，如 SAFT40176-7 电瓶的热敏开关，即当温度过高时立即停止电瓶放电，又当电瓶温度低于-1 ℃时，电瓶加温。

2）温度传感器

温度传感器实际上是一个热敏电阻，通常采用具有负温度系数（Negative Temperature Coefficient NTC）的热敏电阻，常温下热敏电阻阻值很高，可减轻供电电源的负担，当由于某种原因使温度升高时，热敏电阻的阻值迅速下降，利用这个信号切断电瓶的供电电路。

如 SAFT4579 和 SAFT442CH1 电瓶都用温度传感器进行温度控制。

为确保飞行安全，航空电瓶温度传感器必须定期检测。传感器不同，测试方法也不一样。测试时要拆下热敏开关或温度传感器，按照有关电瓶维护手册规定步骤测试。

2. 技术指标

BTS－2 航空电瓶温度传感器校验仪的主要技术指标如表 5.3.1 所列。

表 5.3.1　BTS－2 航空电瓶温度传感器校验仪主要技术指标

序　号	参数名称	参数值	序　号	参数名称	参数值
1	工作电源电压/V，Hz	交流 220（1±5%），50	4	超调范围/℃	≤3
2	环境温度/℃	0～40	5	调温精度/℃	≤0.3
3	被测温度范围/℃	－10～＋75	6	测量误差/%	<1

3. 安装和接线方法

在使用 BTS－2 校验仪前必须熟读产品说明书，严格按照操作流程使用 BTS－2 校验仪装置，确保设备和人员的安全。

1）安　装

BTS－2 航空电瓶温度传感器校验仪由传感器校验仪和半导体冷热阱组成。通常有两种摆放方式，即左右摆放和上下摆放。左右摆放时，将半导体冷热阱放在左侧，传感器校验仪放在右侧；上下摆放时，将半导体冷热阱放在下面，传感器校验仪放在上面。

2）接线方法

① 如图 5.3.2 所示是 BTS－2 航空电瓶温度传感器校验仪的传感器校验仪与数据线、热敏电阻插头、热敏开关插头的连接图，将数据线与传感器校验仪和半导体冷热阱相联，为确保连接可靠，连接装置必须拧紧；

② 传感器校验仪背面右侧有两个典型的传感器插座，其中一个是 5 芯，是热敏电阻插座，另一个是 4 芯插座，是热敏开关插座，测量时插上其中一种（也可以同时插上）；

③ 打开半导体冷热阱盖板，为了保证测量温度的精确性，一般向半导体冷热阱中加 150 mL 水，水位大约到阱的中部；

④ 将热敏开关或温度传感器通过阱盖板的小孔插入，并放入温度阱底部，盖好温度阱盖板；

⑤ 分别打开温度阱和传感器校验仪电源。

3）注意事项

① 测量完成后，一定要用专用的针筒（如图 5.3.3 所示）把水抽出，并用布擦干，以防止半导体冷热阱受到腐蚀。

② 校验仪不工作时，一定要把半导体冷热阱的盖板盖好，防止灰尘调入温度阱内，必须保持温度阱干净，否则直接影响测量精度。

(a) 热敏电阻插头

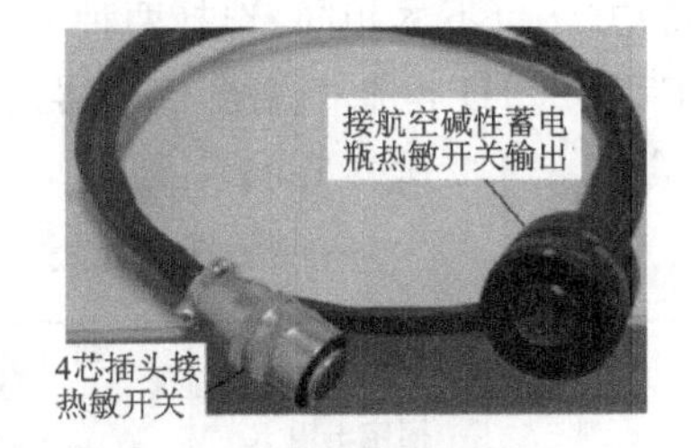

(b) 热敏开关插头

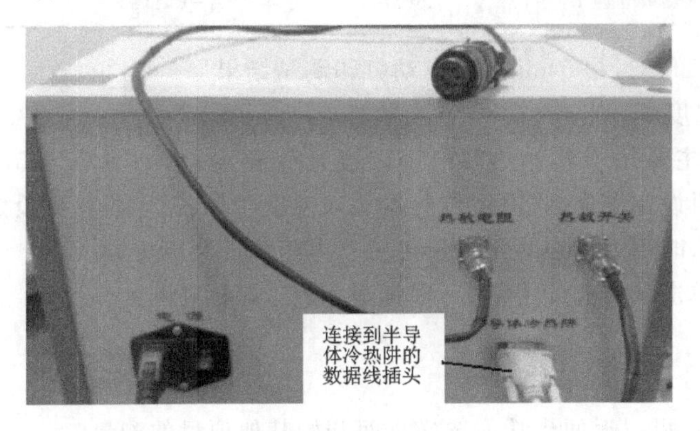

(c) 传感器校验仪背面

图 5.3.2　传感器校验仪与热敏电阻、热敏开关及半导体冷热阱的连接

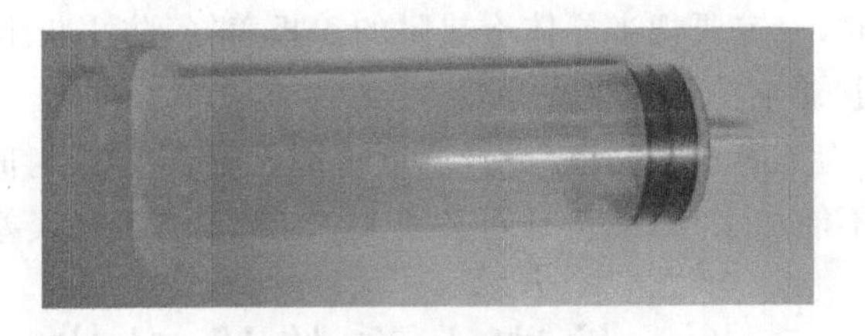

图 5.3.3　专用针筒(200 cc)

4. 操作方法

1）实验操作

① 打开图 5.3.2(b)所示的传感器温度校验仪的电源开关，页面上有热敏开关测试、热敏电阻测试和手动设置温度。

需要注意的是出厂前已经对半导体冷热阱 PDI 等控制参数进行设定，使用时不必对其做任何设定。

② 点击触摸屏，按下选择测量对象。

③ 热敏开关测试。

热敏开关测试主要满足 SAFT40176－7 电瓶热敏开关的类型设计的，由于测试程序很复杂，测试时间长，采用自动测试方法，仪器按 CMM 手册自动进行，不需要人为干预，测量结果由微型打印机自动打印出来。

④ 热敏电阻测试

热敏电阻温度传感器等效为与温度相关的电阻，具有 NTC 负温度系数，由于 NTC 种类较多,实验方法也不尽相同,选择两种 NTC 为例进行说明。

SAFT442CH1 电瓶的温度传感器按照 CMM 手册规定的测试,在常温 25 ℃(77 ℉)下测量,并符合表 5.3.2 所列要求。

表 5.3.2 热敏电阻测试数值对照表

序 号	测量对象	测量温度/℃(℉)	插 针	电阻值
1	固定电阻 R	25(77)	B-C,E-F	100 Ω±1 Ω
2	热敏电阻 T	25(77)	A-C,D-F	30 kΩ±3 kΩ

当温度恒定在 25 ℃,约 5 min 时,自动打印测试结果。

⑤ 手动设置温度

手动设置温度主要用于其他热敏电阻温度传感器测试,如 SAFT4579 电瓶温度传感器等,根据 CMM 手册设定温度,将温度传感器放入温度阱,当温度阱达到设定温度并稳定后,恒温时间开始计时,这时用万用表直接测量传感器电阻值或通断电路。

温度设定时,单击设定温度方框,出现键盘,设定温度范围为:-10~75 ℃,按下"Enter"键,再按"运行"键。

2) 注意事项

① 测量结束后,可以返回到功能选择页面开始其他项目的测量。

② 测量完成后,一定要用专用的针筒把水抽出,并用布擦干,以防止半导体冷热阱受到腐蚀。

③ 校验仪不工作时,一定要把半导体冷热阱的盖板盖好,防止灰尘进入温度阱内,必须保持温度阱干净,否则直接影响测量精度。

④ 设定负温度时,为了防止水结冰,最低温度不能低于-1 ℃,时间不能超过 5 min,如设定温度大于-1 ℃,则不能加水,但恒温时间必须大于 15 min,否则误差要增大。

5.4 航空电瓶绝缘测试

当电池与电池壳体之间的绝缘被击穿后,将产生泄漏电流。最有可能引起绝缘失效的情况是单体电池泄漏的电解液,在单体电池的接线柱与电池壳体之间形成导电通路,直接影响电池的性能和容量。电池与外壳的绝缘测试通常有两种方法测量。

用兆欧表测量绝缘电阻,及用测量电流功能模拟万用表。这里主要介绍兆欧表的原理和使用。

5.4.1 兆欧表功能简介

兆欧表也叫绝缘电阻表,是用来测量电气设备的绝缘和高值电阻的仪表。兆欧表由一个手摇发电机、表头和三个接线柱(L:线路端;E:接地端;G:屏蔽端)组成。

兆欧表有两种:手摇发电机式,指针式表盘读数式,俗称摇表,如图 5.4.1 所示是手摇式兆欧表。

摇表在使用时需要双手进行操作,有些设备的测试甚至需要两个人配合操作,很不方便。

如图 5.4.2 所示是数字脉冲式兆欧表,测试电路由电池电压上升到所需的电压,测试结果

由显示屏直接显示读数，使用更简单、读数更方便。

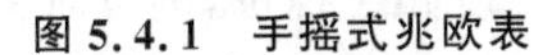

图 5.4.1　手摇式兆欧表

图 5.4.2　数字脉冲式兆欧表

5.4.2　兆欧表的工作原理

手摇式兆欧表的原理如图 5.4.3 所示，图中 G 为手摇发电机，发电机组件由摇柄、防逆转系统、传动齿轮、离心式摩擦调速系统、发电机等组成；电路系统由倍压整流电路及测量装置磁电式双动圈流比计组成，仪表的指针固定在双动圈上。仪表的三个接线柱分别是：线路端 L、接地端 E、屏蔽端 S。

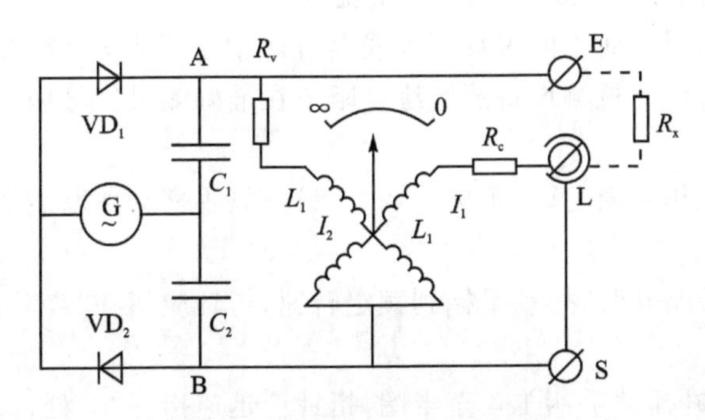

图 5.4.3　手摇式兆欧表原理图

顺时针摇动兆欧表手柄时，手柄使棘轮、齿轮、离心摩擦调速等机构转动，并带动发电机转子以 5 倍于手柄的转速旋转，定子线圈输出交流电压。棘轮系统是防止转子逆转，离心摩擦调速系统防止超速。手柄以额定转速转动时，定子线圈将输出的交流电压，经二极管 VD_1、VD_2，电容 C_1、C_2 倍压整流后，在 A、B 两端输出高压直流电。测量时被测电阻 R_X 接于兆欧表的“线路端 L”与“接地端 E”之间。电压线圈 L_1、电阻 R_c 和被测电阻 R_x 相串联，电流线圈 L_2 和电阻 R_v 相串联，然后再并联接至 A、B 两端。设线圈 L_1 电阻为 r_1，线圈 L_2 电阻为 r_2，当摇动手摇发电机时，兆欧表将输出高电压 U，则两个线圈通过的电流分别为：

$$I_1=\frac{U}{r_1+R_c+R_x} \tag{5.4.1}$$

$$I_2=\frac{U}{r_2+R_v} \tag{5.4.2}$$

式(5.4.1)除以式(5.4.2)得

$$\frac{I_1}{I_2}=\frac{r_1+R_c+R_x}{r_2+R_v} \tag{5.4.3}$$

式中的 r_1、r_2、R_c 均为定值,仅被测电阻 R_x 为变量,所以改变 R_x 会引起比值$\frac{I_1}{I_2}$的变化。由于线圈 L_1 与线圈 L_2 绕向相反,流入电流 I_1 和 I_2 在永久磁场的作用下,在两个线圈上分别产生两个相反的转矩 T_1 和 T_2,由于气隙磁场不均匀,因此 T_1 和 T_2 既与对应的电流成正比,又与其线圈所处的角度有关。当 $T_1 \neq T_2$ 时指针发生偏转,直到 $T_1 = T_2$ 时,指针停止。指针偏转的角度只决定于 I_1 和 I_2 的比值,此时指针的刻度是被测设备的绝缘电阻。

当 E 端与 L 端短接时,I_1 为最大,指针顺时针方向偏转到最大位置,即"O"位置;当 E、L 端未接被测电阻时,R_X 趋于无穷大,指针逆时针方向转到"∞"位置。

用具有测量电流功能模拟万用表,选择万用表的 250 mA 挡位,测量时将负表笔接电瓶壳体,正表笔分别接各个单体电池正极,如果表针向零偏转,说明绝缘不合格,必须对电瓶进行分解清洁,在分解和清洁后再次测量,如果单体电池测量时表针还有偏转,则必须更换。

5.4.3 兆欧表的选用原则

1. 额定电压等级的选择

一般情况下,额定电压在 500 V 以下的设备,应选用 500 V 或 1 000 V 的摇表;额定电压在 500 V 以上的设备,选用 1 000～2 500 V 的摇表。

电阻量程范围的选择。摇表的表盘刻度线上有两个小黑点,小黑点之间的区域为准确测量区域。所以在选表时应使被测设备的绝缘电阻值在准确测量区域内。

2. 兆欧表的校验

将兆欧表固定在工作台面上,一手按住表身,另一只手摇动兆欧表摇柄。

(1) 开路校验

就是将兆欧表的线路开路,摇动手柄到额定转速,指针应指在"∞",说明兆欧表机构正常。

(2) 短路校验

将两接线短接,缓慢摇动手柄 1/4 至半圈,指针应迅速指在"0"处,说明兆欧表接线及表笔正常可用。

(3) 兆欧表的使用规定

顺时针方向由慢到快摇动兆欧表的手柄,当转速达到 120 $r \cdot min^{-1}$ 时,手柄发电机保持匀速,不可忽快忽慢而使指针不停地摆动,保持在 120 $r \cdot min^{-1}$。

兆欧表摇动 1 min 后的读数为准,因为在绝缘的直流电阻率是根据稳态传导电流确定的,并且不同的材料的绝缘体,其绝缘吸收电流的衰减 $r \cdot min^{-1}$ 时间也不同。通常 1 min 后趋于稳定。

(4) 测量完毕拆线

非电容性负载:直接拆线;

小容量容性负载:拆线前要进行放电;

大容量容性负载:拆线时保持转速不变,用一只手拆下 E 端即负极接线端,然后再对被测设备放电,放电方法是将测量时使用的地线从摇表上取下来与被测设备短接一下即可,最后再拆线。

在兆欧表手柄未停止转动或被测物体设备未放电前,不可用手去触及被测物的测量部位及引线的金属部分,以防触电。

5.4.4　兆欧表的使用方法及注意事项

① 兆欧表外观完好没有任何缺陷，并定期校验其准确度。

② 根据测试系统或线路的电压等级选择合适的兆欧表或合适的量程。

③ 为了防止发生人身和设备事故及得到精确的测量结果，在测量前必须断开系统线路开关和电门，并将被测线路和设备与其他线路和设备脱开，并对有大电容、大电感的设备或回路进行临时接地或短路放电。

④ 被测物表面要清洁，减少接触电阻和漏电流。

⑤ 在测量时被测设备上不能有工作，不能用手接触兆欧表的接线端和被测回路，以防触电。

⑥ 禁止在雷电时或高压设备附近测绝缘电阻，不可以在强磁场和强电池中使用。

⑦ 测量前要对兆欧表进行校验，判断其是否处于正常工作状态。

⑧ 测量时必须正确接线。

⑨ 手摇式兆欧表检测时，按顺时针方向由慢到快摇动兆欧表的手柄。

⑩ 测量完毕进行拆线。对非电容性负载直接拆线即可。对大电容负载，拆线时保持兆欧表的转速不变，对于小电容性负载，拆线前要进行放电。

5.5　EBT-2 航空应急电瓶测试分析仪

5.5.1　概　述

应急照明电瓶组件独立于飞机电源系统，在飞机电源失效和主电瓶失效的情况下，飞机迫降时，提供应急逃生照明。如 B737、B747、B757、B767、B777 等现代飞机使用 BPS7-3 应急照明电瓶组件，内装有 6 节镍镉干电池，额定电压 7.2 V，额定容量 3.5 A·h。

根据适航要求，应定期对应急照明电瓶进行维护和容量检查。检测程序必须严格按 CMM 手册规定进行。如图 5.5.1 所示是专门研制的 EBT-2 航空应急电瓶测试分析仪。

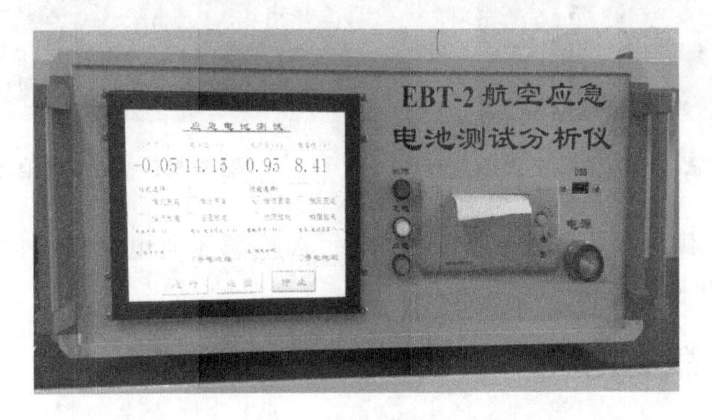

图 5.5.1　EBT-2 航空应急电池测试分析仪

EBT-2 航空应急电池测试仪是针对飞机各种应急电池进行测试的专用设备，测试仪采用了工控机和美国 NI 数据采集卡，具有测量精度高，操作方便，能根据手册自动完成复杂的测试过程。测试仪具有恒压、恒流充电模式、恒流放电和恒阻模式，可满足各种应急电瓶的测试要求，并可同时对两个应急电瓶进行充放电测试和检查。

5.5.2 主要技术数据

航空应急电瓶测试分析仪的主要技术数据如下：

① 工作电源：AC 220 V±5%，50 Hz，400 W；

② 环境温度：0～40 ℃；

③ 同时测试电瓶个数：2 个。

恒压充电模式电压范围：1～12 V；

恒流充电模式电流范围：0.1～10 A；

恒流放电模式电流范围：0.1～10 A；

恒电阻放电电阻：1 Ω；

测量误差：<1%。

EBT－2 航空应急电瓶测试仪接通电源工作后，显示如图 5.5.2 所示的航空应急电瓶测试仪主页面。

航空应急电瓶测试仪启动完毕，单击页面上的电源开关，便进入图 5.5.3 所示的应急电瓶测试页面，为应急电瓶测试进行设置，并输入相关的参数。应急电瓶测试仪可以同时进行 2 组电池的测试，充放电方式可以选择恒流充放电、恒压充电和恒阻放电。根据不同的电池规格进行充电电压或电流的设定。一旦设置完毕，单击页面运行按钮，进行应急电池的测试，记录仪能测试充放电时间。

图 5.5.2 航空应急电池测试仪主页面

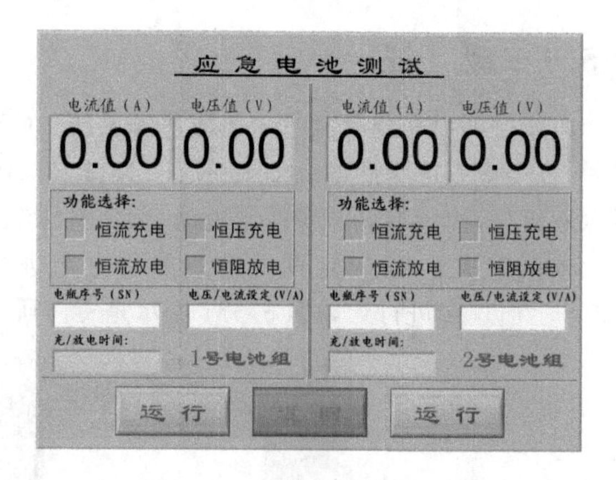

图 5.5.3 应急电池测试页面

下面以 B737 机载的件号为 2013－1/2013－1A 应急照明电瓶组件的内场测试为例说明应急电瓶的充放电和检查方法。

5.5.3 应急电瓶充电

充电电压为直流 10 V，电流 350±20 mA。

充电时间 15～20 h，一般为 16 h。

充电结束后，脱开电瓶和充电装置，测量电瓶开路电压，电压应为 7.5～8.8 V。

5.5.4　应急电瓶容量测试

将 1 Ω 电阻串入应急电瓶中进行放电。应急电瓶放电结束的电压范围为 4.8～5.6 V，通常不能低于 4.8 V，且放电时间应达到 15～35 min。如果放电结束电压大于 5.6 V，放电时间应超过 15 min。

如果电瓶容量满足要求，可把电瓶再次充满，再次充电前应让电瓶冷却至少 30 min。如电瓶容量达不到要求，应更换同型号电瓶，以保证应急照明电源可靠工作。

5.6　本章小结

在内场对航空电瓶进行维护，通常有端电压测试、电瓶释压阀测试、电瓶温度控制元件测试和电瓶绝缘测试等。为了减轻维护人员的劳动强度，节约维护时间，提高维护效率，通常采用专门的仪器设备进行航空电瓶的维护。

常用的测试仪器有航空电瓶充放电分析仪、航空电瓶释压阀测试仪、航空电瓶温度传感器校验仪、应急电瓶测试仪等。

航空电瓶的常用测量方法由电瓶生产厂家提供，兼顾欧美的计量体制，必须了解电瓶测量中的计量单位，主要介绍国际单位制即 SI 制和英制以及它们的转换关系。

复习思考题

1. 如何进行容量测试？
2. 通用接头与航空镍镉电瓶连接时，电池的负极如何与通用接头连接？
3. 并网逆变器的空载电流用于何种目的？空载电流大约是多少？
4. 应急照明电池组件与飞机电源系统是否有关联？
5. 航空电瓶需要进行绝缘电阻测试，请问用什么仪表测试？如何测试？
6. 如何进行兆欧表的校验？
7. 如何进行航空电瓶释压阀的测试？
8. 航空电瓶温度传感器校验仪的作用是什么？如何进行校验？

附录A 常用单位及换算关系

表A.1 常用单位及换算关系

类 别	名 称	符 号	换算关系
长度	米	m	
	千米,公里	km	1 km=1 000 m
	厘米	cm	100 cm=1 m
	毫米	mm	1 000 mm=1 m
	微米	μm	1×10^6 μm=1 m
	英里	mile	1 mile=1 609.344 m
	英尺	ft	1 ft=0.304 8 m
	英寸	in	1 in=2.54 cm
	海里	mile	1 n mile=1 852 m
时间	小时	h	
	分	min	
	秒	s	
	毫秒	ms	1 000 ms=1 s
速度	米/秒	m/s	
	公里/小时	km/h	1 km/h=0.277 8 m/s
	海里/小时	n mile/h	1 n mile/h=0.514 4 m/s
	英尺/秒	ft/s	1 ft/s=0.304 8 m/s
转速	转/分	r/min	1 r/min=1 rpm=(1/60) s^{-1}
质量	克	g	
	千克,公斤	kg	1 kg=1 000 g
	磅	lb	1 lb=0.454 kg
	盎司	oz	1 oz=28.35 g
	摩尔	mol	
密度	克/立方厘米	g/cm^3	
容积、体积	立方米	m^3	
	立方厘米	cm^3	$1\times10^6\ cm^3=1\ m^3$
	升	L(l)	1 L=$10^{-3}\ m^3$
	美加仑	USgal	1 USgal=3.785 L
	英加仑	UKgal	1 UKgal=4.546 L

续表 A.1

类　别	名　称	符　号	换算关系
压力、压强	帕斯卡	Pa	1 Pa=1 N/m^2
	标准大气压	atm	1 atm=1.013×10^5 Pa
	毫米汞柱	mmHg	1 mmHg=133.32 Pa
	公斤/平方厘米	kg/cm^2	1 kg/cm^2=9.8×10^4 Pa
	磅/平方英寸	psi	1 psi=1 lb/in^2=6 894.76 Pa
电工单位	伏特	V	
	千伏	kV	
	毫伏	mV	
	安	A	
	毫安	mA	1 kV=1 000 V
	微安	μA	1 V=1 000 mV
	欧姆	Ω	
	千欧	kΩ	1 A=1 000 mA
	兆欧	MΩ	1 A=10^6 μA
	微法	μF	
	瓦	W	
	千瓦	kW	
	伏安	VA	
	乏	VAR	
	赫兹	Hz	1 W=1 J/s
	千赫	kHz	1 kW=1 000 W
	周/秒	c/s	
	安时	A·h	
	电极电位	V	
流量	千克/秒	kg/s	
	磅/秒	lb/s	1 lb/s=0.454 kg/s
	磅/分	lb/min	1 lb/min=0.007 57 kg/s
	升/分	L/min	
温度	开(尔文)	K	1 K=1 ℃+273.15
			K=5/9(℉+459.67)
	摄氏度	℃	℃=5/9 ℉−17.8
	华氏度	℉	℉=1.8 ℃+32
其他	分贝	dB	
	焦耳	J	1 J=1 N·m
	卡	cal	1 cal=4.18 J
	千卡/小时,大卡/小时	kcal/h	

附录 B　中英文对照缩写表

表 B.1　中英文对照缩写表

序　号	英文全称	中文名称	英文缩写
1	Ampere	安培	A
2	Alternating Current	交流电	AC
3	Ampere hour	安时	A·h
4	Anode Material	阳极材料	AM
5	Auxiliary Power Unit	辅助电力装置	APU
6	Anti-Static Mat	抗静电垫	ASM
7	AmbientTemperature	环境温度	AT
8	Air Transport Association of America	美国航空运输协会	ATA
9	Anti-Static Wrist Strap	抗静电腕带	AWS
10	Battery Charge Unit	蓄电瓶充电器	BCU
11	Battery charge regulation unit	蓄电瓶充电调节器	BCRU
12	Battery Capacity Test	蓄电瓶容量测试	BCT
13	Battery Monitoring Unit	蓄电瓶监视装置	BMU
14	Battery Insulation Test	蓄电瓶绝缘测试	BIT
15	Butylbenzene Rubber	丁苯橡胶	BR
16	Bonding Resistance Test	接触电阻测试	BRT
17	Battery Unit	蓄电瓶组件	BU
18	Battery Voltage Test	蓄电瓶电压测试	BVT
19	Council of Europe	欧洲理事会	CE
20	Charger	充电器	CHGR
21	Cathode Material	阴极材料	CM
22	Component Maintenance Manual	组件维护手册	CMM
23	Current Return Network	电流回馈网络	CRN
24	CurrentTransformer	电流互感器	CT
25	Dust Cover	防尘盖	DC
26	Depth Of Discharge	深度放电	DOD
27	Detailed Parts List	零部件详细清单	DPL
28	Ethylene Carbonate	乙烯碳酸酯	EC
29	Equipment Designator Index	设备设计索引	EDI
30	Electro Static Sensitive	静电敏感装置	ESD

续表 B.1

序 号	英文全称	中文名称	英文缩写
31	Electro Static Discharge Sensitive	静电放电敏感器	ESDS
32	Exterior Visual Check	外观检测	EVC
33	Fit and Clearance	配合与公差	FAC
34	Federal Communications Commission	联邦通信委员会	FCC
35	General Overhaul	大修	GO
36	Ground Support Equipment	地面支持设备	GSE
37	High Current Charge	大电流充电	HCC
38	Hall Effect Current Sensor	霍尔效应传感器	HECS
39	International Air Transport Association	国际航空运输协会	IATA
40	InternationalMaritime Dangerous Goods Regulations	国际海运危险品法规	IMDG
41	Illustrated Parts List	零部件清单图	IPL
42	Internal Resistance	内阻	IR
42	Interior Visual Test	内部检测	IVT
43	Light-Emitting Diode	发光二极管	LED
44	List of Effective Page	有效页清单	LEP
45	Lithium ion	锂电池	LI－ION
46	List of Amendments	修正清单	LOA
47	Milliohm Meter	毫欧表	MOM
48	Manufacturer'sPart Numbers	制造商零部件编号	MPN
49	Material Safety Data System	物料安全性数据系统	MSDS
50	Nominal Capacity	额定容量	NC
51	Numerical Index	数值索引	NI
52	Nickel Cadmium Battery	镍镉蓄电瓶	NiCaB
53	Nominal Voltage	额定电压	NV
54	Operating and Mantenance Manual	操作和维护手册	OMM
55	Over Voltage Protection	过压保护	OVP
56	Polyethylene	聚乙烯	PE
57	Portable equipment	便携式设备	PTE
58	Polypropylene	聚丙烯	PP
59	Polyvinylidene Fluoride	聚偏氟乙烯	PVDF
60	Polytetrafluoroethylene	聚四氟乙烯	PTFE
61	Polyvinyl alcohol	聚乙烯醇	PVA
62	Rocking Chair Battery	摇椅电池	RCB
63	Relative humidity	相对湿度	RH
64	Record Of Revisions	修订记录	ROR
65	Record of Temporary Revisions	临时修订记录	RTR

续表 B.1

序 号	英文全称	中文名称	英文缩写
66	Return To Service	返回服务	RTS
67	Service Bulletin	服务公告	SB
68	Standard Battery Disconnect Plug Assy	标准蓄电瓶脱开组件	SBDPA
69	Service Bulletin List	服务公告清单	SBL
70	Self Discharge	自放电	SD
71	State of Charge	充电状态	SOC
72	Thales Avionices Electrical System	泰勒兹航空电气系统	TAES
73	Thermometer	温度计	Thm
74	Thermal Runaway	热失控	TR
75	Technical Support and Data Package	技术支持和数据封装	TSDP
76	Thermistor	热敏电阻	Thr
77	Universal Serial Bus	通用串行总线	USB
78	Under Voltage limitation	欠压限制	UVL
79	Vendor Code Index	供应商代码索引	VCI
80	Volt Ampere	伏安	VA
81	Withstand Voltage Meter	耐压表	WSVM

附录C　主要变量符号注释表

表C.1　主要变量符号注释表

序　号	符　号	定　义	序　号	符　号	定　义
1	C	充放电速率/电池容量	23	n_e	电极反应时的得失电子数
2	C_d	放电容量	24	P	功率
3	C_0	电池的理论容量/存储前容量	25	Q	容量
4	C_r	实际容量	26	Q_r	活性物质实际用量
5	C_t	理论容量/存储后容量	27	Q_t	活性物质理论用量
6	C_{ra}	额定容量	28	R_{Ω}	欧姆电阻
7	d	电解液密度	29	R_f	极化电阻
8	dr	放电率	30	R_i	电池内阻
9	E	电动势	31	t	时间
10	$E^{\odot}$	电池标准电势	32	t_C	校正放电时间
11	F	法拉第常数	33	T_{BATT}	蓄电瓶温度
12	FH	飞行小时	34	T_e	放电终止时电解液温度
13	$\Delta G^{\odot}$	吉布斯自由能变化	35	U	工作电压
14	I	电流有效值	36	U_A	平均电压
15	I_E	放电结束电流	37	U_E	放电终止电压
16	I_{1h}	1小时放电完毕的放电电流	38	U_o	开路电压
17	I_S	开始放电电流	39	U_s	开始放电电压
18	k	校正系数	40	W_0	理论能量
19	K	电化学当量	41	W'_0	理论质量比能量
20	k_{sd}	自放电系数	42	φ	电极电位
21	m	活性物质完全反应质量	43	η	活性物质利用率
22	M	活性物质的摩尔质量	44	δ	容量的温度系数

参考文献

[1] 任仁良. 涡轮发动机飞机结构与系统[M]. 2 版. 北京:清华大学出版社,2017 年 3 月.

[2] 上海空间电源研究所. 化学电源技术[M]. 北京:科学出版社,2015.

[3] 周洁敏. 飞机电气系统原理和维护[M]. 3 版. 北京:北京航空航天大学出版社,2019.

[4] 王伟东,仇卫华,丁倩倩等. 锂离子电池三元材料——工艺技术及生产应用[M]. 北京:化学工业出版社,2015.

[5] 任仁良. 维修基本技能[M]. 北京:清华大学出版社,2010.

[6] 段万普. 蓄电池的使用与维护[M]. 北京:电子工业出版社,2011.

[7] 柴树松,铅酸蓄电池制造技术[M]. 2 版. 北京:机械工业出版社,2017.

[8] ANDREA DAVIDE,李建林. 大规模锂离子电池管理系统[M]. 北京:机械工业出版社,2016.

[9] EISMIN K Thomas. Aircraft electricity and electronics 6th ed . New York :McGraw-Hill Education,2014.

[10] Ian MOIR IAN,SEABRIDGE Allan. Aircraft systems Mechanical ,electrical, and avionics subsystems integration [M]. West Sussex, England: John Wiley & Sons, Ltd,2008.